山东省自然保护区建设与生物多样性评价研究丛书

国家出版基金项目
NATIONAL PUBLICATION FOUNDATION

山东省生物多样性县域评估

田贵全 等 著

山东大学出版社

图书在版编目(CIP)数据

山东省生物多样性县域评估/田贵全等著. —济南：山东大学出版社，2017.12
(山东省自然保护区建设与生物多样性评价研究丛书)
ISBN 978-7-5607-5906-7

Ⅰ. ①山… Ⅱ. ①田… Ⅲ. ①生物多样性－研究－山东 Ⅳ. ①Q16

中国版本图书馆 CIP 数据核字(2017)第 310341 号

责任策划 姜 明
责任编辑 徐 翔
封面设计 牛 钧

出版发行:山东大学出版社
社 址 山东省济南市山大南路 20 号
邮 编 250100
电 话 市场部(0531)88368008
经 销:山东省新华书店
印 刷:东港股份有限公司
规 格:787 毫米×1092 毫米 1/16
17.75 印张 376 千字
版 次:2017 年 12 月第 1 版
印 次:2017 年 12 月第 1 次印刷
定 价:62.00 元

《山东省生物多样性县域评估》
编委会

主　任　田贵全

副主任　宗雪梅　高　洁

编　委　（按姓氏笔画排序）

王晓明　孔　梅　田贵全　宗雪梅

孟祥亮　高东琦　高　洁　曹惠明

前　言

生物多样性是生物与环境形成的生态复合体以及与此相关的各种生态过程的总和。它包括生态系统多样性、物种多样性和遗传资源多样性等三个方面的内容。生物多样性具有提供人类生产与生活资料、改善生态环境、维护生态平衡等多种功能，是人类赖以生存的条件，是经济社会可持续发展的基础，是生态安全和粮食安全的保障，关系到当代及子孙后代的福祉。

随着经济社会的快速发展和人类社会活动的影响，生物多样性受到了严重威胁。世界自然保护联盟(IUCN)发布的“2004 年濒危物种红色名录”表明，全球1/3 的两栖类动物、1/2 以上的龟类、1/8 的鸟类和 1/4 的哺乳动物正面临着生存威胁；全球有15 000多个物种正在消失。我国已有超过10%的脊椎动物物种和15%～20%的高等植物物种受到威胁。全球每年有 1 300 万公顷森林消失，物种灭绝速度已加快到自然灭绝速度的1 000倍。生物多样性资源面临着非常严峻的形势，保护生物多样性已成为国际关注的全球环境问题。

联合国将 2010 年确定为“国际生物多样性年”，主题是“生物多样性是生命，生物多样性就是我们的生命”。因此，保护生物多样性就是保护我们的生命。目前，生物多样性保护已上升为国家战略，成为继气候变化研究之后的又一生态环境研究的前沿和热点。生物多样性评价是生物多样性保护的基础。自 20 世纪 90 年代以来，国内外一些学者针对某一自然保护区或局部区域的生物多样性评价进行了研究探讨。但是由于数据获取难度较大，在省级尺度上全面开展自然保护区与生物多样性评价研究工作，目前鲜有报道。《山东省自然保护区建设与生物多样性评价研究》丛书恰好在省级尺度上进行了有益的探索与研究。

《山东省自然保护区建设与生物多样性评价研究丛书》包括《山东省自然保护区基础调查与评估》《山东省自然保护区生物多样性评价》和《山东省生物多样性县域评估》3 本专题性著作。《山东省生物多样性县域评估》一书，依托“山东省生物多样性评价研究”“山东省生态环境十年变化(2000～2010 年)遥感调查与评估”“山东省生物多样性保护战略与行动计划(2011～2030 年)”“山东省生态环境遥感监测与评价”和“山东省生物多样性信息管理系统”等省部级专项研究成果，以县级行政区为评价单元，定量评估了生态系统格局、植被类型与质量、物种多样性分布，评价了生物多样性状况，划分了生物多样性保护优先区域，建立了生物多样性信息管理系统，提出了生物多样性保护对策。

在本书涉及的项目研究、编写和出版过程中，得到了山东省环境保护厅和山东省环境监测中心站有关领导和专家的大力支持和帮助，特别是得到了吴松民处长和王德明站长的支持和悉心指导；还得到了山东大学出版社的鼎力支持，尤其是姜明编辑的辛勤付出和精心工作，得到了国家出版基金的资助。在地图编制过程中，得到了山东省地区测绘院和山东省国土测绘院的支持和帮助。对于他们的关心、支持和帮助，在此一并表示衷心感谢。

由于作者学识水平有限，书中疏漏或不当之处在所难免，恳请有关领导、专家和读者批评指正。

作　者

2017年7月于济南

目 录

第一章　生态系统格局

生态系统是指一定空间区域内生物群落与非生物环境之间通过不断地进行物质循环、能量流动和信息传递过程而形成的相互作用和相互依存的统一整体。由于人类活动的影响，森林、草地、湿地、农田等生态系统的面积减少，城市、农村等生态系统的面积扩大，生态系统格局发生了明显变化。监测评价生态系统格局变化，合理利用与保护生态系统是生态环境保护的一项重要任务。本章介绍了生态系统遥感监测与评价方法，分析了山东省县域生态系统格局变化特点，评价了县域生态环境状况。

第一节　生态系统遥感监测与评价方法

一、生态系统遥感监测方法

1. 生态系统分类

生态环境是以人类为中心的各种自然要素和社会要素相互联系、相互制约而构成的生态系统。生态系统范围可以大到整个海洋、整块陆地，也可以小至一片森林甚至一块农田、一个池塘、一个城市、一个乡村等。每一类生态系统都具有独特的外貌特点和形态结构，如森林、草原、湖泊、河流、城镇、乡村等生态系统不仅外貌有区别，其形态结构也各有特点。大大小小的生态系统构成了表征生态环境状况最直观、最重要的景观要素。

由于人类活动的影响，生态系统状况不断发生着变化，主要表现为：森林、草地、湿地、农田等生态系统的面积逐年减少，城市、农村等生态系统的面积不断扩大，生态系统功能降低，生态环境状况退化。监测生态系统时空变化是生态环境保护的一项重要任务。

根据山东省生态系统的实际状况，借鉴土地覆盖与利用遥感调查分类体系的经验，结合遥感影像的地面分辨率，将山东省生态系统划分为农田、森林、草地、水域湿地、城乡居民点工矿用地、未利用土地6类一级生态系统类型，每一类生态系统类型又依据其生态特点划分为二级生态系统类型，共计23类二级生态系统类型(详见表1-1-1)。对每一类生态系统类型监测其区域分布、面积及动态变化。

表 1-1-1 山东省生态系统分类表

一级分类系统	二级分类系统	释义
农田	水田	有水源保证和灌溉设施，在一般年景能正常灌溉，用以种植水稻、莲藕等水生农作物的耕地，包括实行水稻和旱地作物轮种的耕地
	旱田	无灌溉水源及设施，靠天然降水生长作物的耕地；有水源和浇灌设施，在一般年景下能正常灌溉的旱作物耕地；以种菜为主的耕地；正常轮作的休闲地和轮歇地
森林	有林地	郁闭度大于30%的天然林和人工林，包括用材林、经济林、防护林等成片林地
	灌木林地	郁闭度大于40%、高度在2米以下的矮林地和灌丛林地
	疏林地	郁闭度为10%～30%的稀疏林地
	其他林地	未成林造林地、迹地、苗圃及各类园地（果园、桑园、茶园等）
草地	高覆盖度草地	覆盖度大于50%的天然草地、改良草地和割草地，此类草地一般水分条件较好，草被生长茂密
	中覆盖度草地	覆盖度在20%～50%的天然草地和改良草地，此类草地一般水分不足，草被较稀疏
	低覆盖度草地	覆盖度在5%～20%的天然草地，此类草地水分缺乏、草被稀疏，牧业利用条件差
水域湿地	河渠	天然形成或人工开挖的河流及主干渠常年水位以下的土地，人工渠包括堤岸
	湖泊	天然形成的积水区常年水位以下的土地
	水库、坑塘	人工修建的蓄水区常年水位以下的土地
	海涂	沿海大潮高潮位与低潮位之间的潮浸地带
	滩地	河、湖水域平水期水位与洪水期水位之间的土地
	沼泽	地势平坦低洼、排水不畅、长期潮湿、季节性积水或常年积水，表层生长湿生植物的土地
城乡居民点工矿用地	城镇用地	大、中、小城市及县镇以上的建成区用地
	农村居民点用地	镇以下的居民点用地
	工矿用地	独立于各级居民点以外的厂矿、大型工业区、油田、盐场、采石场等用地以及交通道路、机场、码头及特殊用地
未利用土地	沙地	地表为沙覆盖，植被覆盖度在5%以下的土地，包括沙漠，不包括水系中的沙滩
	盐碱地	地表盐碱聚集、植被稀少，只能生长强耐盐碱植物的土地
	裸土地	地表土质覆盖、植被覆盖度在5%以下的土地
	裸岩石砾地	地表为岩石或石砾，其覆盖面积大于50%的土地
	其他	其他未利用土地，包括高寒荒漠、苔原等

2. 生态系统监测方法

山东省生态系统监测采用遥感监测技术。下面以 2015 年山东省生态系统遥感监测为例，说明生态系统遥感监测技术方法。

(1)遥感数据源

为了客观表征山东省生态系统状况，选用 2015 年美国陆地卫星(Landsat-8 OLI)遥感影像作为主要数据源。选取覆盖山东省范围的美国陆地卫星遥感影像 14 景，多光谱数据与全色波段数据融合后地面分辨率为 15 米，影像波段组合为 5、4、3 波段，时相一般要求在 5～10 月间，单景影像平均云量要求小于 10%。2015 年 Landsat-8 影像基本情况如表 1-1-2 所示。图 1-1-1 至图 1-1-4 分别为济南、黄河三角洲、南四湖和胶州湾地区的 2015 年 Landsat-8 卫星遥感影像。

表 1-1-2　　2015 年山东省卫星遥感影像(Landsat-8)一览表

序号	Landsat 8 轨道号	成像时间	覆盖区域
1	119034	2015.09.27	烟台、威海
2	120034	2015.05.13	青岛、烟台
3	120035	2015.04.11	青岛、潍坊、日照
4	120036	2015.03.10	日照
5	121034	2015.06.05	东营、潍坊
6	121035	2015.06.05	淄博、潍坊
7	121036	2015.06.05	枣庄、临沂
8	122033	2015.06.12	东营、滨州
9	122034	2015.06.12	济南、德州、滨州
10	122035	2015.06.12	济南、济宁、泰安、莱芜、德州
11	122036	2015.10.02	枣庄、济宁、菏泽
12	123034	2015.09.07	德州、聊城
13	123035	2015.05.18	聊城、菏泽
14	123036	2015.08.22	菏泽

(2)遥感影像波段合成与融合

Landsat-8 OLI 遥感影像为单波段黑白影像。应用 Erdas Imagine 影像处理软件，将 RGB 5、4、3 波段合成为标准假彩色影像。图 1-1-5、1-1-6 和 1-1-7 为轨道号 122034 的 Landsat 8 卫星 5、4、3 波段黑白影像，图 1-1-8 为轨道号 122034 的 5、4、3 波段合成后的标准假彩色影像。

Landsat-8 OLI 的影像包含 9 个多光谱波段，空间分辨率均为 30 米，全色波段的空间分辨率为 15 米。利用较高分辨率的全色波段影像与较低分辨率的多光谱影像进行融合处理，在基本保留多光谱信息的同时，使影像的总体空间分辨率得到有效提高，以便于进行地物识别和解译。利用 Erdas Imagine 遥感影像处理软件，将波段组合后的标准假彩色的影像与全色波段影像进行融合，选择 HPF 融合方法，如图 1-1-9 所示。融合后的影像保留多光谱信息，且具有 15 米空间分辨率，融合前、后影像质量对比如图 1-1-10 和图 1-1-11 所示。

图 1-1-1　2015 年济南地区 Landsat-8 卫星影像

图 1-1-2　2015 年黄河三角洲地区 Landsat-8 卫星影像

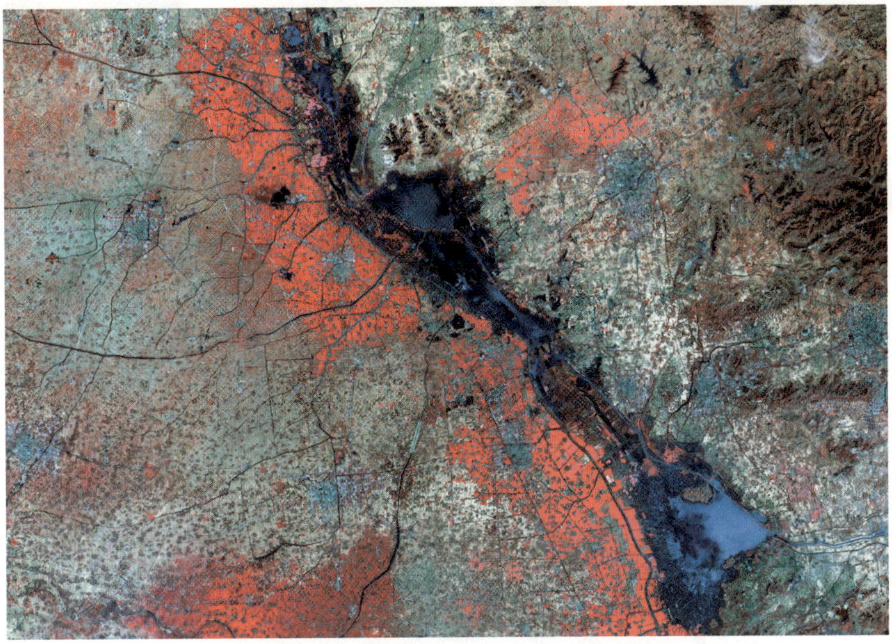

图 1-1-3 2015 年南四湖地区 Landsat-8 卫星影像

图 1-1-4 2015 年胶州湾地区 Landsat-8 卫星影像

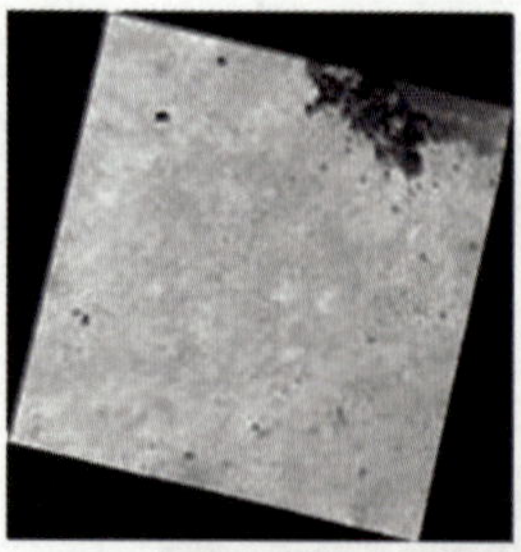

图 1-1-5　5 波段黑白影像

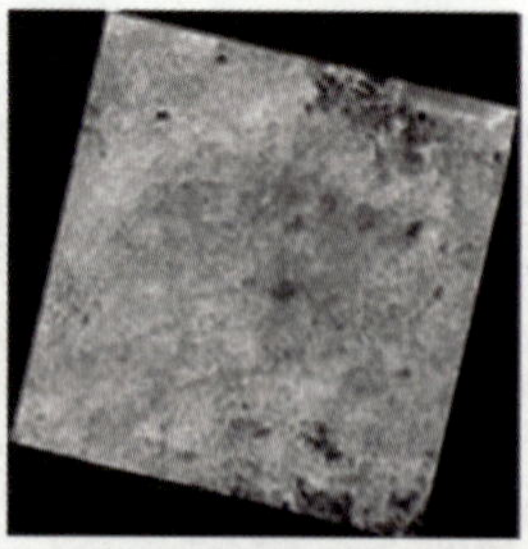

图 1-1-6　4 波段黑白影像

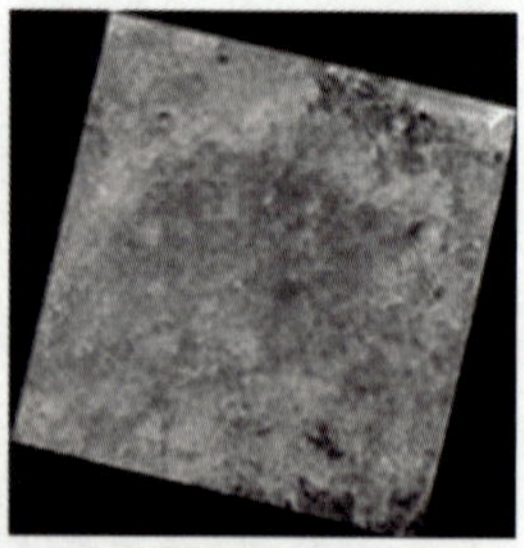

图 1-1-7　3 波段黑白影像

图 1-1-8　5、4、3 波段合成后的标准假彩色影像

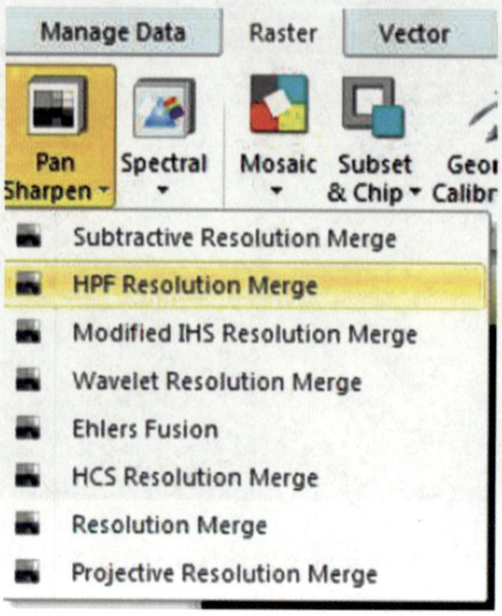

图 1-1-9　Erdas Imagine 中的 HPF 融合工具卡

图 1-1-10　融合前标准假彩色多光谱影像(空间分辨率 30 米)

图 1-1-11 融合后标准假彩色多光谱影像(空间分辨率 15 米)

(3)遥感影像的解译

遥感影像解译标志是指在遥感影像上能具体反映和判别地物或现象的影像特征。根据遥感影像的颜色、阴影、形状、纹理、图案、位置和组合等解译要素的综合特征,结合遥感影像的成像时间、区域地理特点,可以整理出不同目标在该影像上所特有的表现形式,即解译标志。山东省 Landsat-8 遥感影像生态系统分类解译标志如表 1-1-3 所示。

表 1-1-3　山东省 Landsat-8 遥感影像生态系统分类解译标志

类型		空间分布位置	作物植被	影像色调特征	示例影像	现场照片
农田	水田	分布于洼地、河流两侧低阶地或水库附近。主要在南四湖周围和黄河滩区	水稻	红色、深红色，鲜亮、深暗、色调饱和	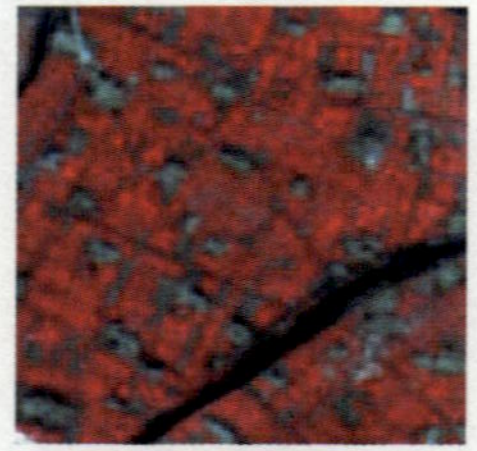	
	旱地	绝大部分分布于山地丘陵地带，界线较明显；有些分布于低山丘陵地区的宽阔河谷中。坡旱地主要分布于鲁东和鲁中地区	各种旱作物，包括粮、棉、油、蔬菜以及经济作物等	色调多样，主要以红色、浅红为主，又有灰白、浅兰等，鲜亮，饱和程度不一		
森林	有林地	大多分布于鲁东和鲁中地区，其他天然林分布于常年有水的河流两岸（以阔叶林为主）	平原地区主要是暖温带阔叶林，山地林主要是针阔混交林	深红色及红色，深暗、灰暗		
	灌木林地	中低山阳坡、平原及河谷地带广泛分布	山地及水分条件较好地带为各种灌木矮林	深红色、暗红色	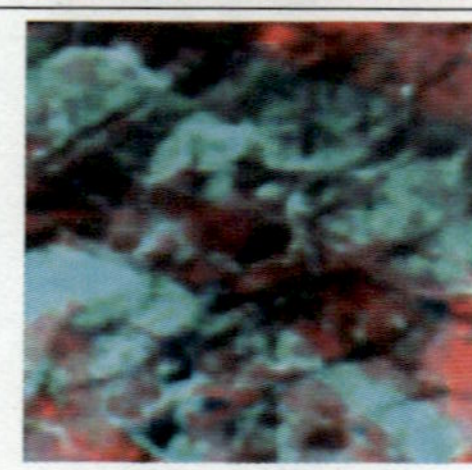	

续表

类型		空间分布位置	作物植被	影像色调特征	示例影像	现场照片
森林	疏林地	分布于水分条件较好的山地小阴坡、河谷、冲积扇、老河道等地区	植物种类同有林地	深红色，浅暗与深灰		
	其他林地	分布于农区中，特别在农村居民点周围多果园	苗圃、果树	暗红色，浓暗，色调较饱和		
草地	高覆盖度草地	主要分布于山地及河谷附近，包括山地草甸、河谷沼泽化草甸等	各种中生、湿生草本	暗红或红色，明亮，色彩饱和		
	中覆盖度草地	主要分布在山地、平原及河流沟谷边地带；在山地中低部，水分条件稍好的平原、沟谷等地带也有分布	中生、旱生草本	红色及浅红色		

续表

类型		空间分布位置	作物植被	影像色调特征	示例影像	现场照片
草地	低覆盖度草地	分布较广，主要在低山、山前平原地区及山地边缘	旱生草本	浅黄绿色、淡红色，较明亮	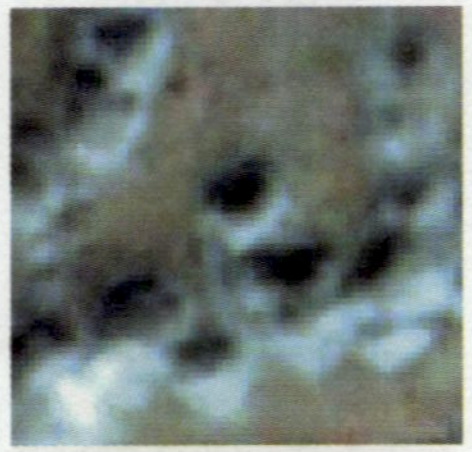	
水域湿地	河渠	分布较广，主要指水面较宽的河流渠道，多为常年有水的线状水域		深蓝色、蓝色，鲜亮	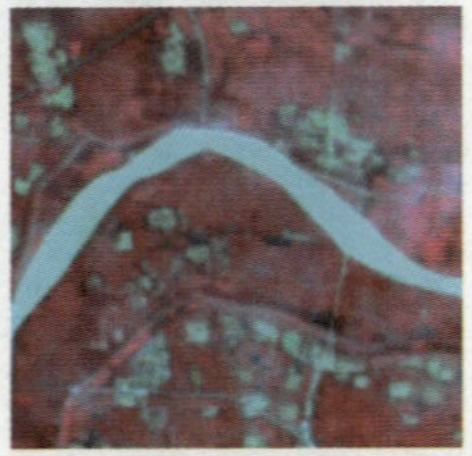	
	湖泊	分布较广，高低海拔均有，地势相对低洼		浅蓝及深蓝色，鲜艳明亮，色调饱和		
	水库、坑塘	一般分布于河流出山口、河流汇集处等		深蓝色和蓝色，鲜艳明亮，色调饱和		

续表

类型		空间分布位置	作物植被	影像色调特征	示例影像	现场照片
水域湿地	海涂	主要分布在海洋周边		白色或灰白色		
	滩地	主要分布在湖泊河流之边,并伴河两岸及低阶地的下部		浅蓝色、蓝色、暗红绿色	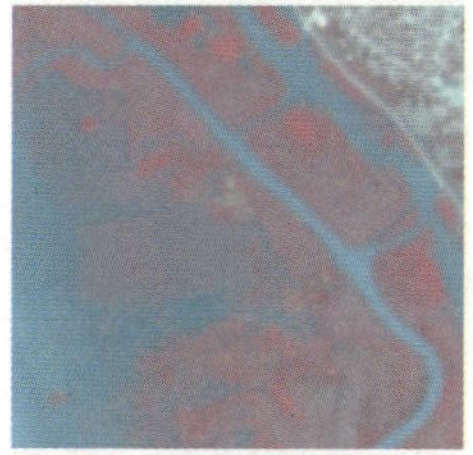	
	沼泽	主要分布在河流两侧湖边积水处及冲洪积扇下缘	以水生植物为主,如芦苇	暗红色	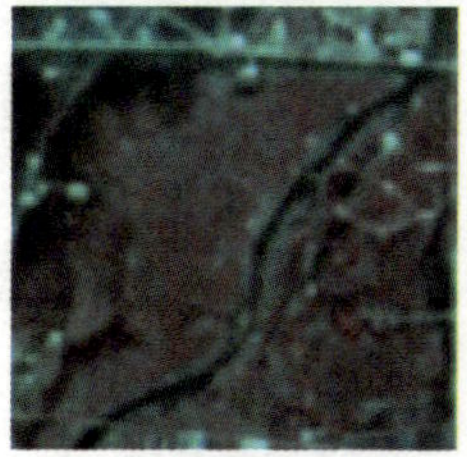	
城乡居民点工矿用地	城镇用地	基本分布于平原地区,地势开阔,交通线密集		蓝灰色、灰白色,灰暗	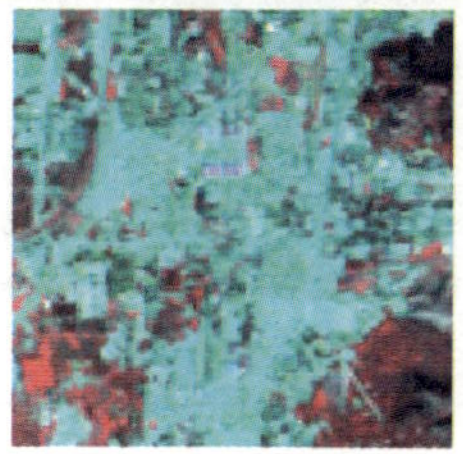	

续表

类型		空间分布位置	作物植被	影像色调特征	示例影像	现场照片
城乡居民点工矿用地	农村居民用地	遍布平原、山区、交通沿线等地		灰白，较明亮		
	工矿交通用地	盐场分布在近海；机场地势开阔，跑道明显；油田钻井呈深色调点状密集成片，之间有辐射状道路相通		灰白、蓝灰、浅红，明亮		
未利用土地	盐碱地	地势低平，分布较广，大部分分布于冲洪积扇下部	夏季可种植作物，冬春返碱	白色、灰白色，明亮	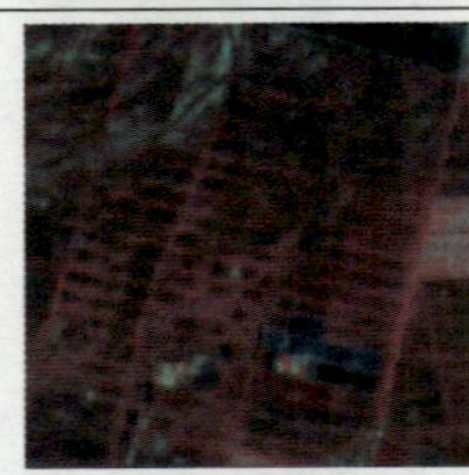	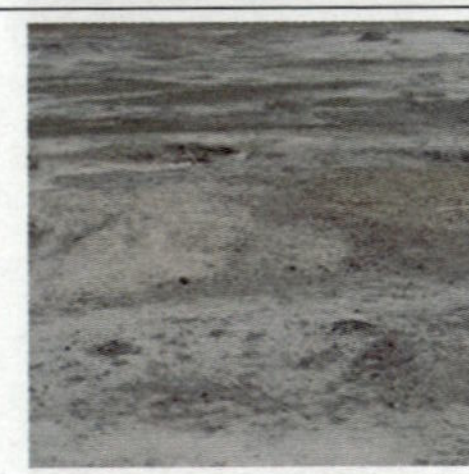
	裸岩	多分布在山坡、山顶	几无植被	青灰色、灰白色，鲜亮	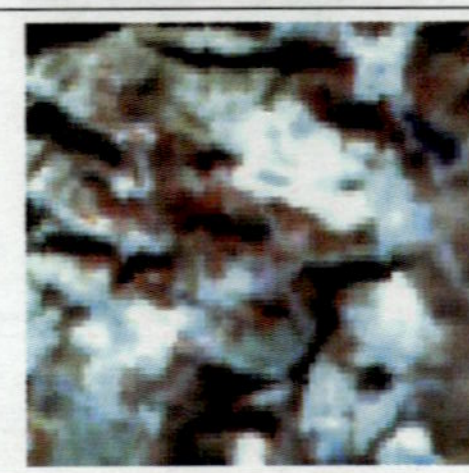	

根据山东省生态系统监测指标体系分类系统，应用 Arcgis 软件进行遥感影像的解译。第一，将 2010 年的 Landsat-8 影像数据作为基准影像进行解译。根据遥感影像的判读标志，如色调(颜色)、形状、位置、大小、阴影、纹理及其他间接标志等，以及对该区域生态系统类型分布规律的熟悉程度，识别目标地物类型，同时在软件中沿影像特征的边缘准确绘出变化地类边界(界线应严格封闭)，并赋予地类编码属性。第二，与 2015 年遥感影像叠加进行动态解译。将 2015 年影像与 2010 年影像进行叠加比对，在生态系统类型发生变化的区域进行动态判读，赋予动态图斑 6 位编码，即变化前类型码加变化后类型码，便于生态系统面积动态变化统计分析。

为了保证遥感影像判读的质量，尽量减少判读误差，对作业人员提出如下的判读质量控制与保证措施：第一，作业人员要熟悉有关技术质量要求的指标、操作技术方法，作业人员必须进行培训，并经检查认可后方可进入正式作业。第二，作业人员应对自己作业区内的耕地、林地、草地、地理单元及其坡度情况有一个宏观了解。必要时应进行野外调查，利用影像和地形图在实地进行对照分析。第三，作业人员对各地类判读勾绘边界时应严格地以影像特征为依据进行。判读内容、作业方法及分块判读结果的编辑和矢量图生成均按规定要求进行操作。第四，检查图斑分类是否符合分类系统的规定。第五，检查判读结果是否符合质量控制标准，包括图斑定位误差、定性精度、最小图斑的标识要求、狭长图斑的标识要求等。第六，检查交互判读的作业方法是否符合规定的程序。特别是对县与县之间的斑块接边问题，除了保证接边误差符合规定外，还应检查分图幅之间各要素间衔接的连续性。第七，按控制质量的指标类型分别随机抽取图幅总图斑数的 5%进行检查。重点放在图斑的定性、定位结果的检查上，不符合精度要求的图幅应返工修改。

(4)矢量图层的质检、裁切及拼接

完成矢量化操作以后，要对矢量图层进行质检。矢量图层质检内容包括：多边形是否闭合；是否有出头的悬挂点；是否建立了拓扑关系；核验非用户代码，消除一斑多码和邻斑同码。若有错误，应进行数据修改，修改完成后重建拓扑关系再进行一次质检，直至质检无误。非用户代码是指设定代码以外的其他代码，一斑多码指一个多边形里有 2 个或 2 个以上的代码，邻斑同码指相邻的多边形代码相同。矢量图层的拼接与裁切利用 Arcgis 软件的工具完成。

(5)野外核查

遥感影像解译过程中虽然参考了大量的历史资料和野外遥感判读标志数据，并且严格按照有关技术规程进行。但由于自然环境的复杂性、遥感成像过程带来的同物异谱、异物同谱现象以及技术人员本身的专业背景差异等，难以保证遥感专题信息提取 100%的准确性。因此，开展相应的遥感调查野外核查工作十分必要。

野外核查的主要目的：一是根据自然地域分异、人类活动的特征以及信息提取过程中遇到的问题，选择核查点位来修正判读过程中出现的误判，检验遥感判读的正确率。二是通过选择有代表性的地物类型，建立遥感影像野外标志数据库。三是结合生态调查典型案例分析，收集能反映区域生态功能、生态问题的野外相片、录像资料，为生态环境分析、多媒体制作提供素材。

野外核查点位选择的主要原则：第一，根据生态环境的地域分异，全面反映区域地貌、气候、植被分异以及不同人类活动强度类型的原则。第二，野外核查过程中要兼顾受人为影响比较大、生态脆弱性比较大的区域。第三，根据遥感数据源的时相特征、技术人员判读过程中提出的意见反馈等来选择地面核查的路线和点位。第四，由于野外核查受经费、人力条件等诸多因素的限制，应综合考虑经济、人力条件，设计合理、现实的方案。第五，充分考虑现有数据基础的原则，过去已完成的大量有关野外生态信息可作为野外核查的重要资料。

根据遥感解译过程中遇到的问题并结合实际情况，将野外核查点位分为典型地物核查点和边界核查点。2015 年全省野外核查点位分布状况如图 1-1-12 所示。通过实地核查来判断遥感解译土地利用类型与实际土地利用类型是否一致，并记录该点的地理位置、环境特征和各方位的地物类型，拍摄地物的景观照片。将野外观察到的核查点各项属性整理填写野外调查表格，并录入生成 Excel 电子表格，表格格式如图 1-1-13 和图 1-1-14 所示。

2015 年遥感影像解译野外核查结果显示，全省 249 个典型地物核查点中有 45 处判读类型与实地核查不一致，判读准确率为 81.9%；125 个边界核查点中有 23 处判读类型与实地核查不一致，判读准确率为 81.6 %。

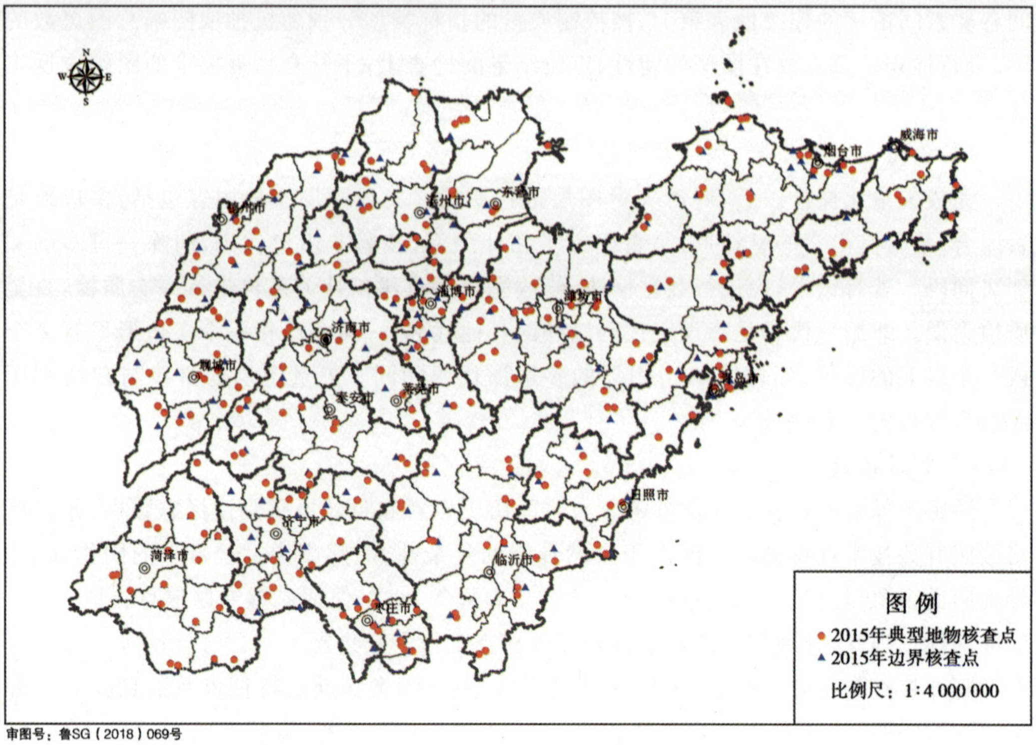

审图号：鲁SG（2018）069号

图 1-1-12　2015 年山东省野外核查点位分布图

图 1-1-13　典型地物核查点位表格式

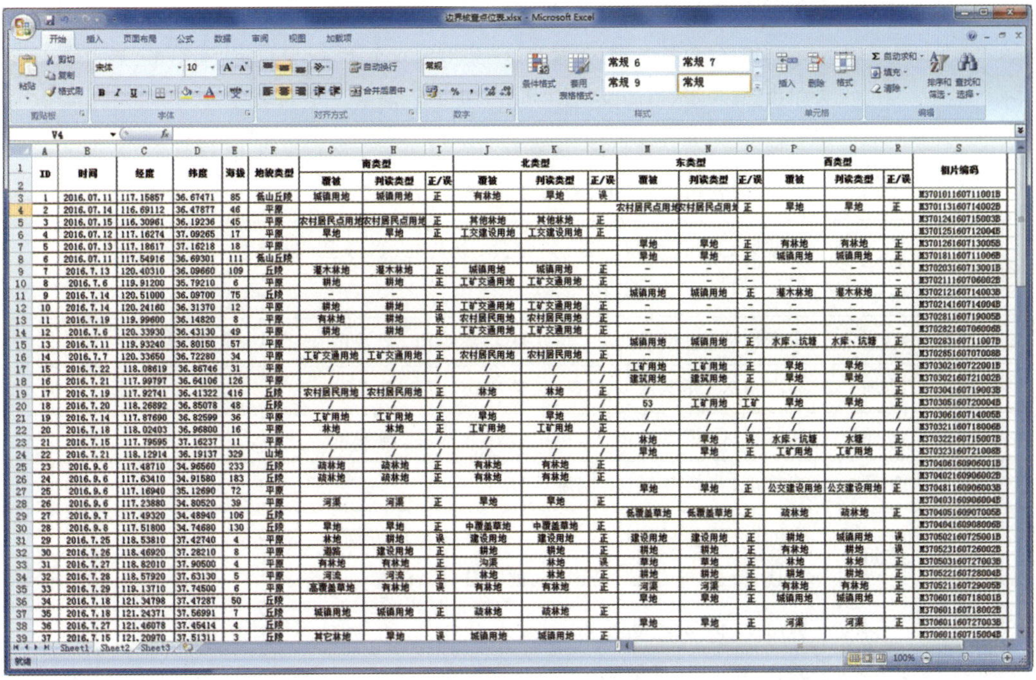

图 1-1-14　边界核查点位表格式

(6)遥感监测成果数据库

山东省生态系统遥感监测成果数据库主要包括以下内容:①山东省、市、县(市、区)Landsat-8 OLI 遥感影像数据库;②山东省、市、县(市、区)2015 年生态系统现状和 2010~2015 年动态变化数据库;③山东省生态系统遥感监测野外核查信息库。

二、生态环境状况评价方法

1. 县域生态环境状况评价范围

山东省生态环境状况评价原则上以县级行政区域为评价单元。根据县级行政区域边界清晰状况与资料的完整性,将山东省 137 个县(市、区)划分为 119 个县域单元(见表 1-1-4)。

表 1-1-4 山东省生态环境状况县域评价单元

序号	城市	县级评价区域	数量
1	济南	济南市区(包括历下区、市中区、槐荫区、天桥区、历城区)、长清区、章丘区、平阴县、济阳县、商河县	6
2	青岛	青岛市区(包括市南区、市北区、李沧区)、黄岛区(包括胶南市)、崂山区、城阳区、胶州市、即墨市、平度市、莱西市	8
3	淄博	淄川区、张店区、博山区、临淄区、周村区、桓台县、高青县、沂源县	8
4	枣庄	枣庄市区(包括市中区、薛城区、峄城区)、台儿庄区、山亭区、滕州市	4
5	东营	东营区、河口区、垦利县、利津县、广饶县	5
6	烟台	烟台市区(包括芝罘区、福山区、莱山区)、牟平区、龙口市、莱阳市、莱州市、蓬莱市、招远市、栖霞市、海阳市、长岛县	10
7	潍坊	潍坊市区(包括潍城区、寒亭区、坊子区、奎文区)、青州市、诸城市、寿光市、安丘市、高密市、昌邑市、临朐县、昌乐县	9
8	济宁	任城区、兖州区、微山县、鱼台县、金乡县、嘉祥县、汶上县、泗水县、梁山县、曲阜市、邹城市	11
9	泰安	泰安市区(包括泰山区、岱岳区)、新泰市、肥城市、宁阳县、东平县	5
10	威海	威海市区(环翠区)、文登区、荣成市、乳山市	4
11	日照	日照市区(包括东港区、岚山区)、五莲县、莒县	3
12	莱芜	莱芜市(包括莱城区、钢城区)	1
13	临沂	临沂市区(包括兰山区、罗庄区、河东区)、沂南县、郯城县、沂水县、兰陵县、费县、平邑县、莒南县、蒙阴县、临沭县	10
14	德州	德城区、陵城区、乐陵市、禹城市、宁津县、庆云县、临邑县、齐河县、平原县、夏津县、武城县	11

续表

序号	城市	县级评价区域	数量
15	聊城	聊城市区(东昌府区)、阳谷县、莘县、茌平县、东阿县、冠县、高唐县、临清市	8
16	滨州	滨州市区(滨城区)、沾化区、惠民县、阳信县、无棣县、博兴县、邹平县	7
17	菏泽	菏泽市区(牡丹区)、曹县、单县、成武县、巨野县、郓城县、鄄城县、定陶县、东明县	9
全省合计			119

2. 生态环境状况评价指标与计算方法

山东省生态环境状况评价方法依据《生态环境状况评价技术规范》(HJ 192-2015)。生态环境状况评价指标由4级指标体系组成：一级指标为生态环境状况指数；二级指标为生物丰度指数、植被覆盖指数、水网密度指数、土地胁迫指数和污染负荷指数；三级指标为表征二级指标特征的次一级指标，如生物丰度指数的次一级指标由生境质量指数和生物多样性指数两类指标构成；四级指标为表征三级指标的次一级指标，如生境质量指数由林地、草地、耕地、水域湿地、建设用地、未利用地6类指标构成。生态环境状况评价指标体系及权重如图1-1-15所示。

生态环境状况指数(Ecological Index，EI)反映评价区域生态环境质量状况，数值范围0～100。其计算方法如下：

$$EI=0.35\times 生物丰度指数+0.25\times 植被覆盖指数+0.15\times 水网密度指数$$
$$+0.15\times(100-土地胁迫指数)+0.1\times(100-污染负荷指数)+环境限制指数$$

生物丰度指数是指评价区域内生物的丰贫程度，利用生物栖息地质量和生物多样性综合表示。其计算方法如下：

$$生物丰度指数=(BI+HQ)/2$$

$$生境质量指数(HQ)=A_{bio}\times(0.35\times 林地+0.21\times 草地+0.28\times 水域湿地$$
$$+0.11\times 耕地+0.04\times 建设用地+0.01\times 未利用地)/区域面积$$

式中，A_{bio}为生境质量指数的归一化系数，参考值为511.264 213 10 67，林地、草地、水域湿地、耕地、建设用地和未利用地面积数据均来源于遥感监测数据，面积单位为平方千米(km^2)。

生物多样性指数(BI)的计算按《区域生物多样性评价标准》(HJ 623-2011)的规定执行。

植被覆盖指数是指评价区域植被覆盖的程度，利用评价区域点位面积归一化植被指数($NDVI$)表示。其计算方法如下：

$$植被覆盖指数=NDVI_{区域均值}=A_{veg}\times\left(\frac{\sum_{i=1}^{n}P_i}{n}\right)$$

式中，P_i为5～9月象元$NDVI$月最大值的均值，建议采用MOD13的$NDVI$数据，空间分辨率250米，或者分辨率和光谱特征类似的遥感影像产品；n为区域象元数；A_{veg}为植被覆盖指数的归一化系数，参考值为0.012 116 512 4。

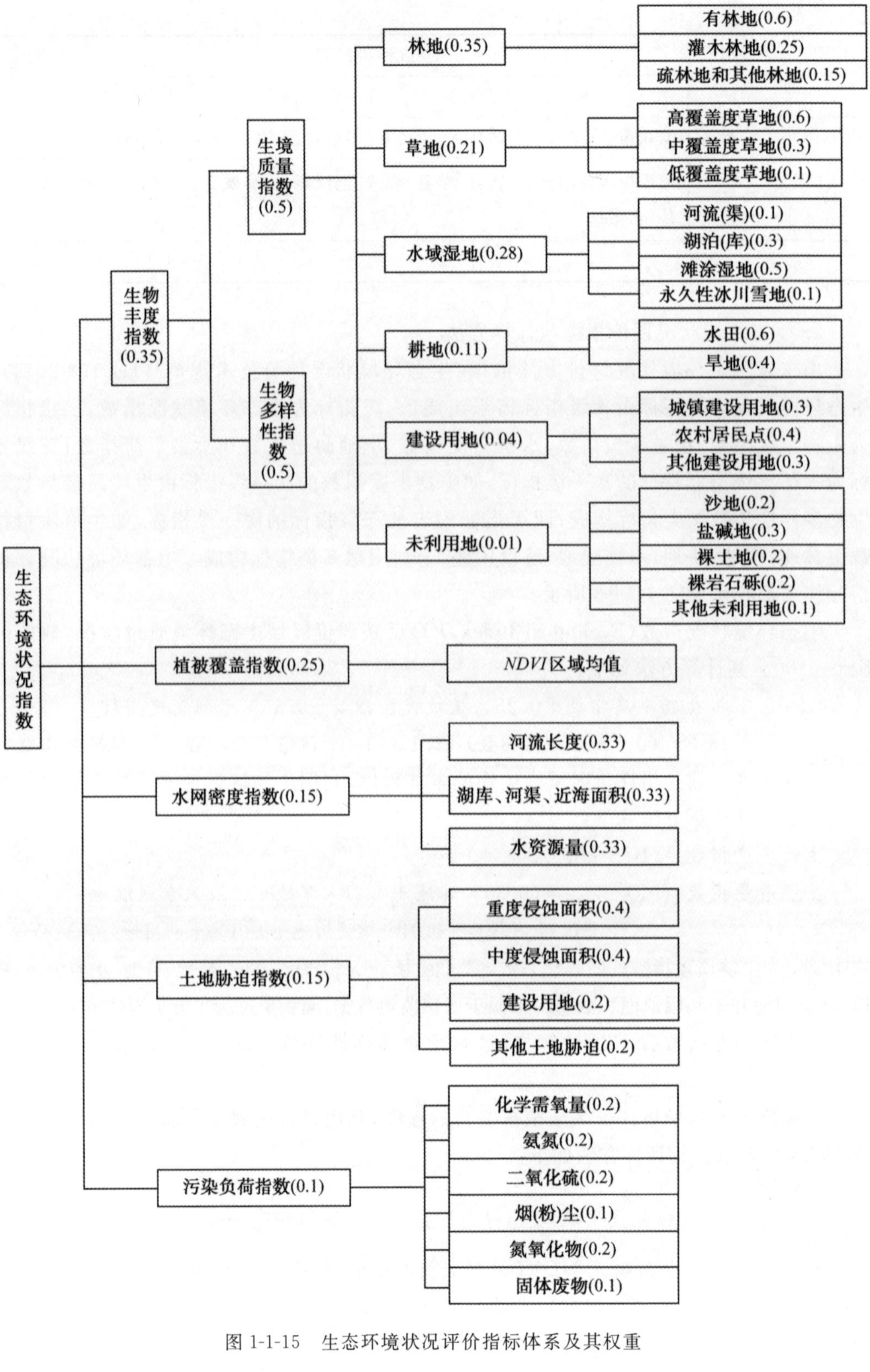

图 1-1-15　生态环境状况评价指标体系及其权重

水网密度指数是指利用评价区域内单位面积河流总长度、水域面积和水资源量来评价区域内水资源的丰富程度。当水网密度指数大于 100 时，则取 100。其计算方法如下：

$$\text{水网密度指数}=A_{riv}\times\text{河流长度}/\text{区域面积}+A_{lak}\times\text{水域面积(湖泊、水库、河渠和近海)}/\text{区域面积}+A_{res}\times\text{水资源量}^{*}/\text{区域面积}$$

式中，河流长度来源于1：250 000基础地理数据，单位为千米(km)；湖库(近海)面积来源于遥感更新，单位为平方千米(km^2)；水资源量来源于统计年鉴，单位为 10^6 立方米($10^6\,m^3$)；水资源量*计算方法如下：

$$\text{水资源量}^{*}=\begin{cases}\text{水资源量} & \dfrac{\text{水资源量}}{\text{水资源量}_{\text{年平均值}}}\leqslant 1.4\\ \text{水资源量}_{\text{年平均值}}\times\left(2.4-\dfrac{\text{水资源量}}{\text{水资源量}_{\text{年平均值}}}\right) & 1.4<\dfrac{\text{水资源量}}{\text{水资源量}_{\text{年平均值}}}\leqslant 2.4\\ 0 & \dfrac{\text{水资源量}}{\text{水资源量}_{\text{年平均值}}}>2.4\end{cases}$$

A_{riv}为河流长度的归一化系数，参考值为 84.370 408 398 1；A_{lak}为水域面积的归一化系数，参考值为 591.790 864 200 5；A_{res}为水资源量的归一化系数，参考值为 86.386 954 828 1。

土地胁迫指数是指评价区域内土地质量遭受胁迫的程度，利用评价区域内单位面积上水土流失、土地沙化、土地开发等胁迫类型面积表示。当土地胁迫指数大于 100 时，则取 100。其计算方法如下：

$$\text{土地胁迫指数}=A_{ero}\times(0.4\times\text{重度侵蚀面积}+0.2\times\text{中度侵蚀面积}+0.2\times\text{建设用地面积}+0.2\times\text{其他土地胁迫})/\text{区域面积}$$

式中，A_{ero}为土地胁迫指数的归一化系数，参考值为 236.043 567 794 8，中度侵蚀面积、重度侵蚀面积来源于第一次全国水利普查水土保持情况普查结果，面积单位为平方千米。

污染负荷指数是指评价区域内所受纳的环境污染压力，利用评价区域单位面积所受纳的污染负荷表示。当污染负荷指数小于 0 时，则取 0。计算方法如下：

$$\text{污染负荷指数}=0.2\times A_{COD}\times\text{COD 排放量}/\text{区域年降水总量}+0.2\times A_{NH_3}\times\text{氨氮排放量}/\text{区域年降水总量}+0.2\times A_{SO_2}\times SO_2\text{排放量}/\text{区域面积}+0.10\times A_{YFC}\times\text{烟(粉)尘排放量}/\text{区域面积}+0.2\times A_{NO_x}\times\text{氮氧化物排放量}/\text{区域面积}+0.10\times A_{SOL}\times\text{固体废物丢弃量}/\text{区域面积}$$

式中，A_{COD}为 COD 的归一化系数，参考值为 4.393 739 728 9，A_{NH_3}为氨氮的归一化系数，参考值为 40.176 476 498 6，A_{SO_2}为 SO_2 的归一化系数，参考值为 0.064 866 028 7，A_{YFC}为烟(粉)尘的归一化系数，参考值为 4.090 445 932 1，A_{NOX}为氮氧化物的归一化系数，参考值为 0.510 304 927 8，A_{SOL}为固体废物的归一化系数，参考值为 0.074 989 428 3；COD、氨氮、SO_2、烟(粉)尘、氮氧化物和固体废物年排放量均来源于环保部门统计数据，单位为 t。

3. 生态环境状况及变化度分级

根据生态环境状况指数的大小，将生态环境状况分为优、良、一般、较差和差 5 级，其分级标准如表 1-1-5 所示。根据生态环境状况变化幅度，将生态环境状况变化度分为无明显变化、略有变化、明显变化和显著变化 4 级，其分级标准如表 1-1-6 所示。

表 1-1-5 生态环境状况分级

级 别	生态环境状况指数	状 态
优	$EI \geqslant 75$	植被覆盖度高,生物多样性丰富,生态系统稳定,最适合人类生存
良	$55 \leqslant EI < 75$	植被覆盖度较高,生物多样性较丰富,基本适合人类生存
一般	$35 \leqslant EI < 55$	植被覆盖度中等,生物多样性一般水平,较适合人类生存,但有不适人类生存的制约性因子出现
较差	$20 \leqslant EI < 35$	植被覆盖较差,严重干旱少雨,物种较少,存在着明显制约人类生存的因素
差	$EI < 20$	条件较恶劣,人类生存环境恶劣

表 1-1-6 生态环境状况变化度分级

级 别	生态环境状况指数变化值	描 述
无明显变化	$\lvert \Delta EI \rvert < 1$	生态环境状况无明显变化
略有变化	$1 \leqslant \lvert \Delta EI \rvert < 3$	若 $1 \leqslant \Delta EI < 3$,则生态环境状况略微变好;若 $-3 < \Delta EI \leqslant -1$,则生态环境状况略微变差
明显变化	$3 \leqslant \lvert \Delta EI \rvert < 8$	若 $3 \leqslant \Delta EI < 8$,则生态环境状况明显变好;若 $-8 < \Delta EI \leqslant -3$,则生态环境状况明显变差
显著变化	$\lvert \Delta EI \rvert \geqslant 8$	若 $\Delta EI \geqslant 8$,则生态环境状况显著变好;若 $\Delta EI \leqslant -8$,则生态环境状况显著变差

第二节 生态系统格局及其动态变化

一、生态系统空间分布

1. 生态系统空间分布总体特征

2015 年山东省生态系统类型面积遥感监测结果表明(见表 1-2-1 和图 1-2-1),山东省生态系统类型空间分布具有以下几个特征:

第一,山东省生态系统类型以农田、城乡居民点和工矿用地为主,林地、草地、水域和未利用土地面积较少。2015 年,山东省农田、城乡居民点工矿用地面积分别占全省生态系统总面积的 59.32%和 20.98%,林地、草地、水域湿地和未利用土地面积分别占全省生态系统总面积的 7.47%、6.70%、4.77%和 0.76%。显然,农田、城乡居民点工矿用地面积大,未利用土地面积小,反映了人类活动对生态系统的开发利用强度。

第二,山东省农田生态系统的主要特征是旱地多、水田少,分布广。2015 年,山东省旱地和水田的面积分别占全省农田生态系统总面积的 99.4%和 0.64%。平原旱地、丘陵旱地和山区旱地分别占全省旱地总面积的 76.4%、22.9%和 0.67%。

第三，山东省林地生态系统结构以有林地为主，分布相对集中。2015 年，山东省有林地、灌木林地、疏林地和其他林地面积分别占全省林地总面积的 56.4%、14.7%、15.5%和 13.3%，以有林地所占比例最大。78%的林地分布于胶东半岛和鲁中南山地区。

表 1-2-1　　2010～2015 年山东省生态系统类型面积遥感监测结果

生态系统类型		面积(平方千米)		占全省生态系统面积比例(%)	
		2010 年	2015 年	2010 年	2015 年
农田	水田	700.1	595.3	59.72	59.32
	旱地	93 087.7	92 855.5		
林地	有林地	6 138.6	6 640.8	7.06	7.47
	灌木林地	1 768.0	1 731.4		
	疏林地	1 634.3	1 830.0		
	其他林地	1 539.2	1 572.6		
草地	高覆盖度草地	2 846.3	2 438.2	8.05	6.70
	中覆盖度草地	6 941.5	5 621.6		
	低覆盖度草地	2 858.2	2 503.3		
水域湿地	河渠	2 242.1	2 339.4	5.21	4.77
	湖泊	1 278.2	1 173.1		
	水库/坑塘	2 184.3	2 067.1		
	海涂	1 054.3	838.5		
	滩地	887.8	996.7		
	沼泽	547.1	92.1		
城乡居民点工矿用地	城镇用地	6 103.0	7 162.0	19.08	21.98
	农村居民点用地	14 458.7	14 994.5		
	工矿用地	9 396.6	10 898.8		
未利用地	沙地	41.8	17.3	0.88	0.76
	盐碱地	1 145.5	923.5		
	裸土地	6.2	30.4		
	裸岩	177.3	218.2		
	其他	8.2	3.4		
合计		157 545.2	157 543.6	100.00	100.00

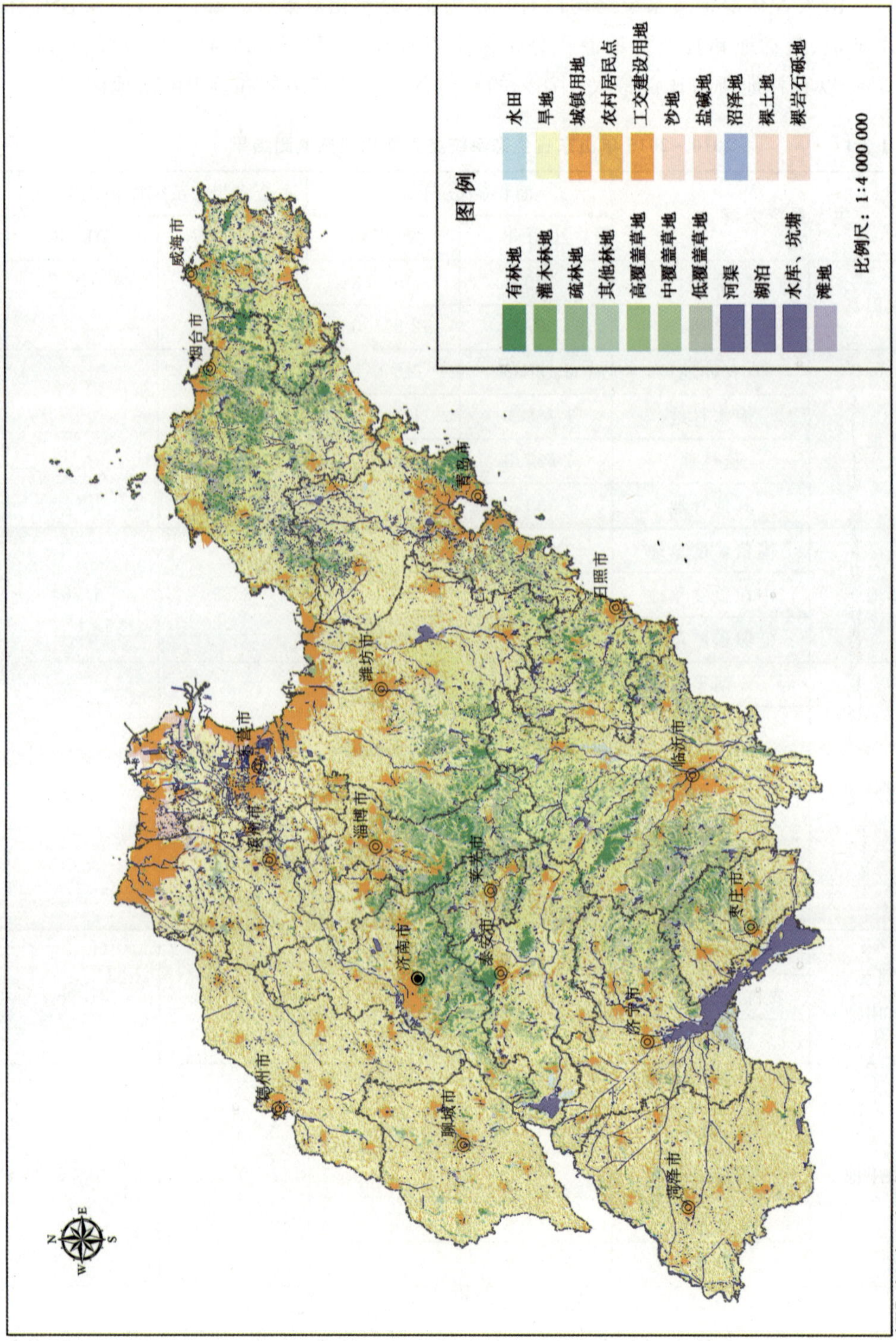

图1-2-1 2015年山东省生态系统类型空间分布图

审图号：鲁SG（2018）069号

第四，山东省草地生态系统主要特点是中覆盖度草地面积大，分布比较集中。2015 年，山东省高覆盖度草地、中覆盖度草地和低覆盖度草地面积分别占全省草地生态系统总面积的 23.1%、53.2%和 23.7%，草地生态系统结构呈现以中覆盖度草地为主的特点。草地分布主要集中在胶东半岛和鲁中南山地丘陵区，烟台和临沂 2 城市的草地面积占全省草地生态系统总面积的 42%。青岛、淄博、枣庄、潍坊 4 城市的草地面积占全省草地生态系统总面积的 28.3%。

第五，山东省水域湿地生态系统的主要特点是水库坑塘等人工湿地面积较大，湖泊、滩地、海涂、沼泽等天然湿地面积较小，而且区域分布不均。2015 年，山东省河渠、水库坑塘、湖泊、滩涂、滩地和沼泽的面积分别占全省水域湿地生态系统总面积的 31.2%、27.5%、15.6%、11.2%、13.3%和 1.2%，东营、济宁、潍坊和临沂等 4 个城市的水域湿地面积占全省水域湿地生态系统总面积的 53.0%。

第六，山东省城乡居民点工矿用地以农村居民点用地面积最大，区域分布差异比较明显。2015 年，山东省城镇用地、农村居民用地和工矿用地面积分别占全省城乡居民点工矿用地总面积的 21.7%、45.4%和 33.0%。潍坊市城乡居民点工矿用地面积占全省城乡居民点工矿用地总面积的 11.2%，济南、青岛、淄博、东营、烟台、济宁、泰安、威海、临沂、德州、聊城、滨州、菏泽等 13 个城市城乡居民点工矿用地面积占全省城乡居民点工矿用地总面积的 82.3%，枣庄、日照、莱芜 3 个城市城乡居民点工矿用地面积占全省城乡居民点和工矿用地总面积的 6.5%。

第七，盐碱地和裸岩是山东省未利用土地的主要类型。盐碱地和裸岩面积分别占全省未利用土地面积的 77.4%和 18.3%。沙地、裸土地和其他未利用土地面积分别占全省未利用土地面积的 1.5%、2.6%和 0.3%。未利用土地分布高度集中，东营与滨州未利用土地面积占全省未利用土地总面积的 72.4%。

2. 生态系统县域分布特征

应用 2015 年山东省县域生态系统类型面积遥感监测结果，统计分析县域生态系统类型分布状况，具有以下几个特点：

第一，76%以上的县域生态系统类型以农田生态系统为主。县域农田面积占县域生态系统总面积的比例为 0.5%～77.2%。其中，青岛市区农田面积占县域生态系统总面积的比例最低，为 0.5%；商河县农田面积占县域生态系统总面积的比例最高，为 77.2%。67 个县域农田面积占县域生态系统总面积的比例范围为 60.1%～77.2%，24 个县域农田面积占县域生态系统总面积的比例为 50.2%～59.8%，21 个县域农田面积占县域生态系统总面积的比例为 30.3%～49.8%，7 个县域农田面积占县域生态系统总面积的比例为 0.5%～27.4%。县域耕地面积占县域生态系统总面积的比例分布情况如图 1-2-2 所示。

第二，73%的县域林地面积占县域生态系统总面积的比例在 10%以下。县域林地面积占县域生态系统总面积的比例为 0.5%～55.4%。其中，庆云县林地面积占县域生态系统总面积的比例最低，为 0.5%；长岛县林地面积占县域生态系统总面积的比例最高，为 55.4%。10 个县域林地面积占县域生态系统总面积的比例为 21.3%～55.4%，22 个县域林地面积占县域生态系统总面积的比例范围为 10.5%～19.8%，20 个县域林地面积占县域生态系统总面积的比例为 5.2%～9.8%，67 个县域林地面积占县域生态系统总面积的比例为 0.5%～4.9%。县域林地面积占县域生态系统总面积的比例分布情况如图 1-2-3 所示。

第三，60%的县域草地面积占县域生态系统总面积的比例在 5%以下。县域草地面积占县域生态系统总面积的比例为 0～31.0%。其中，武城县和单县草地分布面积为 0；费县草地面积占县域生态系统总面积的比例最高，为 31.0%。8 个县域草地面积占县域生态系统总面积的比例为 20.1%～31.0%，19 个县域草地面积占县域生态系统总面积的比例为 10.6%～19.9%，21 个县域草地面积占县域生态系统总面积的比例范围为 5.1%～9.8%，71 个县域草地面积占县域生态系统总面积的比例为 0～5.0%。县域草地面积占县域生态系统总面积的比例分布情况如图 1-2-4 所示。

第四，80%以上的县域水域湿地面积占县域生态系统总面积的比例在 5%以下。县域水域湿地面积占县域生态系统总面积的比例为 0.8%～62.0%。其中，冠县水域湿地面积占县域生态系统总面积的比例最小，为 0.81%；微山县水域湿地面积占县域生态系统总面积的比例最大，为 62.0%。5 个县域水域湿地面积占县域生态系统总面积的比例为 12.8%～62.0%，17 个县域水域湿地面积占县域生态系统总面积的比例为 5.0%～9.4%，97 个县域水域湿地面积占县域生态系统总面积的比例范围为 0.8%～5.0%。县域水域湿地面积占县域生态系统总面积的比例分布情况如图 1-2-5 所示。

第五，56%的县域城乡居民点工矿用地面积占县域生态系统总面积的比例在 20%以上。县域城乡居民点工矿用地面积占县域生态系统总面积的比例为 7.1%～80.2%。其中，沂源县城乡居民点工矿用地面积占县域生态系统总面积的比例最小，为 7.1%；青岛市区城乡居民点工矿用地面积占县域生态系统总面积的比例最大，为 80.2%。67 个县域城乡居民点工矿用地面积占县域生态系统总面积的比例为 20.0%～80.2%，47 个县域城乡居民点工矿用地面积占县域生态系统总面积的比例为 10.8%～19.7%，5 个县域城乡居民点工矿用地面积占县域生态系统总面积的比例为 7.1%～9.4%。县域城乡居民点工矿用地面积占县域生态系统总面积的比例分布情况如图 1-2-6所示。

第六，近 13%的县域未利用地面积占县域生态系统总面积的比例在 1%以上。县域未利用地面积占县域生态系统总面积的比例为 0～19.8%。其中，单县、武城县等 8 个县域未利用土地面积占县域生态系统总面积的比例为 0；东营区未利用土地面积占县域生态系统总面积的比例最大，为 19.8%。15 个县域未利用土地面积占县域生态系统总面积的比例为 1.0%～19.8%，96 个县域未利用土地面积占县域生态系统总面积的比例为 0.01%～0.92%。县域未利用土地面积占县域生态系统总面积的比例分布情况如图 1-2-7所示。

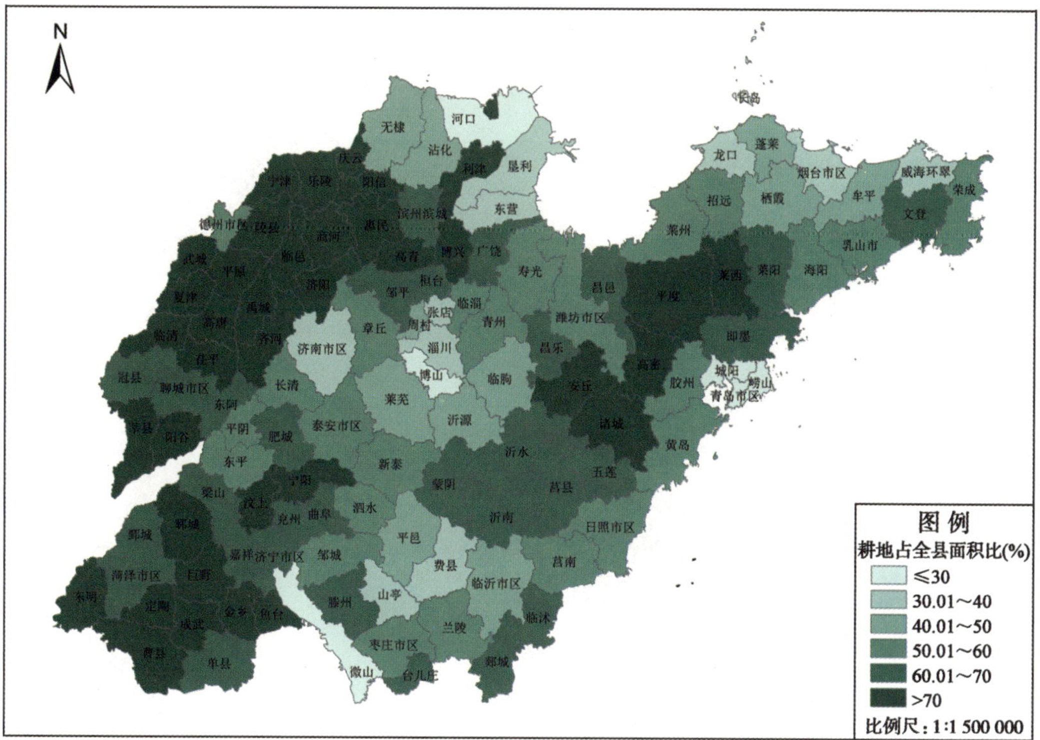

审图号：鲁SG（2018）069号

图 1-2-2 县域耕地面积占县域生态系统总面积的比例分布图

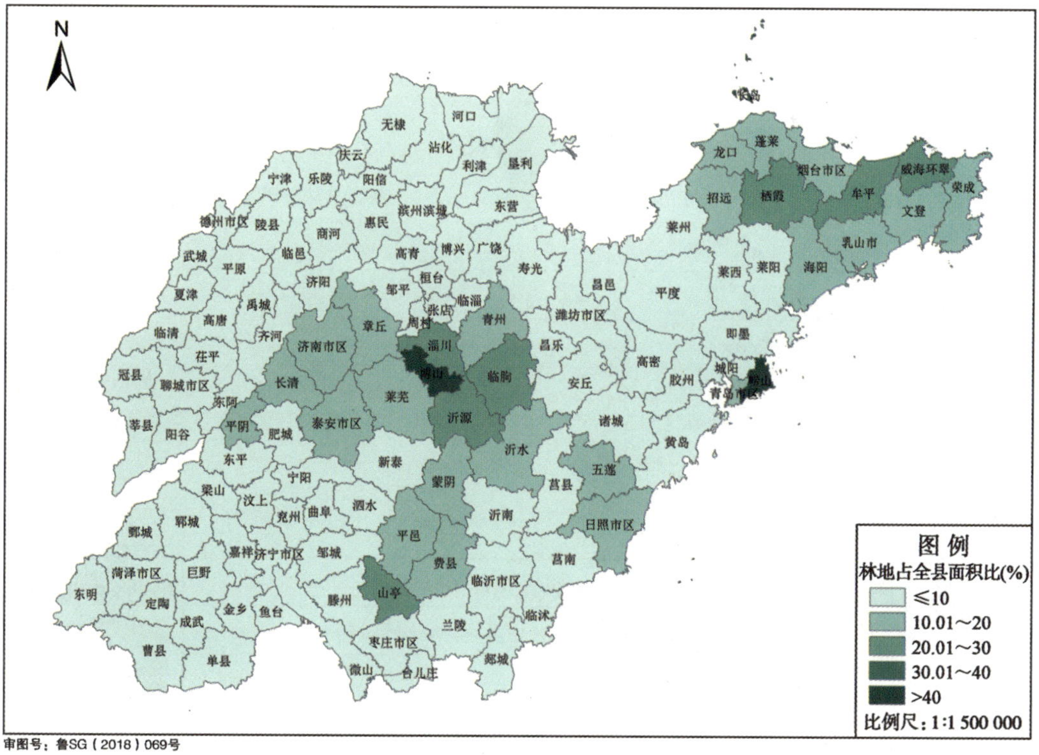

审图号：鲁SG（2018）069号

图 1-2-3 县域林地面积占县域生态系统总面积的比例分布图

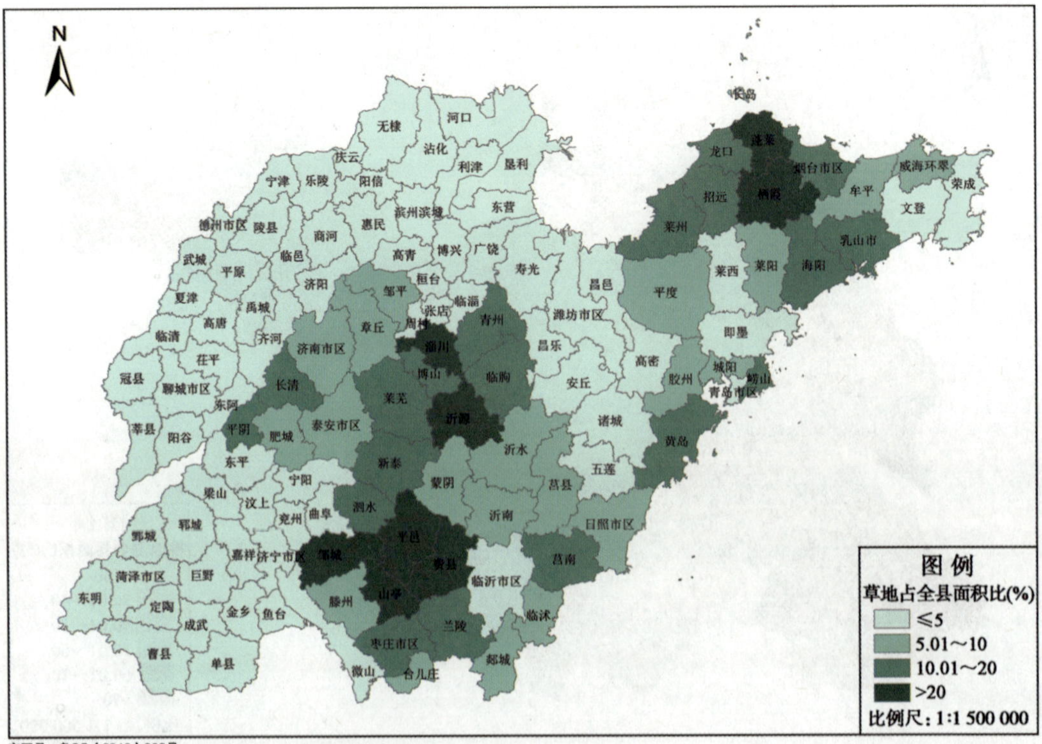

审图号：鲁SG（2018）069号

图 1-2-4　县域草地面积占县域生态系统总面积的比例分布图

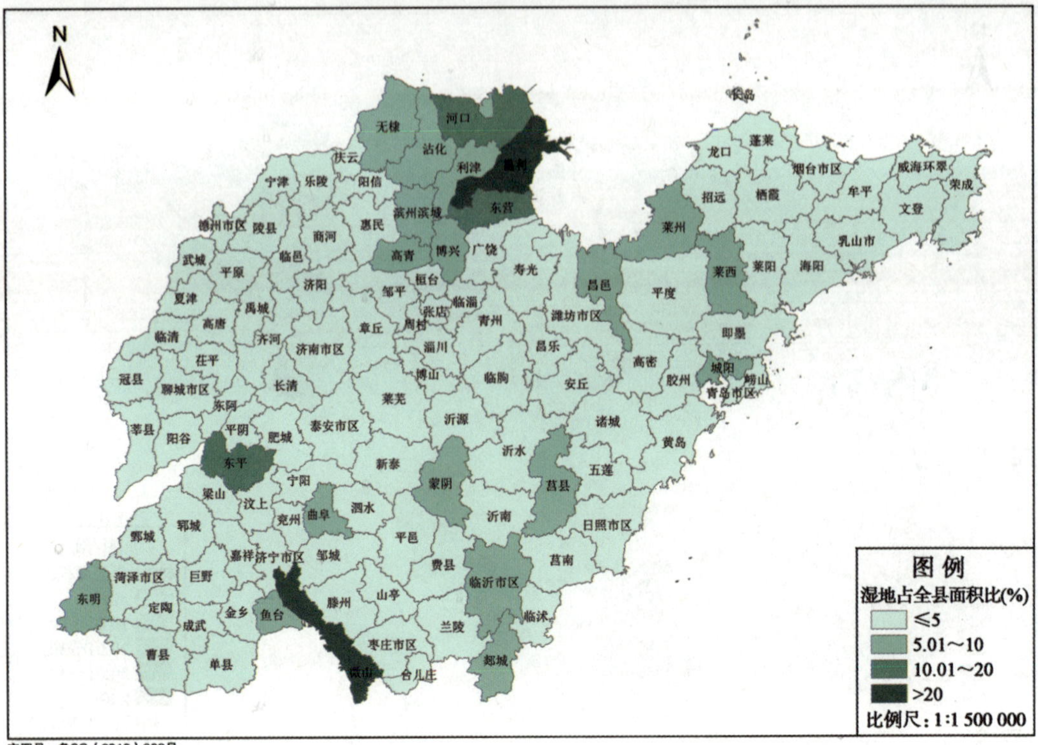

审图号：鲁SG（2018）069号

图 1-2-5　县域水域湿地面积占县域生态系统总面积的比例分布图

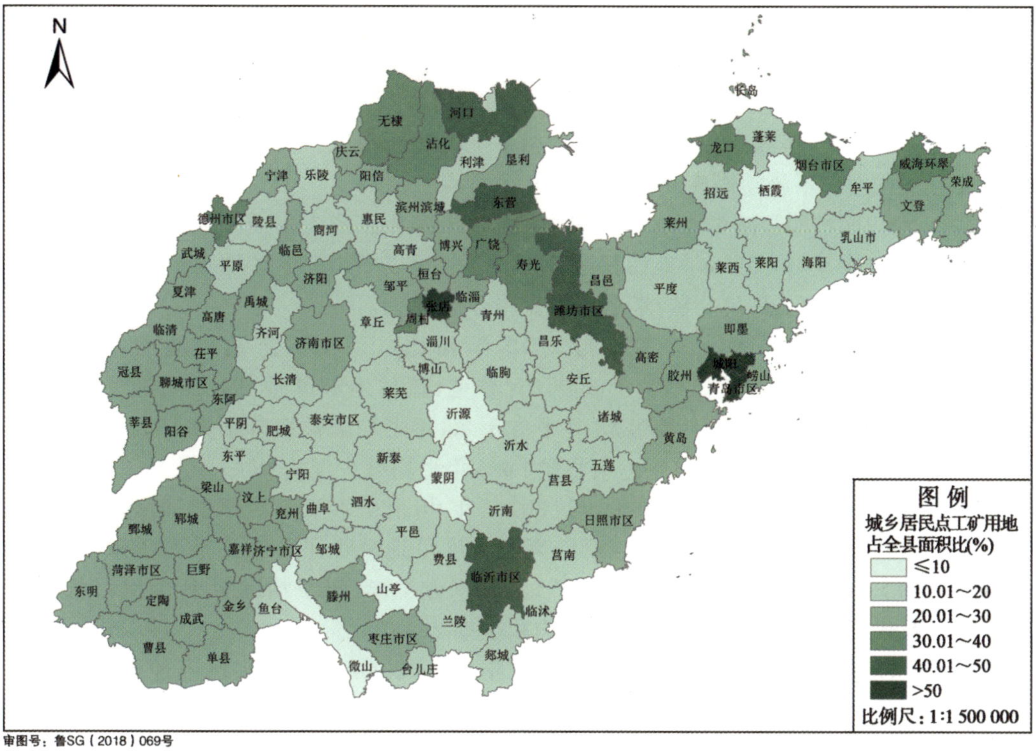

审图号：鲁SG（2018）069号

图 1-2-6　县域城乡居民点和工矿用地面积占县域生态系统总面积的比例分布图

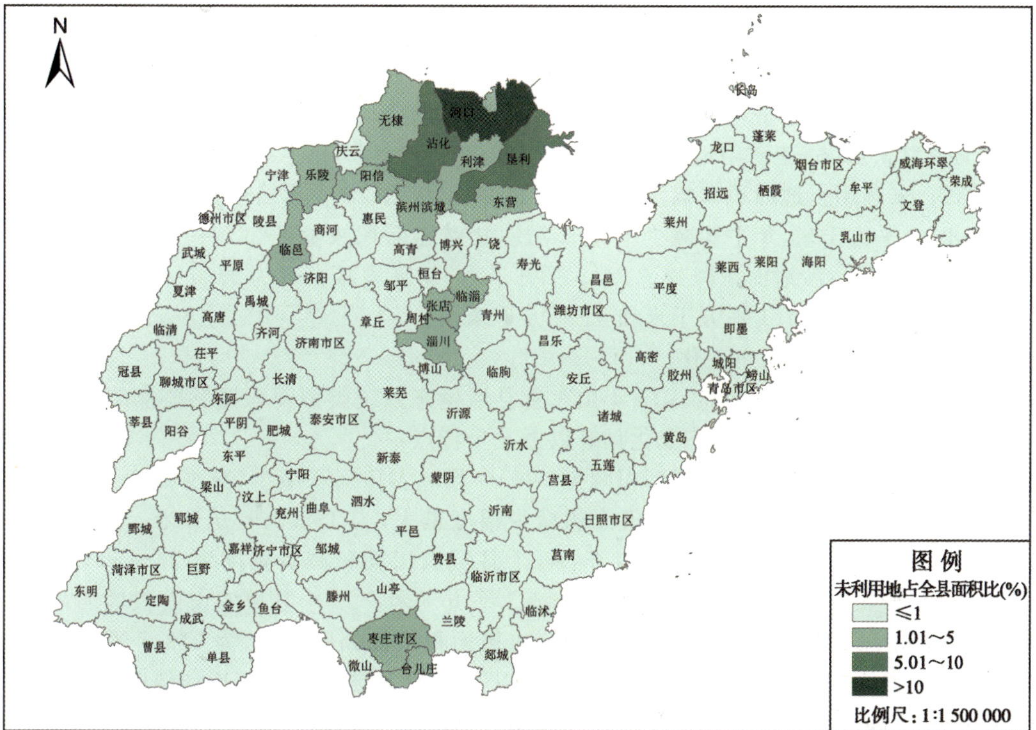

审图号：鲁SG（2018）069号

图 1-2-7　县域未利用地面积占县域生态系统总面积的比例分布图

二、生态系统动态变化

1. 生态系统动态变化总体特征

通过分析2010年和2015年山东省生态系统类型面积遥感监测结果(见表1-2-1),可以发现山东省生态系统动态变化具有以下几个特点:

第一,农田面积明显减少。与2010年相比,2015年山东省农田面积减少了336.9平方千米,年平均减少率0.07%,旱地面积减少了232.2平方千米,年平均减少率0.05%;水田面积减少了104.74平方千米,年平均减少率3%。

第二,林地面积呈增长趋势。与2010年相比,2015年全省林地面积增加了694.59平方千米,年平均增长率为1.25%;有林地、疏林地和其他林地面积分别增加了502.2平方千米、195.6平方千米和33.3平方千米,年平均增长率分别为1.64%、2.39%和0.43%;灌木林地面积减少了36.6平方千米,年平均减少率为0.41%。

第三,草地面积大幅减少。与2010年相比,2015年草地面积减少了2 083.1平方千米,年平均减少率3.29%;高覆盖度草地减少了408.2平方千米,年平均减少率2.87%;中覆盖度草地面积减少了1 320平方千米,年平均减少率3.8%;低覆盖度草地面积减少了354.9平方千米,年平均减少率2.48%。

第四,水域湿地面积有所减少。与2010年相比,2015年全省水域湿地面积减少了687.0平方千米,年平均减少率1.68%;湖泊面积减少了105.1平方千米,年平均减少率1.65%;水库坑塘面积减少了117.2平方千米,年平均减少率1.07%;滩涂面积减少了215.8平方千米,年平均减少率4.09%;沼泽面积减少了455平方千米,年平均减少率16.6%。

第五,城乡居民点工矿用地面积大幅增加。与2010年相比,2015年山东省城乡居民点工矿用地面积增加了3 097平方千米,年平均增长率为2.07%;农村居民用地面积增加了535.8平方千米,年平均增长率为0.74%;城镇用地面积增加了1 059平方千米,年平均增长率为3.47%;工矿用地面积增加了1 502.1平方千米,年平均增长率为3.2%。

第六,未利用土地面积大幅度减少。与2010年相比,2015年山东省未利用地面积减少了186.2平方千米,年平均减少率为2.7%;盐碱地面积减少了222平方千米,年平均减少率为3.88%;沙地面积减少了24.5平方千米,年平均减少率为11.7%;裸土地和裸岩面积分别增加了24.1平方千米和41平方千米。

2. 县域生态系统动态变化

通过分析统计2010年和2015年山东省县域生态系统类型面积遥感监测结果,可以发现山东省县域生态系统动态变化具有以下几个特点:

第一,80%以上的县域农田面积减少。97个县域农田面积减少,减少幅度为0.08~132.3平方千米。其中,临朐县农田面积减少幅度最大,为132.3平方千米。50个县域农田面积减少幅度在20平方千米以下,34个县域农田面积减少幅度为20~50平方千米,13个县域农田面积减少幅度为53~132.3平方千米。22个县域农田面积增加,增加幅度为0.53~213.7平方千米,其中栖霞市农田面积增加幅度最大,为213.7平方千米。6个县域农田面积增加幅度在6.5平方千米以下,7个县域农田面积增加幅度为17.4~38.7平方千米,9个县域农田面积增加幅度为53~213.7平方千米。县域耕地面积变化量空间分布情况如图1-2-8所示。

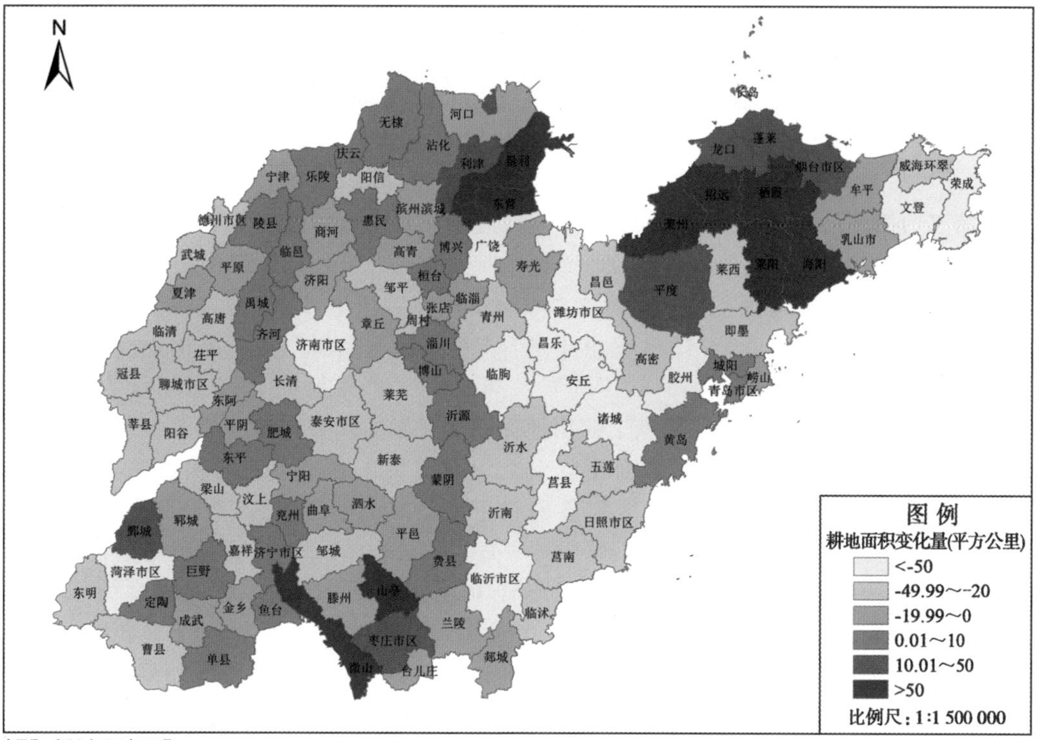

审图号：鲁SG（2018）069号

图 1-2-8　县域耕地面积变化量空间分布图

第二，59%的县域林地面积增加。70 个县域林地面积增加，增加幅度为 0.1～99.1 平方千米。其中，枣庄市山亭区林地面积增加幅度最大，为 99.1 平方千米。7 个县域林地面积增加幅度为 32.0～99.1 平方千米，16 个县域林地面积增加幅度范围为 10.1～26.6平方千米，47 个县域林地面积增加幅度为 0.1～9.7 平方千米。49 个县域林地面积减少，减少幅度范围为 0.04～31.4 平方千米。济宁任城区林地面积减少幅度最大，为 31.5 平方千米。35 个县域林地面积减少幅度为 0.04～4.8 平方千米，8 个县域林地面积减少幅度为 5.4～9.7 平方千米，6 个县域林地面积减少幅度为 11.4～31.5 平方千米。县域林地面积变化量空间分布情况如图 1-2-9 所示。

第三，72%的县域草地面积减少。86 个县域草地面积减少，减少幅度为 0.02～278.6 平方千米。其中，栖霞市草地面积减少幅度最大，为 278.6 平方千米。46 个县域草地面积减少幅度为 0.02～4.9 平方千米，17 个县域草地面积减少幅度为 5.0～9.8 平方千米，11 个县域草地面积减少幅度为 10.5～46.4 平方千米，12 个县域草地面积减少幅度为 68.3～278.6 平方千米。29 个县域草地面积增加，增加幅度为 0.01～13.6 平方千米，文登区草地面积增加幅度最大，为 13.6 平方千米。22 个县域草地面积增加幅度为 0.01～1.9 平方千米，7 个县域草地面积增加幅度为 3.0～13.6 平方千米。冠县、单县、成武县和定陶县草地面积没有变化。县域草地面积变化量空间分布情况如图 1-2-10 所示。

第四，53%的县域水域湿地面积增加。63 个县域水域湿地面积增加，增加幅度为 0.07～55.3平方千米。其中，微山县水域湿地面积增加幅度最大，为 55.3 平方千米。46 个县域水域湿地面积增加幅度为 0.07～4.3 平方千米，13 个县域水域湿地面积增加幅度为

5.2～9.9平方千米，4 个县域水域湿地面积增加幅度为 11.4～55.3 平方千米。56 个县域水域湿地面积减少，减少幅度为 0.02～166.7 平方千米，其中河口区水域湿地面积减少幅度最大，为 166.7 平方千米。35 个县域水域湿地面积减少幅度为 0.02～5 平方千米，7 个县域水域湿地面积减少幅度为 5.6～9.3 平方千米，14 个县域水域湿地面积减少幅度为 11.1～166.7 平方千米。县域水域湿地面积变化量空间分布情况如图 1-2-11 所示。

第五，100%的县域城乡居民点工矿用地面积增加，增加幅度为 0.23～127.5 平方千米。其中，广饶县城乡居民点工矿用地面积增加幅度最大，为 127.5 平方千米。23 个县域城乡居民点工矿用地面积增加幅度为 0.23～9.9 平方千米，37 个县域城乡居民点工矿用地面积增加幅度为 10.2～19.8 平方千米，44 个县域城乡居民点工矿用地面积增加幅度为 20.3～49.2 平方千米，15 个县域城乡居民点工矿用地面积增加幅度为 53.4～127.5 平方千米。县域城乡居民点工矿用地面积变化量空间分布情况如图 1-2-12 所示。

第六，50%的县域未利用土地面积减少。59 个县域未利用土地面积减少，减少幅度为 0.02～86.5 平方千米。其中，垦利县未利用土地减少幅度最大，为 86.5 平方千米。50 个县域未利用土地面积减少幅度为 0.02～4.3 平方千米，9 个县域未利用土地面积减少幅度为 6.3～86.5 平方千米。50 个县域未利用土地面积增加，增加幅度为 0.01～19.5 平方千米，淄川区未利用土地增加幅度最大，为 19.5 平方千米。43 个县域未利用土地面积增加幅度为 0.01～4.7 平方千米，7 个县域未利用土地面积增加幅度为 5.1～19.5 平方千米。长岛县、栖霞市等 10 个县域未利用土地面积保持稳定不变。县域未利用土地面积变化量空间分布情况如图 1-2-13 所示。

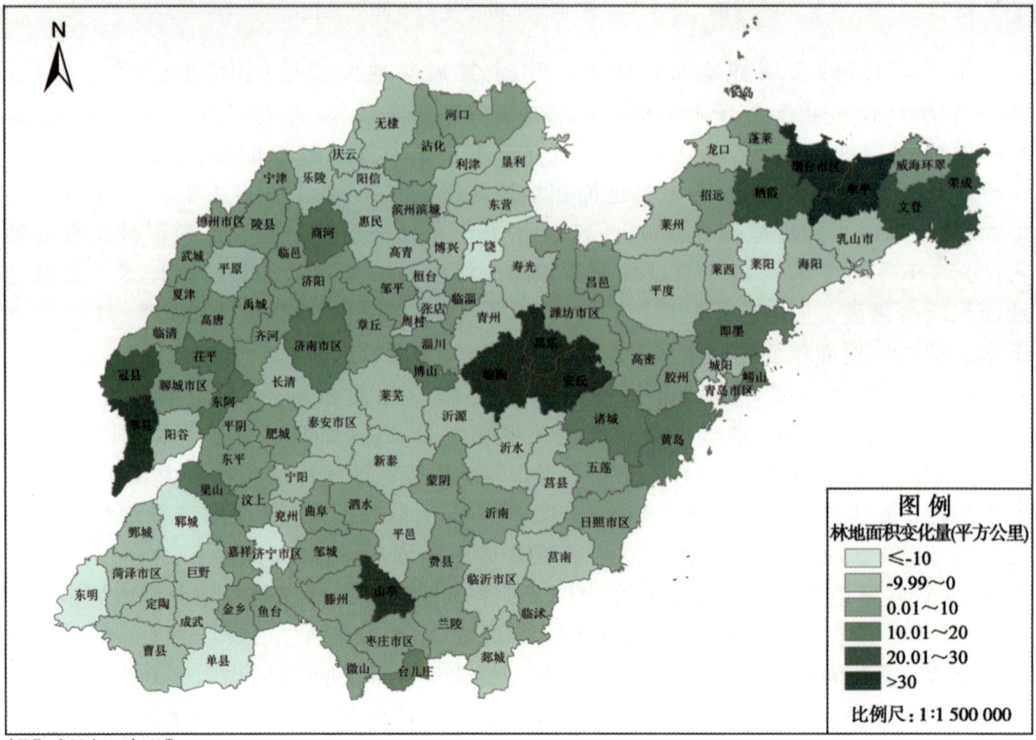

审图号：鲁SG（2018）069号

图 1-2-9 县域林地面积变化量空间分布图

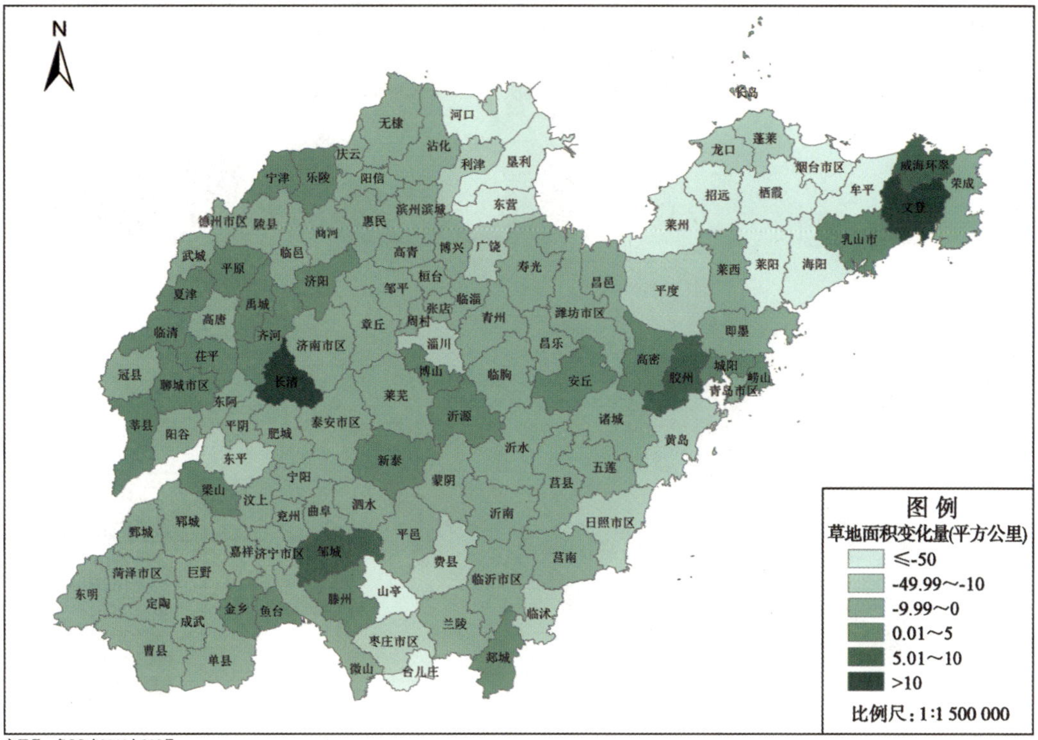

审图号：鲁SG（2018）069号

图 1-2-10 县域草地面积变化量空间分布图

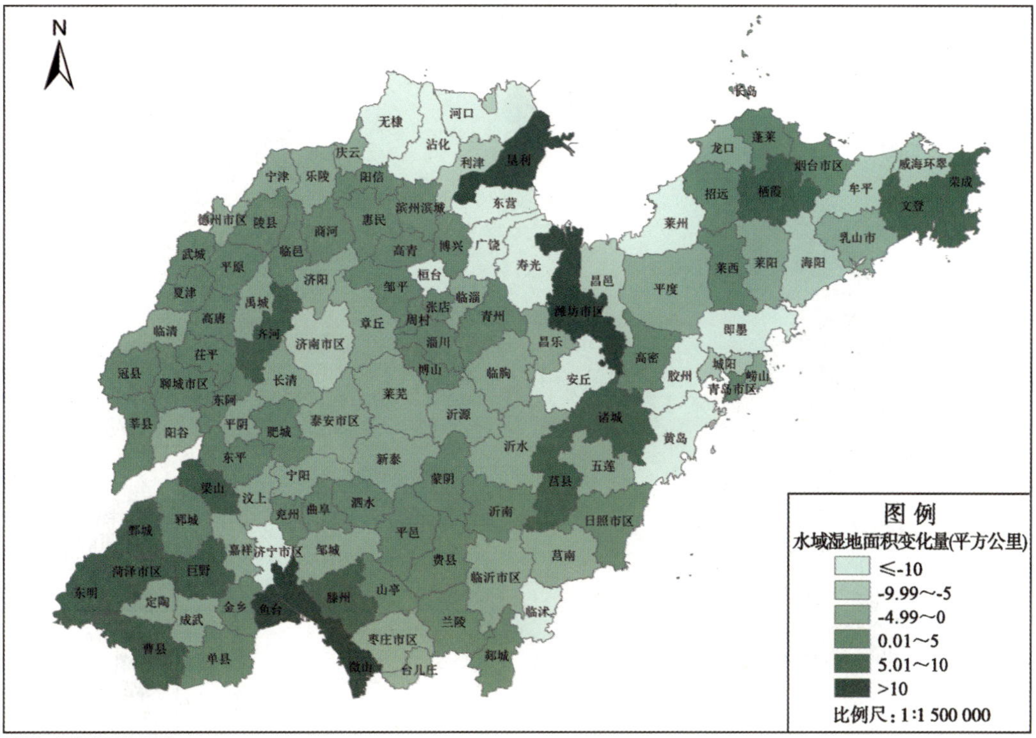

审图号：鲁SG（2018）069号

图 1-2-11 县域水域湿地面积变化量空间分布图

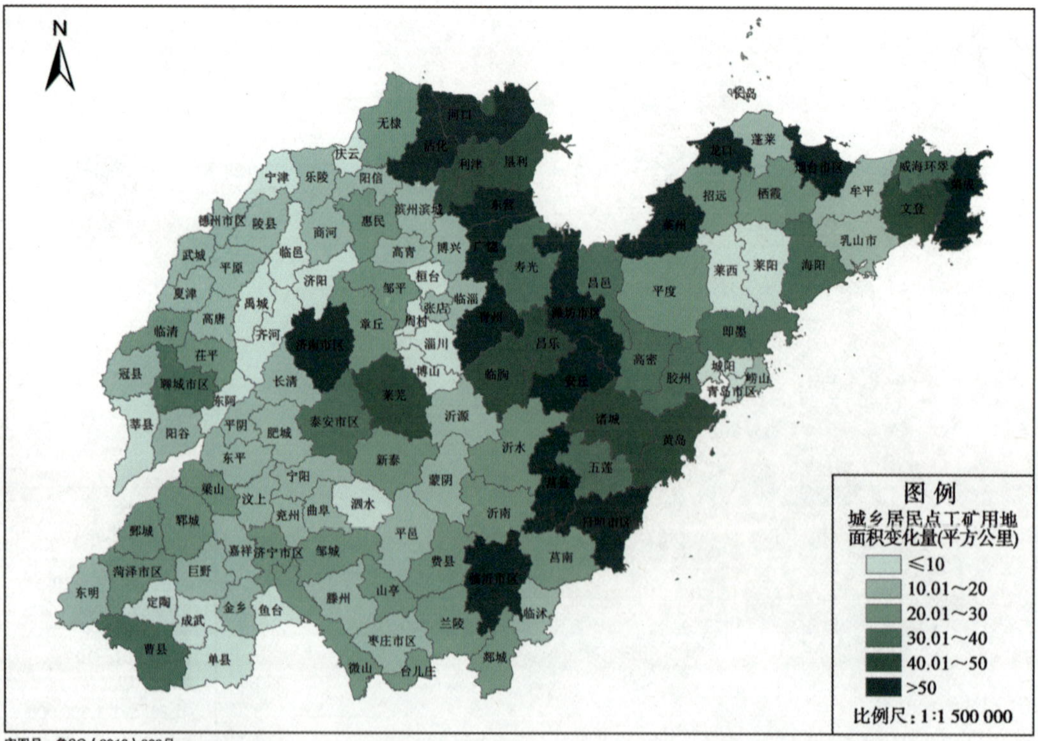

审图号：鲁SG（2018）069号

图 1-2-12　县域城乡居民点和工矿用地面积变化量空间分布图

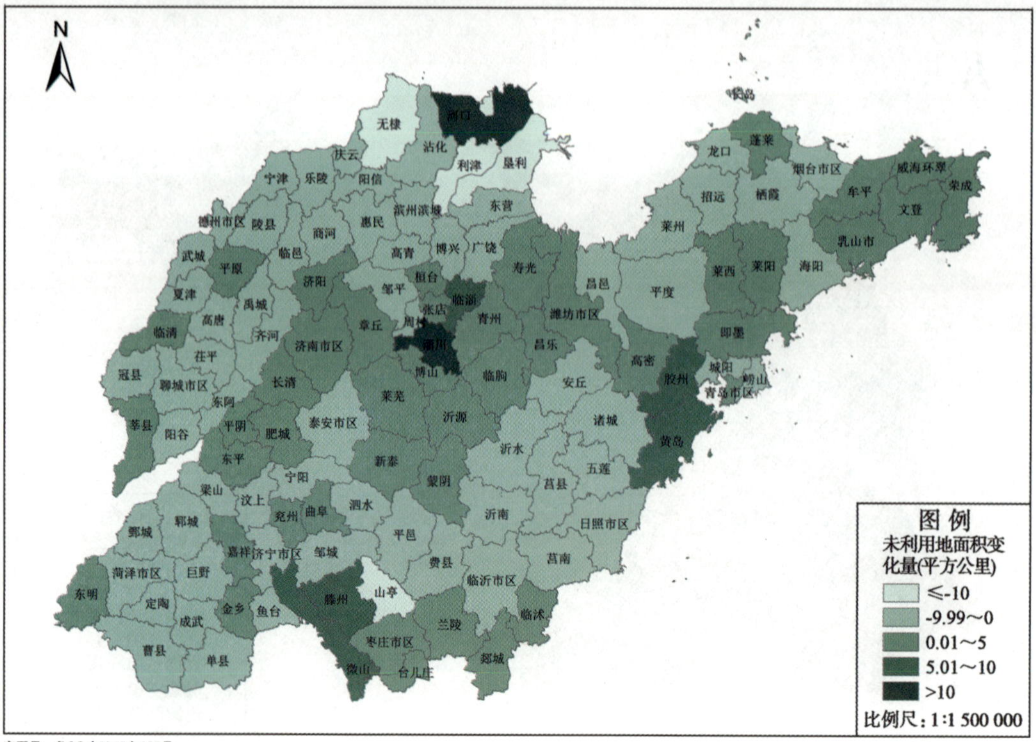

审图号：鲁SG（2018）069号

图 1-2-13　县域未利用地面积变化量空间分布图

第三节 生态环境状况及其动态变化

一、县域生态环境状况评价

2015 年山东省 119 个县域评价单元生物丰度指数、植被覆盖指数、水网密度指数、土地胁迫指数、污染负荷指数和生态环境状况指数(*EI*)的计算结果如表 1-3-1 所示，县域生态环境状况等级分布状况见图 1-3-1。

表 1-3-1　　2015 年山东省县域生态环境状况评价结果

序号	县域单元	生物丰度指数	植被覆盖指数	水网密度指数	土地胁迫指数	污染负荷指数	*EI*
1	济南市区	36.85	77.51	18.43	24.08	17.51	54.57
2	长清区	39.54	82.48	13.96	24.03	1.05	57.70
3	平阴县	34.01	80.25	15.11	11.60	4.59	56.88
4	济阳县	26.93	84.33	29.83	8.27	0.74	58.47
5	商河县	24.02	85.61	28.24	7.06	0.61	57.71
6	章丘区	36.56	80.79	14.98	13.65	5.47	57.50
7	青岛市区	23.62	48.54	95.50	41.39	44.46	49.07
8	黄岛区	35.53	70.40	46.95	18.62	3.52	58.79
9	崂山区	52.48	76.83	79.74	21.74	2.78	70.96
10	城阳区	32.33	58.09	44.14	34.04	2.96	51.99
11	胶州市	33.51	74.37	22.72	13.91	1.14	56.37
12	即墨市	33.32	70.48	35.66	13.71	1.56	57.24
13	平度市	34.55	79.39	25.92	9.67	0.51	59.13
14	莱西市	28.09	76.91	24.97	11.28	0.94	55.81
15	淄博张店区	23.80	68.68	14.26	31.28	40.34	43.82
16	淄川区	39.52	76.58	11.85	20.02	12.20	55.45
17	博山区	49.60	85.79	10.55	22.34	6.96	61.28
18	临淄区	31.38	78.12	12.30	18.36	21.16	52.32
19	周村区	26.25	74.99	23.08	19.72	11.90	52.11
20	桓台县	23.90	83.36	24.07	12.60	9.73	54.77
21	高青县	23.99	84.02	29.74	6.85	2.14	57.41
22	沂源县	41.23	83.40	15.77	24.23	0.71	58.83

续表

序号	县域单元	生物丰度指数	植被覆盖指数	水网密度指数	土地胁迫指数	污染负荷指数	*EI*
23	枣庄市区	30.20	78.83	18.63	17.64	5.68	54.86
24	台儿区	31.11	87.38	31.90	8.97	6.65	60.32
25	山亭区	40.59	79.33	15.33	18.13	1.23	58.40
26	滕州市	28.10	80.47	22.15	11.88	4.97	55.82
27	东营区	23.02	55.17	48.30	21.93	2.41	50.47
28	河口区	21.48	43.77	49.58	27.77	0.33	46.63
29	垦利县	27.45	48.05	48.16	14.16	0.31	51.58
30	利津县	29.03	72.89	29.94	8.34	0.46	56.38
31	广饶县	22.95	71.16	32.90	14.85	1.39	53.22
32	烟台市区	37.23	65.78	56.42	26.61	3.87	58.47
33	牟平区	46.68	75.55	29.13	17.94	0.97	61.67
34	长岛县	34.99	53.13	100.00	12.42	2.24	63.40
35	龙口市	35.60	65.55	48.32	17.09	4.86	57.94
36	莱阳市	34.68	73.23	19.79	26.83	0.40	54.16
37	莱州市	33.98	67.14	34.88	19.96	2.56	55.52
38	蓬莱市	36.53	71.24	35.24	12.49	2.22	58.66
39	招远市	35.87	72.41	20.31	12.82	0.98	56.52
40	栖霞市	39.81	81.95	19.12	22.70	1.08	58.65
41	海阳市	39.08	69.45	38.58	32.89	0.33	56.72
42	潍坊市区	22.76	64.74	29.60	19.29	6.26	49.92
43	临朐县	41.40	81.08	16.45	16.08	0.84	59.60
44	昌乐县	32.40	75.17	17.04	14.40	0.86	55.25
45	青州市	34.16	78.42	13.09	15.02	1.55	55.97
46	诸城市	35.51	79.73	21.49	11.37	0.80	58.60
47	寿光市	22.28	58.70	29.55	17.20	5.60	48.61
48	安丘市	33.67	76.66	22.90	15.43	0.96	56.78
49	高密市	33.21	84.27	25.92	8.82	0.76	59.97
50	昌邑市	24.82	65.11	37.87	11.57	0.49	53.69
51	济宁任城区	22.89	83.27	32.58	12.21	10.26	55.68
52	兖州区	27.75	88.10	24.47	11.35	2.65	58.25

续表

序号	县域单元	生物丰度指数	植被覆盖指数	水网密度指数	土地胁迫指数	污染负荷指数	EI
53	微山县	35.67	75.72	100.00	3.49	6.30	70.13
54	鱼台县	25.76	85.96	38.86	7.04	1.16	59.93
55	金乡县	23.24	86.90	24.45	8.17	0.97	56.99
56	嘉祥县	23.63	84.66	25.20	8.94	1.65	56.52
57	汶上县	23.61	88.73	22.24	10.17	5.40	56.52
58	泗水县	29.38	77.56	19.31	20.02	1.78	54.22
59	梁山县	27.73	87.20	25.99	9.84	2.81	58.46
60	曲阜市	32.50	81.68	22.32	14.27	0.28	57.79
61	邹城市	34.84	77.09	16.78	14.40	6.01	56.07
62	泰安市区	40.45	82.97	20.68	13.44	1.45	60.69
63	宁阳县	30.39	82.99	19.60	8.70	1.64	57.65
64	东平县	35.52	80.05	37.94	8.58	0.95	61.58
65	新泰市	34.56	75.99	19.46	21.26	1.17	55.54
66	肥城市	31.56	83.36	14.03	17.11	5.14	55.73
67	威海环翠区	37.81	73.10	61.21	18.31	8.28	62.00
68	文登区	38.25	73.76	32.20	16.13	0.76	58.99
69	荣成市	36.82	71.23	79.96	13.41	0.71	65.45
70	乳山市	37.81	72.10	35.38	17.84	0.62	58.67
71	日照市区	36.93	72.01	40.25	22.48	22.60	56.18
72	五莲县	40.00	75.85	20.34	16.50	1.40	58.22
73	莒县	33.60	73.98	21.47	15.24	3.15	55.69
74	莱芜市	35.79	77.34	17.50	13.57	30.77	54.37
75	临沂市区	29.59	77.83	31.41	20.93	13.06	54.95
76	沂南县	34.67	79.44	21.28	11.39	2.25	58.06
77	郯城县	30.41	87.76	30.63	8.38	2.42	60.49
78	沂水县	36.02	77.35	18.66	13.77	1.69	57.32
79	兰陵县	32.04	82.00	23.94	13.42	2.26	57.90
80	费县	38.06	79.25	21.54	16.61	4.05	58.36
81	平邑县	39.14	78.66	19.69	20.35	1.11	58.03
82	莒南县	36.39	76.26	20.71	13.49	1.74	57.55

续表

序号	县域单元	生物丰度指数	植被覆盖指数	水网密度指数	土地胁迫指数	污染负荷指数	*EI*
83	蒙阴县	38.38	81.52	19.46	17.89	1.23	58.75
84	临沭县	35.42	83.55	28.86	9.07	4.29	60.64
85	德州德城区	22.38	78.96	28.62	16.06	9.95	53.30
86	陵城区	23.91	86.32	28.09	7.22	0.74	57.79
87	宁津县	23.11	85.79	20.15	8.91	1.06	55.91
88	庆云县	23.14	80.68	26.55	10.06	0.72	55.47
89	临邑县	23.04	86.01	28.90	9.35	1.37	57.16
90	齐河县	23.71	87.45	31.26	10.35	7.48	57.34
91	平原县	23.29	86.81	26.73	7.86	2.06	57.26
92	夏津县	23.96	84.92	19.79	7.93	0.67	56.12
93	武城县	23.04	82.50	29.43	8.80	0.63	56.52
94	乐陵市	23.13	85.03	23.90	8.51	0.73	56.38
95	禹城市	22.78	87.29	34.17	9.32	1.16	58.20
96	聊城东昌府区	22.69	82.33	24.23	11.89	4.07	54.78
97	阳谷县	23.13	87.79	17.17	11.45	0.51	55.65
98	莘县	23.79	84.80	15.49	10.04	0.49	55.10
99	茌平县	23.34	86.43	23.25	9.69	5.71	56.04
100	东阿县	23.59	88.01	24.21	12.88	1.44	56.62
101	冠县	23.64	85.90	11.83	9.17	0.21	54.93
102	高唐县	22.99	87.02	25.03	9.19	0.73	56.90
103	临清市	22.94	83.49	18.82	9.71	1.09	54.96
104	滨州滨城区	22.89	77.13	31.20	10.35	2.39	55.00
105	沾化区	21.38	55.17	32.06	18.10	0.56	48.19
106	惠民县	23.33	85.26	27.31	6.85	1.11	57.23
107	阳信县	22.68	82.81	23.80	8.58	1.92	55.53
108	无棣县	21.51	52.62	29.26	18.15	2.06	47.01
109	博兴县	23.59	80.81	32.03	8.40	2.67	56.54
110	邹平县	29.07	82.02	21.56	11.08	11.03	55.98
111	菏泽牡丹区	22.58	85.96	27.77	11.00	7.28	55.99
112	曹县	22.45	88.99	24.27	10.46	1.00	56.88

续表

序号	县域单元	生物丰度指数	植被覆盖指数	水网密度指数	土地胁迫指数	污染负荷指数	*EI*
113	单县	22.85	86.96	20.78	10.47	1.38	55.95
114	成武县	22.42	88.51	26.31	9.41	1.22	57.18
115	巨野县	22.96	87.14	22.93	8.51	3.20	56.46
116	郓城县	22.70	87.32	29.28	9.14	1.26	57.47
117	鄄城县	23.87	87.88	24.30	10.33	1.28	57.11
118	定陶县	22.58	87.40	26.18	9.45	1.45	56.91
119	东明县	23.01	88.03	30.87	8.10	2.66	58.01

山东省县域生态环境状况为“良”和“一般”两个等级。青岛崂山区、微山县、荣成市、长岛县、威海环翠区等 94 个县域生态环境状况指数为 55.0～70.96，生态环境状况等级为“良”；惠民县、聊城东昌府区、莱阳市、广饶县等 25 个县域生态环境状况指数为 43.85～54.96，生态环境状况等级为“一般”。县域生态状况等级分布如图 1-3-1 所示。

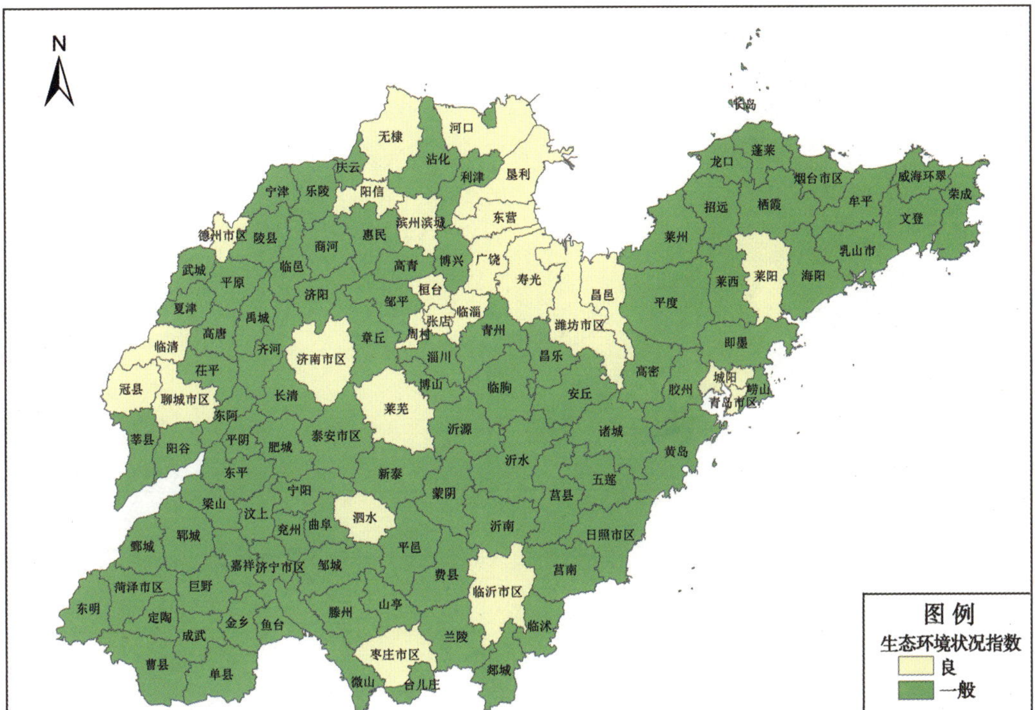

审图号：鲁SG（2018）069号

图 1-3-1　2015 年山东省县域生态环境状况评价结果

二、县域生态环境状况动态变化

计算2010～2015年山东省119个县域生态环境状况变化度，其分布状况如图1-3-2所示。

山东省119个县域生态环境状况动态变化分为“无明显变化”“ 略有变化”和“明显变差”3个等级。嘉祥县、枣庄山亭区、汶上县、长清区等70个县域生态环境状况变化幅度为－0.98～0.96，属于“无明显变化”等级，微山县、兖州区、平阴县、兰陵县等47个县域生态环境状况变化幅度为$1 \leqslant |\Delta EI| \leqslant 2.8$，属于“略微变化”等级，其中4个县域生态环境状况略微变好，43个县域生态环境状况略微变差。东营河口区和枣庄市区生态环境状况变化幅度分别为－3.81和－3.06，属于“明显变差”等级。

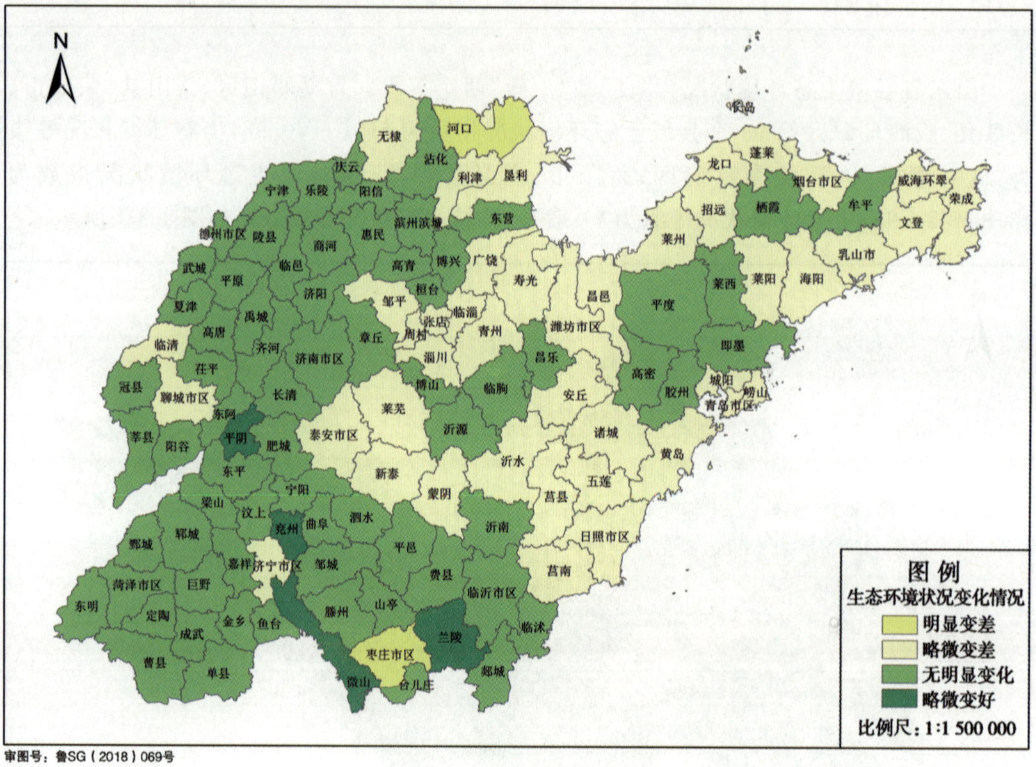

审图号：鲁SG（2018）069号

图1-3-2 2010～2015年山东省县域生态环境状况变化幅度分布图

第二章　植被类型与质量

植被是一种重要的自然资源，也是生态系统的重要组成要素，在维护区域生态平衡、促进可持续发展方面发挥着重要作用。合理开发、利用与保护植被资源一直是我国植被资源研究的重点。近年来，随着遥感与GIS技术的发展，植被资源的动态变化研究已成为植被资源研究的一个热点问题。本章介绍了植被类型与质量遥感监测方法，分析了山东省植被类型与质量变化状况。

第一节　植被类型与质量遥感监测方法

一、植被类型遥感监测方法

1. 植被类型遥感分类体系

植被是覆盖地表的植物群落的总和，包括森林、灌丛、草地、沼泽等多种植被类型。根据山东省植被结构特征和遥感监测技术，将山东省植被划分为森林、灌丛、草地和湿地等4种一级类型；每一种类型再依据其生态特点划分为次一级类型，共计11种次一级类型。山东省植被类型遥感分类体系如表2-1-1所示。

表2-1-1　山东省植被类型遥感分类体系

<table>
<tr><th>一级分类系统</th><th>二级分类系统</th><th>释义</th></tr>
<tr><td rowspan="4">森林</td><td>阔叶林</td><td rowspan="3">多年生木本植物为主的植物群落，包括自然植被、半自然植被和人工木本植被；具有一个可确定的主干的、直立生长的植物；郁闭度不低于20%，高度在3米以上</td></tr>
<tr><td>针叶林</td></tr>
<tr><td>针阔混交林</td></tr>
<tr><td>稀疏林</td><td>自然或半自然植被，郁闭度为4%～20%，高度在3米以上</td></tr>
<tr><td rowspan="3">灌丛</td><td>阔叶灌丛</td><td rowspan="2">多年生木本植物为主的植物群落，包括自然植被、半自然植被和人工木本植被；具有持久稳固的木本的茎干，没有一个可确定的主干；生长的习性可以是直立的、伸展的或伏倒的；覆盖度不低于20%，乔木林覆盖度在20%以下，高度为0.3～5米</td></tr>
<tr><td>针叶灌丛</td></tr>
<tr><td>稀疏灌丛</td><td>自然或半自然植被，覆盖度为4%～20%，高度为0.3～5米</td></tr>
</table>

续表

一级分类系统	二级分类系统	释义
草地	草地	一年或多年生的草本植被为主的植物群落，包括人工草本绿地；茎多汁、较柔软，在气候不适应季节，地面植被全部死亡；草地覆盖度大于20%以上，高度在3米以下；乔木林和灌木林的覆盖度均在20%以下
湿地	沼泽	一年中水面覆盖超过2个月的表面，包括人工的、自然的表面，永久性的、季节性的水面，植被覆盖与非植被覆盖的表面
	湖泊	
	河流	

2. 植被类型分类数据源

用于植被类型分类的数据源包括卫星遥感影像数据、影像派生数据和辅助数据三部分。卫星遥感影像数据主要包括 Landsat TM/ETM 数据、HJ-1 卫星 CCD 数据，以及 EnviSat-ASAR、ERS-1/2 雷达数据。影像分辨率为 30 米，时相为 2000 年和 2010 年的 4～10月。影像派生数据主要有 36 项指标，包括全年月平均硬面指数(*BI*)、亮度指数(*BB*)、植被归一化指数(*NDVI*)、近红外，全年标准差的 *BI*、*BB*、*NDVI*、近红外，植被鼎盛月的 *BI*、*BB*、*NDVI*、近红外和植被枯萎月的 *BI*、*BB*、*NDVI*、近红外。辅助数据包括高程、坡度、坡向和道路数据。这些数据经处理后形成斑块属性数据，参与植被分类过程。

3. 植被类型分类信息提取

植被类型分类信息提取采用面向对象分类方法。遥感数据和辅助数据经过预处理后，进行三级分类作业分区。一级作业区为植被气候区划分区，依据大于 10℃的积温和干燥度指标，划分“气候带分区”，减轻“同谱异物”现象的影响。山东省属华北暖温带半湿润地区，大于 10℃的积温为 3 300～5 100，干燥度为 1.0～1.5。二级作业区为影像分块，TM 影像一帧为 185 千米×170 千米，重返周期为 16 天，每次过境误差在 5 千米左右，HJ-1A/B卫星一帧为 700 千米×700 千米，重返周期为 4 天。为了减少影像拼接，保证影像的完整性，分块设计为 200 千米×200 千米大小，每块单景影像 190 MB。同一块影像内不同时期的影像需要空间配准和拼接处理。三级作业区为地形分形，按相对高程，标识平地与山地，以便在分类时使用不同的决策树。

解译标志库是为建立决策树提供划分指标、阈值设定的主要信息来源。解译标志库的建立主要基于全省遥感野外核查和地面调查数据，应用 eCognition 软件平台，以预处理后数据层和派生信息为基础，提取采样点的解译信息，生成最终分类需要的图谱信息。为建立山东省遥感解译标志库，布设了 2 433 个遥感野外核查点，野外观测了 20 个样区 414 个样方(见图 2-1-1)。根据全省遥感野外核查和地面调查数据，建立了山东省植被类型 TM 影像解译标志(见表 2-1-2)。

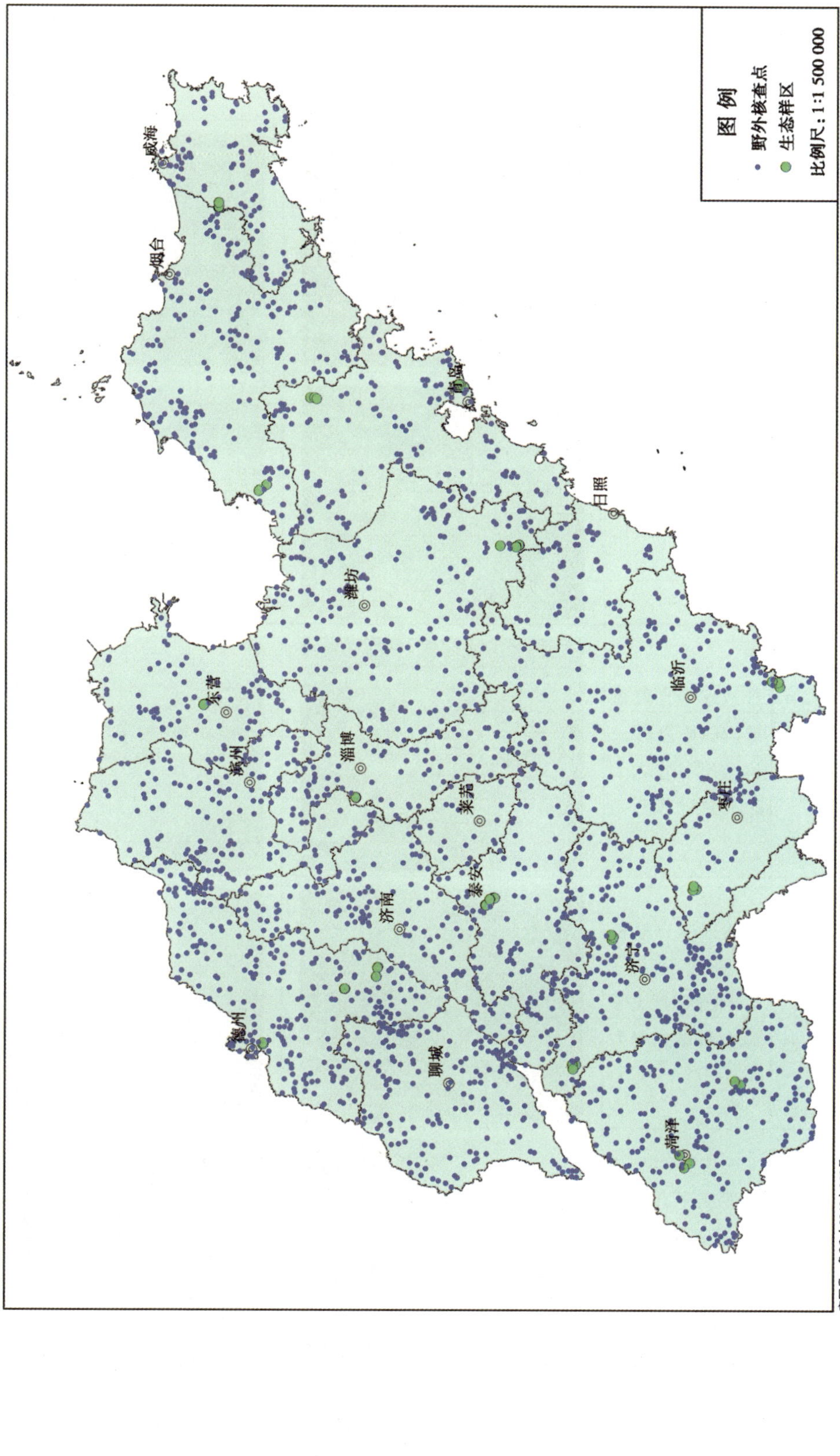

图2-1-1　山东省生态系统类型野外核查点和样区分布图

表 2-1-2　　山东省植被类型 TM 影像解译标志

一级分类系统	二级分类系统	分类指标	示例影像	现场照片
森林	落叶阔叶林	自然或半自然植被，高度为 3～30 米，郁闭度大于 20%，落叶，阔叶		
	常绿针叶林	自然或半自然植被，高度为 3～30 米，郁闭度大于 20%，不落叶，针叶		
	落叶针叶林	自然或半自然植被，高度为 3～30 米，郁闭度大于 20%，落叶，针叶		
	针阔混交林	自然或半自然植被，高度为 3～30 米，郁闭度大于 20%，针阔比率为 25%～75%		
	稀疏林	自然或半自然植被，高度为 0.3～5 米，郁闭度为 4%～20%		

续表

一级分类系统	二级分类系统	分类指标	示例影像	现场照片
灌丛	阔叶灌丛	自然或半自然植被，高度为 3～30 米，郁闭度大于 20%，落叶		
草地	草地	自然或半自然植被，高度为 0.03～3 米，覆盖度大于 20%	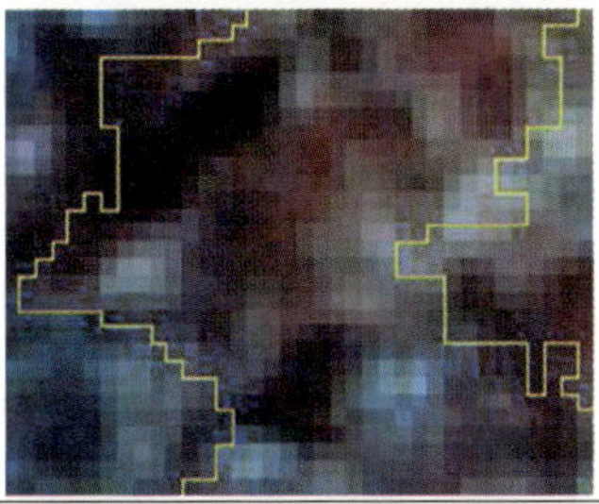	
湿地	沼泽	自然或半自然植被，水一年覆盖时间大于 2 月，郁闭度大于 20%	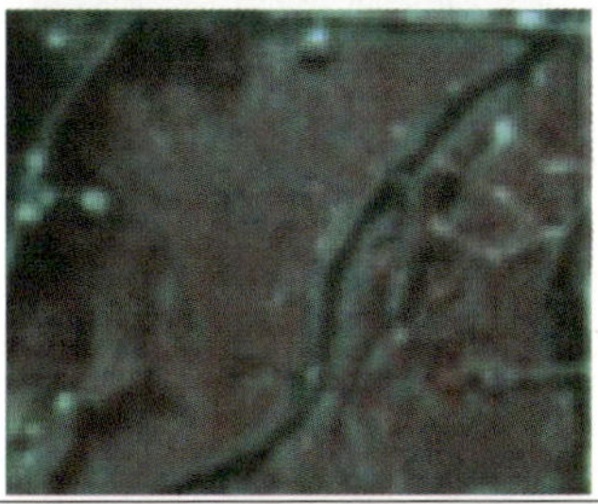	
	湖泊	自然水面，静止		
	河流	自然水面，流动	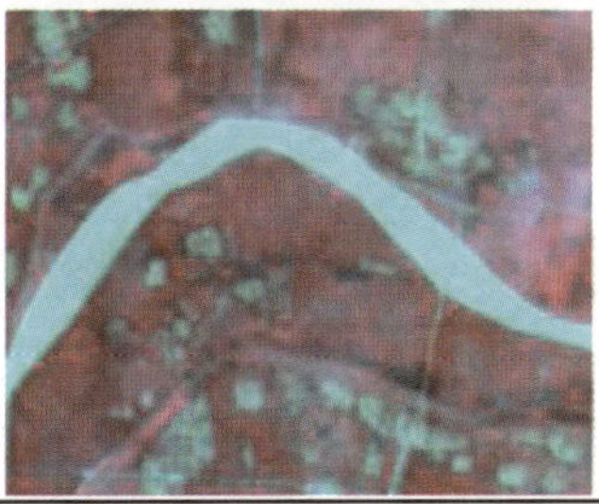	

建立决策树是生态系统分类的基础和依据。生态系统决策树建立基本框架如图 2-1-2 所示。根据生态系统类型的特征与光谱规律,决策树建立分为二个阶段进行:对于大光谱特征、时间过程有明显差异的一级分类或大类,规律性较强,如水面与非水面、植被与非植被、落叶与非落叶等类型,采用人工建树方法分类;对于光谱变化比较大、规律不清楚的类型,采用最临近方法分类。通过决策树的节点、指标和阈值三要素分析,判别各参数层信号的生态系统类型归属。

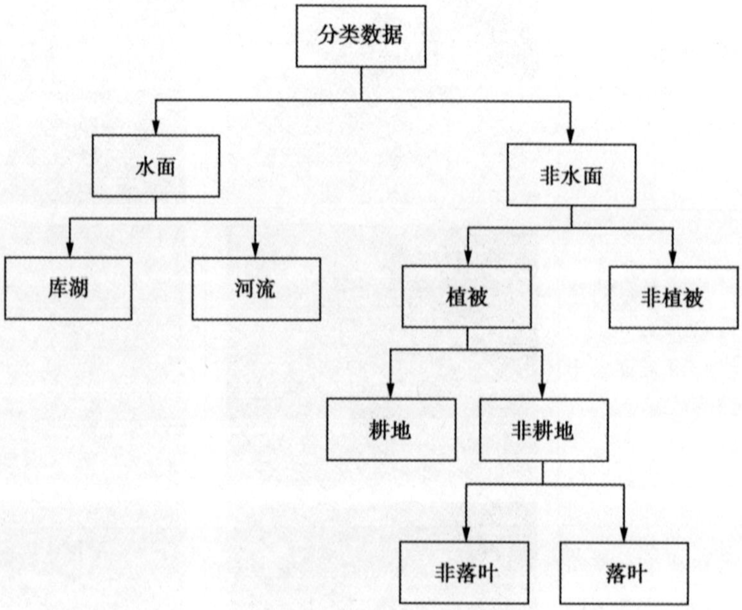

图 2-1-2　生态系统决策树建立基本框架

分区块植被类型提取后,需要每个区块进行空间接边处理。经过图斑碎片整理、边界平滑后,进行制图综合。以省为基本单元进行数据汇总,省、市边界以 1∶100 000 地形图边界为准。对图形数据文件进行空间拼接、切除处理,生成 Arcinfo 格式文件,按等积圆锥投影存储。中心投影方式:Albers;中央经度:110°;分割线:25°、47°;单位:米;大地基准:采用国家 2000 坐标系;高程基准:采用 1985 国家高程基准;东伪偏移:4 000 千米;原点纬度:0°;北纬偏移:0。

4. 植被类型分析评价方法

植被类型结构分析基于各类植被类型面积占评价区域总面积的比例。计算方法为:

$$P_{ij}=\frac{S_{ij}}{TS}$$

其中,P_{ij} 为基于各级分类的第 i 类植被类型在第 j 年的面积比例;S_{ij} 为植被分类系统中基于各级分类的第 i 类植被类型在第 j 年的面积;TS 为评价区域总面积。

借助植被类型转移矩阵全面具体地分析区域植被类型变化的结构特征与各类型变化的方向。转移矩阵的意义在于它不但可以反映研究期初、研究期末的植被类型结构,而且还可以反映研究时段内各植被类型的转移变化情况,便于了解研究期初各类型的流失去向以及研究期末各植被类型的来源与构成。计算方法为:

$$\begin{cases} A_{ij} = a_{ij} \times 100 / \sum_{j=1}^{n} a_{ij} \\ B_{ij} = a_{ij} \times 100 / \sum_{i=1}^{n} a_{ij} \\ \text{变化率}(\%) = (\sum_{i=1}^{n} a_{ij}) / \sum_{j=1}^{n} a_{ij} \end{cases}$$

其中，i 为研究初期植被类型；j 为研究末期植被类型；a_{ij} 表示植被类型的面积；A_{ij} 为研究初期第 i 种植被类型转变为研究末期第 j 种植被类型的比例；B_{ij} 为研究末期第 j 种植被类型中由研究初期的第 i 种植被类型转变而来的比例。

二、植被质量遥感监测方法

1. 植被质量评价指标

叶面积指数（*LAI*）是指单位地表面积上植物叶片总面积占地表面积的比例。绿色植物的叶子是光合作用的基本器官，叶片的叶绿素在光照条件下发生光合作用，产生植物干物质累积，并使叶面积增大。叶面积越大，光合作用越强；光合作用越强，植物干物质累积越多，植被长势越好，生物量越大。同时，叶面积越大，植被的反射作用增强。正是因为叶面积指数与植被生态生理、叶片生物化学性质、植被冠层结构、植物群落生命活力等密切相关，叶面积指数成为利用遥感技术监测植被长势和生物量的重要参数。通常 *LAI* 有一个最适值，该值是当光通过叶冠被均匀吸收时的叶面积，大量研究表明，具有水平叶的草本植物群丛最适 *LAI* 为 4～6，作物最适 *LAI* 为 3～5，森林最大总生产力 *LAI* 值通常为 8～10。在森林生态系统中，叶面积指数可以很好地反映植物群落的结构变化和生命活力。因此，选用叶面积指数来评价山东省森林生态系统的质量状况。

净初级生产力（*NPP*）是绿色植物在单位时间、单位面积上通过光合作用所产生的有机质总量与自养呼吸消耗量之差。植被净初级生产力的高低与光照、气温、降水等多种因素密切相关，是反映植被生产力状况，表征生态系统质量状况的重要参数。因此，选用净初级生产力来评价山东省湿地生态系统质量状况。

2. 植被质量评价数据源

用于植被质量评价的数据源主要包括卫星遥感影像数据、生态系统分类数据和辅助数据三部分。卫星遥感影像数据主要包括：*MODIS* 数据，分辨率为 250 米，时相 2000～2010 年，逐旬；Landsat TM/HJ-1 数据，分辨率为 30 米，时相为 2000 年和 2010 年的 4～10 月。辅助数据包括气象数据和地面调查数据等。

3. 植被质量评价指标遥感信息提取

叶面积指数（*LAI*）与植被指数（*NDVI*）之间有密切的关系。利用 *MODIS NDVI* 产品，结合生态系统分类数据得到不同植被类型的像元 *NDVI*，然后采用查找表的方法，结合实测数据，反演区域尺度上的植被 *LAI*。

净初级生产力的计算采用 CASA 模型：

$$NPP = APAR(t) \times \varepsilon(t)$$

其中，$APAR = fPAR \times PAR$

参数包括平均温度、蒸散量、日照时数、植被指数、反照率、植被类型、像元经纬度信息等。

参数1:*PAR*。从资料文档、气象数据中得到太阳总辐射量及日照时数等信息,然后结合区域像元经纬度计算得到*PAR*。

参数2:*FPAR*。利用*MODIS NDVI*产品计算得到比值指数*SR*,然后通过*FPAR*与比值指数*SR*之间的关系,得到*FPAR*。具体公式如下:

$$FPAR=\frac{(SR-SR_{min})\times(FPAR_{max}-FPAR_{min})}{SR_{max}-SR_{min}}+FPAR_{min}$$

$$SR=\frac{NIR}{RED}=\frac{1+NDVI}{1-NDVI}$$

其中,$FPAR_{min}$和$FPAR_{max}$的取值与植被类型无关,分别取值为0.001和0.95,SR_{min}和SR_{max}与植被类型有关,为对应植被类型*NDVI*的5%和95%的百分位数。*NIR*和*RED*分别表示近红外波段和红波段的反射率。

参数3:ε指植被将吸收的光合有效辐射(APAR)通过光合作用转化为有机碳的效率,其获取方法如下:

$$\varepsilon(t)=\varepsilon^{*}\times T_1(t)\times T_2(t)\times W(t)$$

式中,ε^{*}指的是最大光利用率(单位:gMJ^{-1}),T_1和T_2表示环境温度对光利用的抑制影响,*W*则为水分影响胁迫系数。T_1、T_2和*W*均为无量纲参数。其中T_1、T_2和*W*分别由下面公式计算获得。

$$T_1=-0.0005(T_{opt}-20)^2+1$$

$$T_2=\frac{1}{1+\exp\{0.2(T_{opt}-10-T_{mon})\}}\times\frac{1}{1+\exp\{0.3(-T_{opt}-10+T_{mon})\}}$$

式中,T_{opt}表示植被生长季内NDVI值达到最高时的月平均气温(单位:℃),T_{mon}表示月平均气温(单位:℃)。

$$W(t)=\frac{EET(t)}{PET(t)}$$

式中,*EET*表示区域月实际蒸散量(单位:毫米),*PET*表示区域月潜在蒸散量(单位:毫米),可由ETWatch计算获得。

4. 生态系统质量野外监测

在全省范围内布设6个森林生态系统观测样区,样区大小为5千米×5千米。在样区内选择平地或相对均一的缓坡坡面布设样地,样地大小为100米×100米,一个样区内样地的数量不少于3个。在样地内布设样方,布设林地样方2个,大小为30米×30米,林下植被样方3个,大小5米×5米。森林样方监测指标包括林木种类、株数、树高、胸径、冠幅、郁闭度、叶面积指数、生长量等,林下植被监测指标包括高度、盖度、频度、生物量等。叶面积指数测量采用仪器法。利用LAI-2000或TRACⅡ测量仪器,沿样地两条对角线等间距布设采样点,每条对角线上测量8次,计算样方平均LAI值。

5. 生态系统质量分级

根据年均叶面积指数和年均净初级生产力,分别将森林生态系统质量和湿地生态系统质量划分为低、较低、中、较高和高5个级别,其分级标准如表2-1-3所示。

表 2-1-3 生态系统质量等级划分标准

生态系统类型	评价指标	低	较低	中	较高	高
森林生态系统	年均叶面积指数	<2	2～4	4～6	6～8	>8
湿地生态系统	年均净初级生产力	≤60	61～120	121～180	181～240	>240

第二节 植被类型及其动态变化

一、植被类型空间分布

1. 植被类型空间分布总体特征

2010 年山东省植被类型面积遥感监测结果(见表 2-2-1 和图 2-2-1)表明，山东省植被类型空间分布具有以下几个特征：

表 2-2-1 山东省植被类型面积遥感监测结果

一级生态系统	二级生态系统	2000 年		2010 年	
		面积(平方千米)	比例(%)	面积(平方千米)	比例(%)
森林	阔叶林	14 615.1	9.3	14 791.0	9.4
	针叶林	2 683.9	1.7	2 697.7	1.7
	针阔混交林	469.9	0.3	472.2	0.3
	稀疏林	157.6	0.1	162.8	0.1
	合计	17 926.5	11.5	18 123.7	11.5
灌丛	阔叶灌丛	385.7	0.2	378.3	0.2
	针叶灌丛	0.5	0.0	0.5	0.0
	稀疏灌丛	0.0	0.0	0.0	0.0
	合计	386.2	0.2	378.8	0.2
草地	草地	6 445.6	4.1	6 292.9	4.0
	合计	6 445.6	4.1	6 292.9	4.0
湿地	沼泽	1 305.6	0.9	946.4	0.6
	湖泊	5 934.0	3.8	6 550.9	4.2
	河流	2 093.8	1.4	2 134.4	1.4
	合计	9 333.4	6.1	9 631.7	6.2

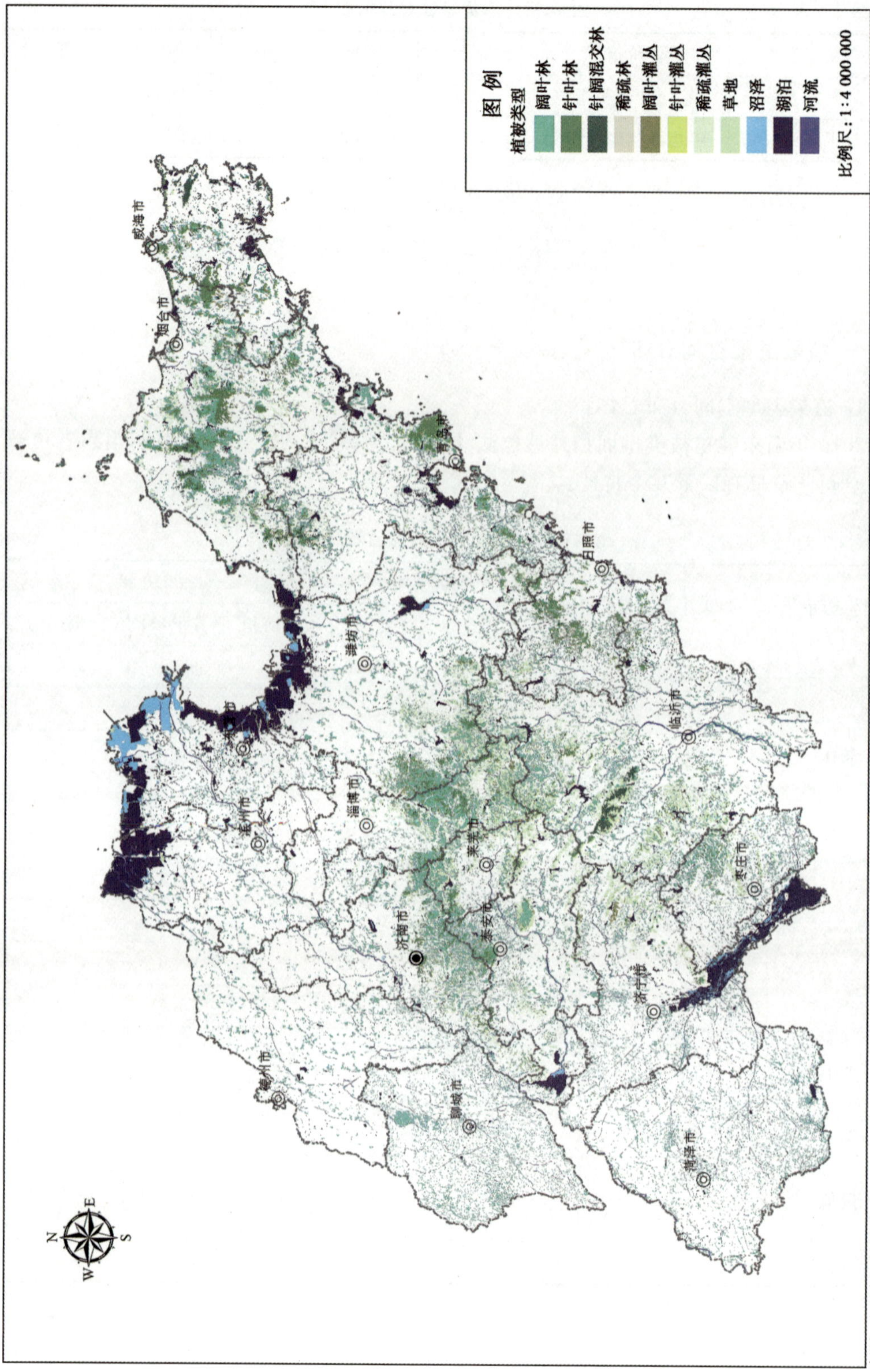

审图号：鲁SG（2018）069号

图2-2-1　2010年山东省植被类型空间分布图

第一，森林生态系统结构以阔叶林为主，主要分布在鲁中南山地丘陵区和鲁东丘陵区。2010 年，山东省森林生态系统面积为 18 123.7 平方千米，占全省土地总面积的 11.5%。从结构上看，阔叶林面积为 14 791.0 平方千米，占全省森林生态系统总面积的 81.6%。针叶林、针阔混交林和稀疏林面积分别为 2 697.7 平方千米、472.2 平方千米和 162.8 平方千米，分别占全省森林生态系统总面积的 14.9%、2.6%和 0.9%。从分布上看，全省森林主要分布在烟台、临沂、潍坊、青岛、济南、淄博、泰安 7 城市，其森林面积占全省森林生态系统总面积的 63.5%。

第二，灌丛生态系统以阔叶灌丛为主，零星分布于鲁中南山地丘陵区和鲁东丘陵区。2010 年，山东省灌丛生态系统面积为 378.8 平方千米，占全省土地总面积的 0.2%。从结构上看，2010 年山东省阔叶灌丛面积为 378.3 平方千米，占全省灌丛生态系统总面积的 99.9%，针叶灌丛分布面积仅 0.5 平方千米。从分布上看，全省灌丛生态系统主要分布在威海、烟台、淄博、潍坊、临沂 5 个城市，其灌丛面积占全省灌丛生态系统总面积的 69.7%。

第三，草地生态系统主要分布在鲁中南山地丘陵区。2010 年，山东省草地生态系统面积为 6 292.9 平方千米，占全省土地总面积的 4.0%。全省草地主要分布在临沂、淄博、烟台、潍坊、泰安、济南、莱芜 7 个城市，其草地面积占全省草地生态系统总面积的 80.5%。

第四，湿地生态系统结构以湖泊为主，分布相对集中。2010 年，山东省沼泽、湖泊与河流面积占全省湿地生态系统总面积的比例分别为 9.8%、68.0%和 22.2%。全省湿地主要分布在鲁西南平原湖泊区和黄河三角洲地区，济宁、东营、潍坊、滨州 4 城市湿地面积占全省湿地总面积的 61.8%。

2. 植被类型县域分布特征

统计分析 2010 年山东省 119 个县域森林面积占县域生态系统总面积的比例（见图 2-2-2）可以发现，县域森林生态系统分布状况具有以下几个特点：

第一，27 个县域森林面积占县域生态系统总面积的比例大于 15%，主要分布在鲁中低山丘陵区和胶东半岛丘陵区。其中，10 个县域森林面积占县域生态系统总面积的比例大于 25%，10 个县域森林面积占县域生态系统总面积的比例为 20%～25%，7 个县域森林面积占县域生态系统总面积的比例为 15%～20%。

第二，92 个县域森林面积占县域生态系统总面积的比例小于 15%，主要分布在鲁西南、鲁西北和黄河三角洲地区。其中，27 个县域森林面积占县域生态系统总面积的比例小于 5%，39 个县域森林面积占县域生态系统总面积的比例为 5%～10%，26 个县域森林面积占县域生态系统总面积的比例为 10%～15%。

第三，崂山区、博山区和栖霞市等 3 个县域森林面积占县域生态系统总面积的比例均在 30%以上，是山东省县域森林面积占县域生态系统总面积的比例最大的县域。崂山区森林面积为 221.2 平方千米，占崂山区土地总面积的 56.9%，阔叶林和针叶林面积分别为 72.8 平方千米和 148.4 平方千米，分别占崂山区森林总面积的 32.9%和 67.1%（见图 2-2-3）。博山区森林面积为 317.5 平方千米，占博山区土地总面积的 45.5%，阔叶林和针叶林面积分别为 244.1 平方千米和 734.0 平方千米，分别占博山区森林总面积的 76.9%和 23.1%（见图 2-2-4）。栖霞市森林面积为 758.9 平方千米，占栖霞市土地总面积的 37.6%，阔叶林和针叶林面积分别为 490.7 平方千米和 250.3 平方千米，分别占栖霞市森林总面积的 64.7%和 33.0%（见图2-2-5）。

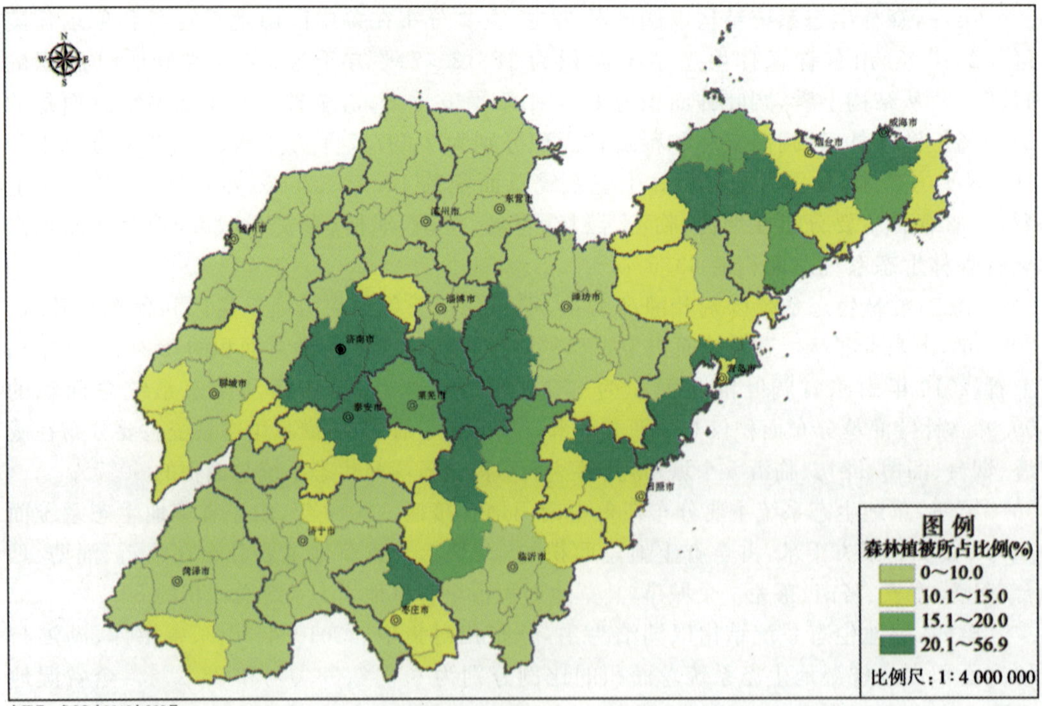

审图号：鲁SG（2018）069号

图 2-2-2　2010 年山东省县域森林面积占县域生态系统总面积的比例分布状况

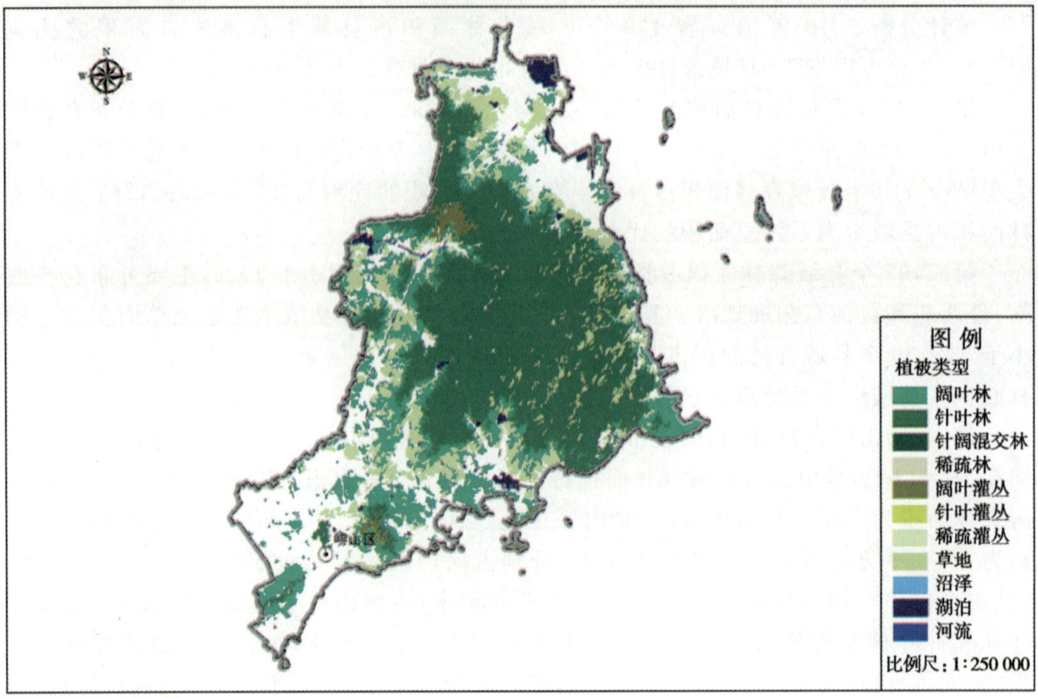

审图号：鲁SG（2018）069号

图 2-2-3　2010 年崂山区植被类型分布状况

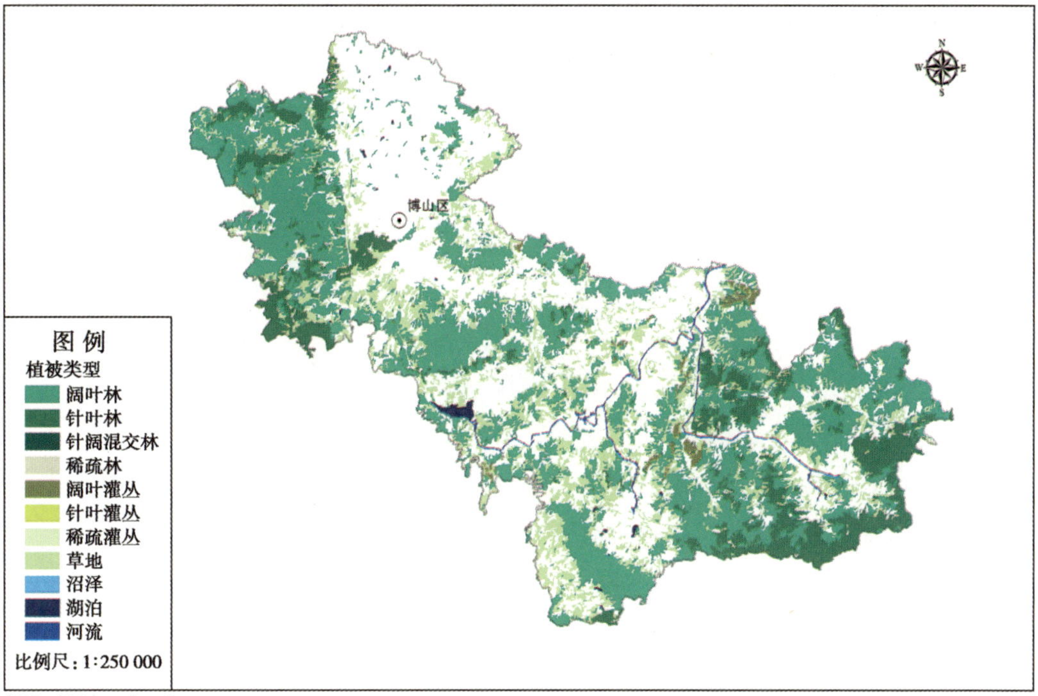

审图号：鲁SG（2018）069号

图 2-2-4　2010 年博山区植被类型分布状况

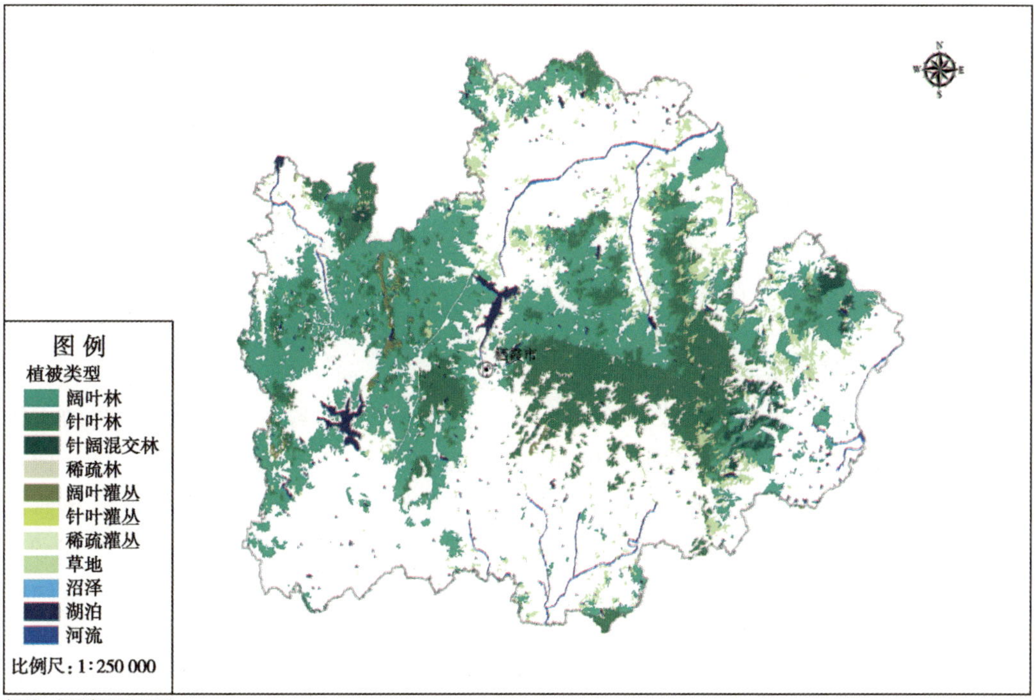

审图号：鲁SG（2018）069号

图 2-2-5　2010 年栖霞市植被类型分布状况

统计分析 2010 年山东省 119 个县域湿地面积占县域生态系统总面积的比例(见图 2-2-6),可以看出县域湿地生态系统分布状况具有以下几个特点:

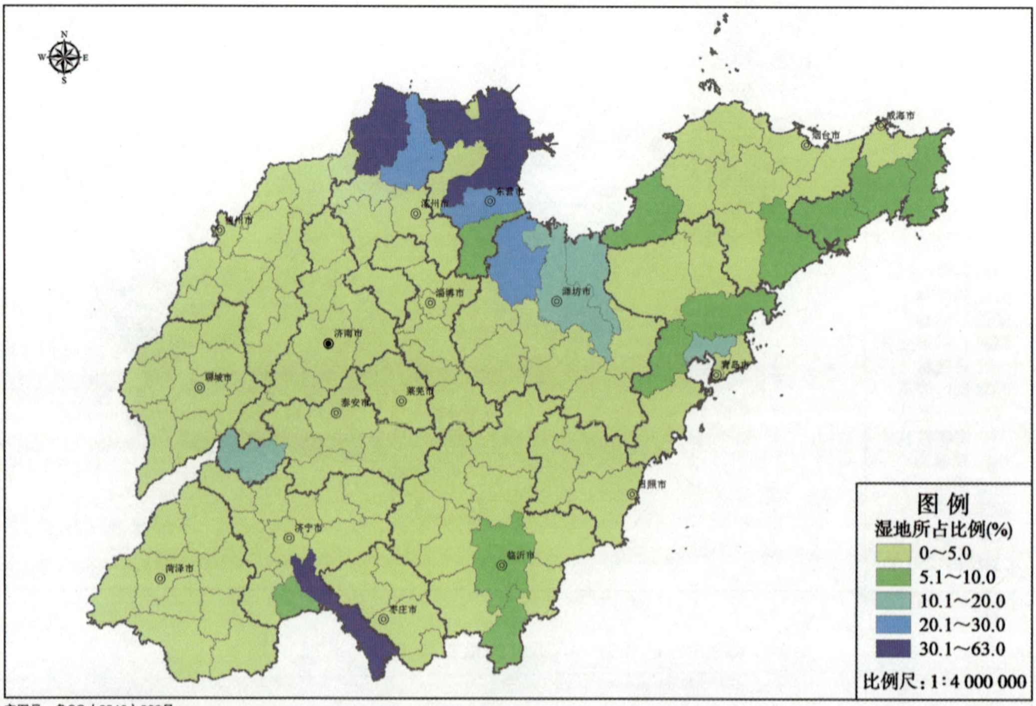

审图号:鲁SG(2018)069号

图 2-2-6　2010 年山东省县域湿地占县域生态系统总面积的比例分布状况

第一,7 个县域湿地面积占县域生态系统总面积的比例大于 20%,主要分布在南四湖和黄河三角洲地区。其中,4 个县域湿地面积占县域生态系统总面积的比例大于 30%,3 个县域湿地面积占县域生态系统总面积的比例为 20%~30%。

第二,112 个县域湿地面积占县域生态系统总面积的比例小于 20%,主要分布在胶东半岛、鲁中南山地和鲁西平原区。其中,97 个县域湿地面积占县域生态系统总面积的比例小于 5%,11 个县域湿地面积占县域生态系统总面积的比例为 5.1%~10%,4 个县域湿地面积占县域生态系统总面积的比例为 10.1%~20%。

第三,微山县、河口区和无棣县等 3 个县域湿地面积占县域生态系统总面积的比例均在 30%以上,是山东省县域湿地面积占县域生态系统总面积的比例最大的县域。微山县湿地面积为 1 112.2 平方千米,占微山县土地总面积的 63.0%;阔叶林和针叶林面积分别为 36.9 平方千米和 7.03 平方千米,分别占微山县森林总面积的 84.0%和 16.0%(见图 2-2-7)。河口区湿地面积为 858.8 平方千米,占河口区土地总面积的 41.8%;阔叶林和草地面积分别为 51.3 平方千米和 10.6 平方千米,分别占河口区土地总面积的 2.5%和 0.5%(见图 2-2-8)。无棣县湿地面积为 631.6 平方千米,占无棣县土地总面积的 31.9%;阔叶林和草地面积分别为 66.4 平方千米和 20.0 平方千米,分别占无棣县土地总面积的 3.4%和 1.0%(见图 2-2-9)。

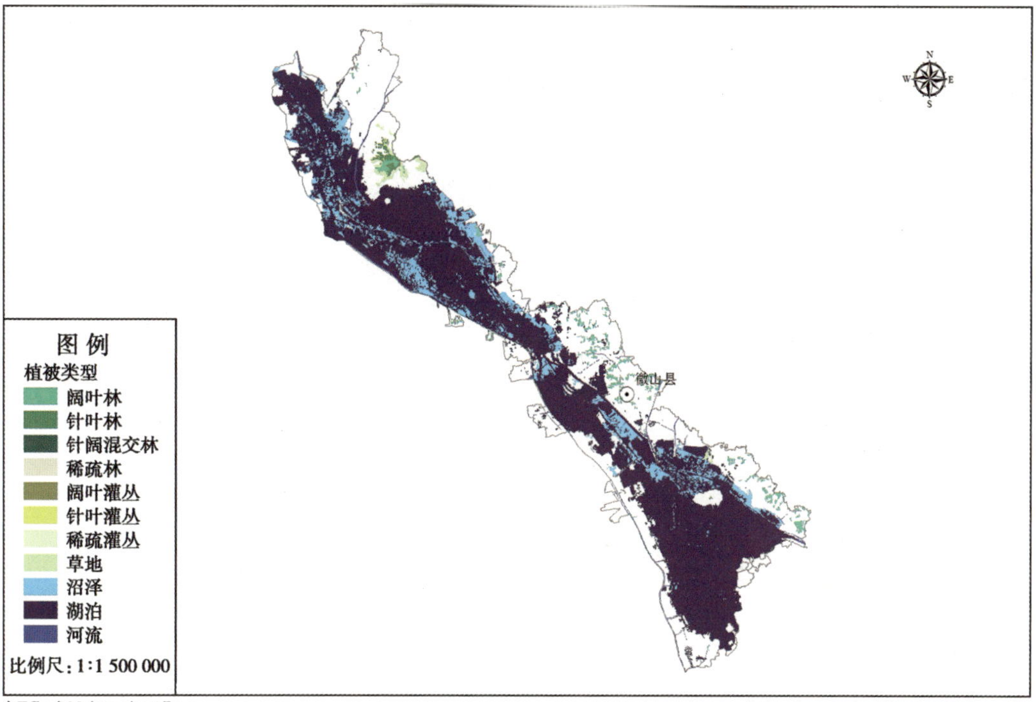

审图号：鲁SG（2018）069号

图 2-2-7　2010 年微山县植被类型分布状况

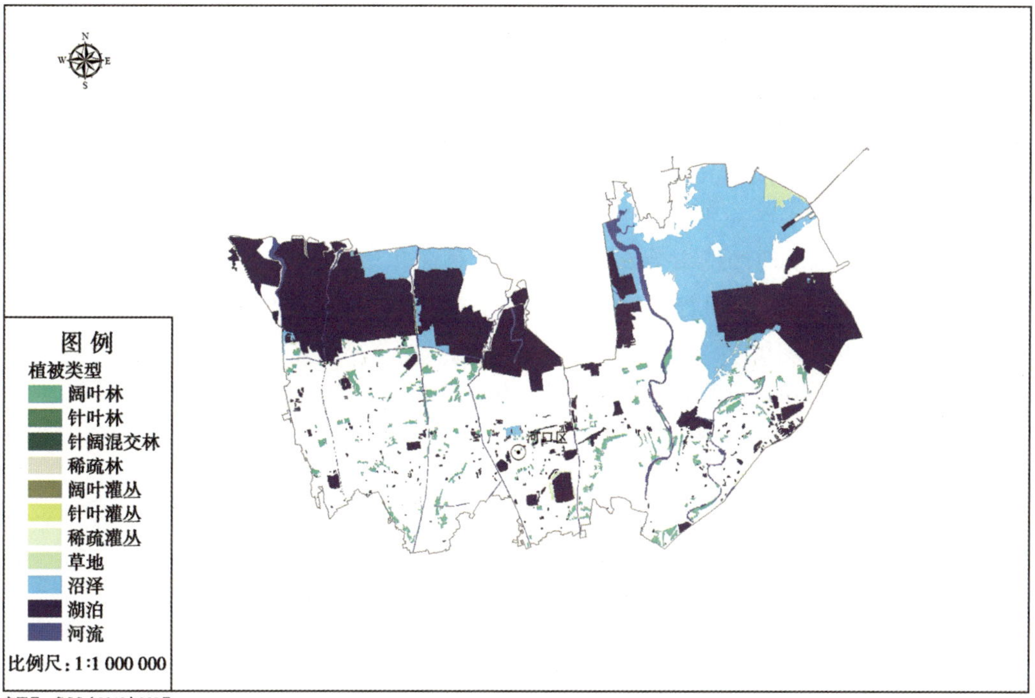

审图号：鲁SG（2018）069号

图 2-2-8　2010 年河口区植被类型分布状况

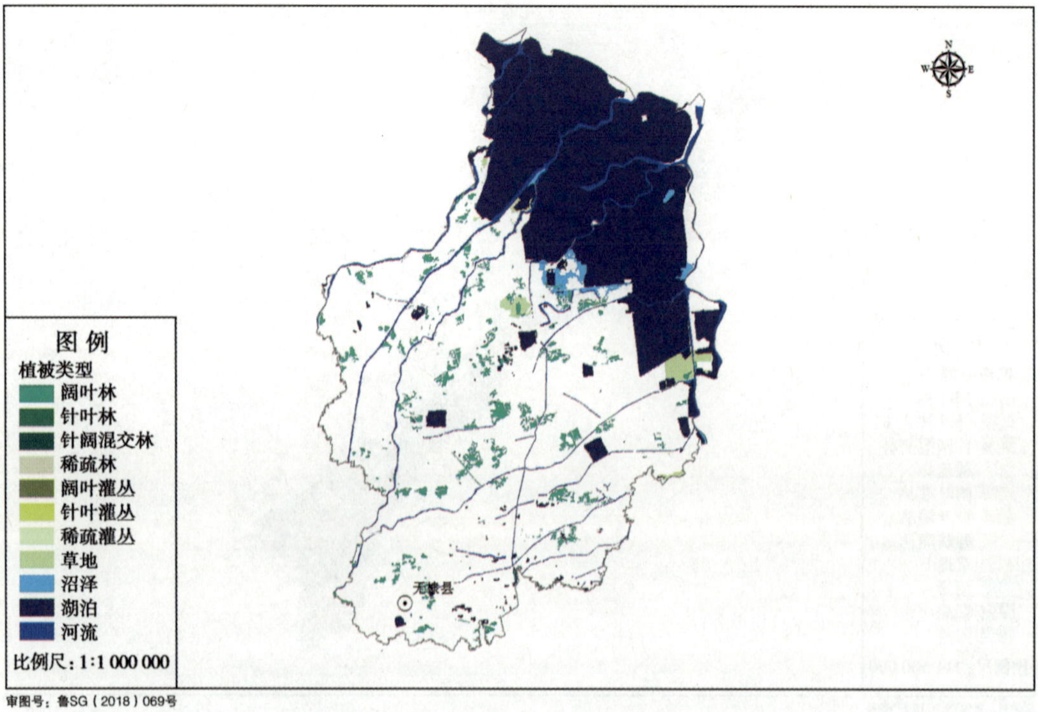

图 2-2-9　2010 年无棣县植被类型分布状况

二、植被类型动态变化

1. 植被类型构成变化趋势

分析 2000 年和 2010 年山东省植被类型面积遥感监测结果（见表 2-2-1）可以发现，山东省植被类型动态变化具有以下几个特点：

第一，森林生态系统面积有所增加。与 2000 年相比，2010 年山东省森林面积增加了 197.2 平方千米，年平均增长率为 0.11%。阔叶林面积增加了 175.9 平方千米，年平均增长率为 0.12%。针叶林面积增加了 13.8 平方千米，针阔混交林面积增加了 2.3 平方千米，稀疏林面积增加了 5.2 平方千米。

第二，灌丛生态系统面积略有减少。与 2000 年相比，2010 年山东省灌丛面积减少了 7.6 平方千米。阔叶灌丛面积由 2000 年的 385.7 平方千米减少到 2010 年的 378.3 平方千米，减少了 7.4 平方千米。

第三，草地面积有所减少。与 2000 年相比，2010 年山东省草地面积减少了 152.7 平方千米，年平均减少率为 0.24%。

第四，湿地生态系统面积有所增加。2000 年山东省湿地生态系统面积为 9 333.5 平方千米，到 2010 年增加至 9 632.7 平方千米，所占比重由 2000 年的 6.0% 增加到 2010 年的 6.2%。

2. 植被类型转移矩阵

2000～2010 年山东省一级植被类型及构成转移矩阵如表 2-2-2 所示。分析表中数据可以发现，2000～2010 年山东省植被类型结构变化主要有以下几个特点：第一，森林植被转出的方向主要为农田、城镇和湿地，其面积分别为 37.3 平方千米、23.3 平方千米和 15.7 平方千米。第二，灌丛植被转出的方向主要为城镇、农田和湿地，其面积分别为 8.1 平方千米、4.8 平方千米和 4.2 平方千米。第三，草地转出的方向主要为森林、湿地、农田和城镇，其面积分别为 94.6 平方千米、66.6 平方千米、62.0 平方千米和 36.7 平方千米。第四，湿地与农田、裸地相互转化。2000～2010 年，336.9 平方千米农田转为湿地，181.0 平方千米湿地转化为农田，318.6 平方千米裸地转化为湿地，181.0 平方千米湿地转化为裸地。

表 2-2-2　2000～2010 年山东省一级植被类型与构成转移矩阵　单位：平方千米

类型	森林	灌丛	草地	湿地	农田	城镇	裸地
森林	17 837.6	0.3	9.5	15.7	37.3	23.3	2.7
灌丛	0.1	368.6	0.3	4.2	4.8	8.1	0.3
草地	94.6	7.0	6 177.8	66.6	62.0	36.7	1.0
湿地	16.7	0.5	39.4	8 865.5	127.0	103.4	181.0
农田	165.1	1.3	43.3	336.9	95 549.5	6 859.2	30.8
城镇	6.6	0.7	17.4	24.3	38.1	17 890.5	0.8
裸地	3.0	0.4	5.2	318.6	52.7	6.0	1 115.3

3. 县域植被类型变化特征

统计分析 2000～2010 年山东省 119 个县域单元一级植被类型面积变化率分布状况（见图 2-2-10），山东省县域植被类型变化主要有以下特征：

第一，10 个县域单元一级植被类型变化率大于 10%，这些县域多为城市建成区，主要分布在胶东半岛和黄河三角洲地区。其中，青岛城阳区、德州市区 2 个县域单元一级植被类型变化率大于 15%，淄博张店区、烟台市区、威海市环翠区、滨州市滨城区、高唐县、垦利县、潍坊市区和胶州市等 8 个县域单元一级植被类型变化率为 10%～15%。

第二，51 个县域单元一级植被类型面积变化率为 5%～10%，这些县域单元主要分布在鲁西北和胶东半岛地区。

第三，58 个县域单元一级植被类型变化率小于 5%，这些县域单元主要分布在鲁中南和胶东半岛地区。

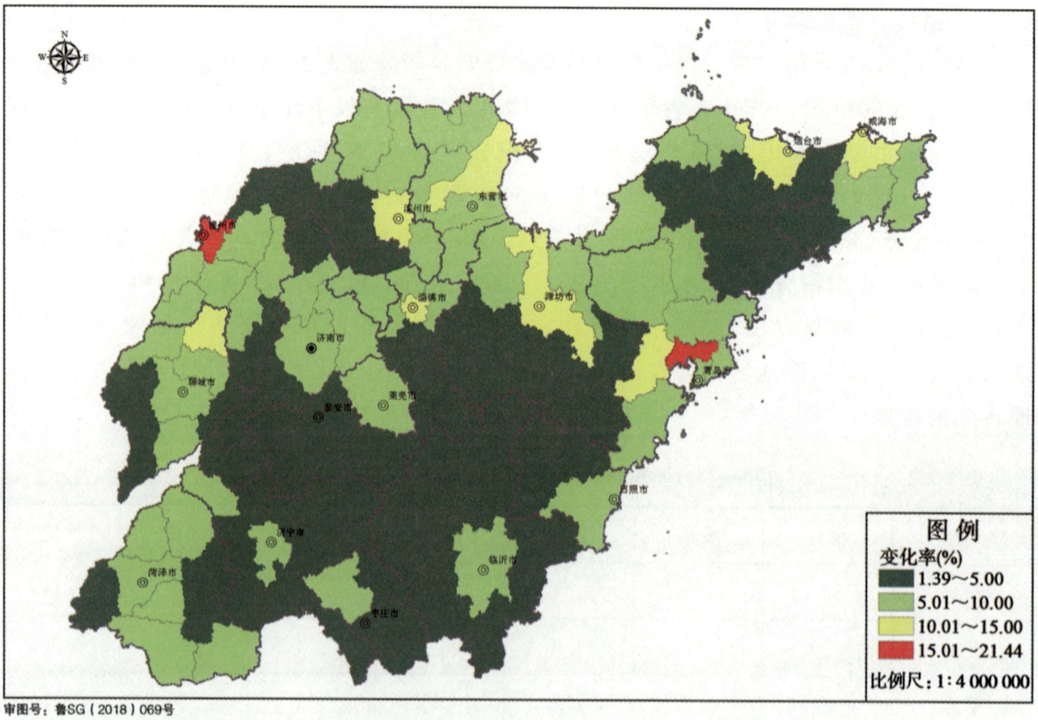

图 2-2-10 2000～2010 年山东省县域一级植被类型面积变化率分布状况

第三节 植被质量及其动态变化

一、森林生态系统质量及其动态变化

2000～2010 年山东省森林生态系统年均叶面积指数遥感监测统计结果如表 2-3-1 所示，其区域分布状况如图 2-3-1 所示。

表 2-3-1 山东省森林生态系统年均叶面积指数遥感监测结果统计表

年份	统计参数	年均叶面积指数等级				
		低	较低	中	较高	高
2000	面积(平方千米)	854.6	3 241.1	6 882.2	3 776.4	3 367.6
	比例(%)	4.70	17.90	38.00	20.80	18.60
2001	面积(平方千米)	893.1	5 140.3	6 664.3	3 170.6	2 253.7
	比例(%)	4.93	28.40	36.80	17.50	12.40
2002	面积(平方千米)	967.7	5 378.1	6 422.7	3 023.5	2 330.0
	比例(%)	5.34	29.70	35.40	16.70	12.90

续表

年份	统计参数	年均叶面积指数等级				
		低	较低	中	较高	高
2003	面积(平方千米)	788.0	2 835.2	7 474.7	3 996.0	3 028.13
	比例(%)	4.35	15.60	41.20	22.00	16.70
2004	面积(平方千米)	784.7	1 204.8	6 953.6	4 931.6	4 247.2
	比例(%)	4.33	6.65	38.40	27.20	23.40
2005	面积(平方千米)	795.3	2 102.0	6 686.8	4550.4	3 987.5
	比例(%)	4.39	11.60	36.90	25.10	22.00
2006	面积(平方千米)	478.9	2 301.6	6 998.8	4 274.1	4 068.6
	比例(%)	2.64	12.70	38.60	23.60	22.40
2007	面积(平方千米)	473.6	1 738.7	6 530.8	4 345.1	5 033.7
	比例(%)	2.61	9.59	36.00	24.00	27.80
2008	面积(平方千米)	480. 6	1 498.1	6 534.1	4 569.4	5 039.7
	比例(%)	2.65	8.27	36.10	25.20	27.80
2009	面积(平方千米)	460.6	2 207.1	7 080.2	4 366.6	4 007.4
	比例(%)	2.54	12.20	39.10	24.10	22.10
2010	面积(平方千米)	493.9	1 203.3	6 830.6	4 670.7	4 923.6
	比例(%)	2.73	6.64	37.63	25.80	27.20

山东省森林生态系统质量等级以“较高”和“高”为主。表 2-3-1 监测统计结果表明，2010 年山东省森林生态系统叶面积指数为 0～120，平均值为 7.6。27.20%的森林生态系统叶面积指数等级为“高”等级，25.80%的森林生态系统叶面积指数等级为“较高”等级，37.63%的森林生态系统叶面积指数等级属于“中”等级，6.64%的森林生态系统叶面积指数等级属于“较低”等级，2.73%的森林生态系统叶面积指数等级属于“低”等级。森林生态系统叶面积指数等级属于“高”和 “较高”等级的比例高达 52.9%。

山东省高质量的森林生态系统主要分布在鲁中南山地丘陵区和鲁东丘陵区。图 2-3-1 表明，鲁中南山地丘陵区和鲁东丘陵区森林生态系统叶面积指数等级较高，特别是泰山、崂山、昆嵛山等山区森林生态系统叶面积指数等级最高，鲁西北平原区森林生态系统叶面积指数相对较低。

山东省县域森林生态系统叶面积指数为 0.6～15.5。56 个县域森林生态系统叶面积指数等级为“高”，占县域总数的 47.06%；47 个县域森林生态系统叶面积指数等级为“较高”，占县域总数的 39.50%；14 个县域森林生态系统叶面积指数等级为“中”，占县域总数的 11.76%；2 个县域森林生态系统叶面积指数等级为“低”，占县域总数的 1.68%。其中，青岛崂山区森林生态系统叶面积指数值最大，烟台长岛县森林生态系统叶面积指数值最小。

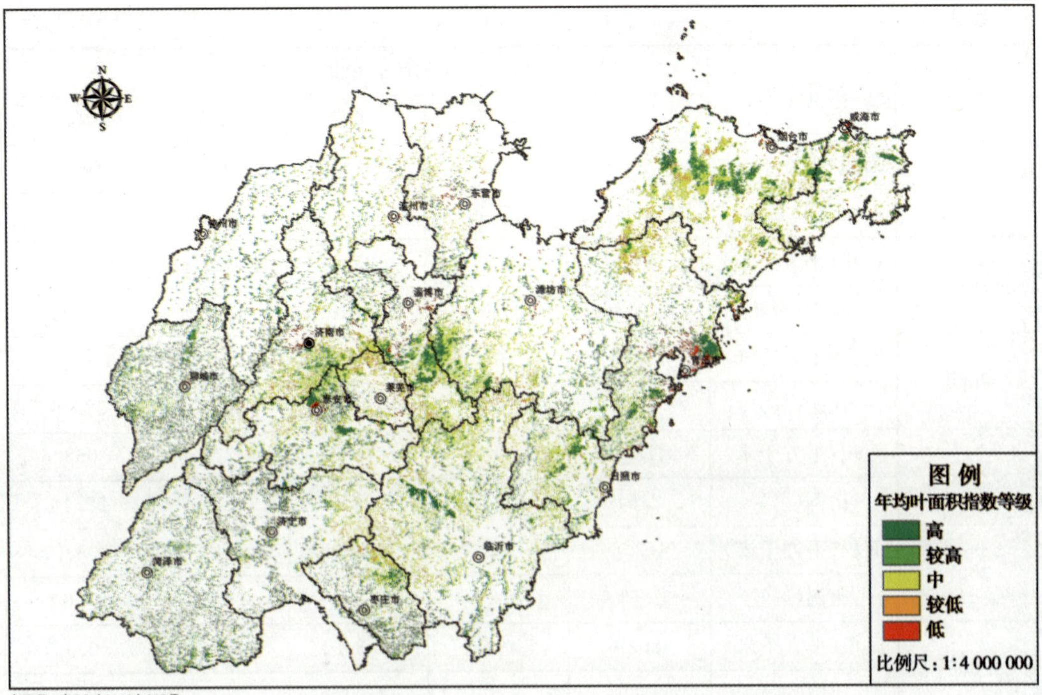

审图号：鲁SG（2018）069号

图 2-3-1　2010 年山东省森林生态系统年均叶面积指数等级分布状况

山东省森林生态系统质量总体呈现向好趋势。山东省森林生态系统年均叶面积指数"高"等级比例由 2000 年的 18.60%上升到 2010 年的 27.20%，森林生态系统年均叶面积指数"较高"等级比例由 2000 年的 20.84%上升到 2010 年的 25.80%，森林生态系统年均叶面积指数"低"等级比例由 2000 年的 4.72%下降到 2010 年的 2.73%，森林生态系统年均叶面积指数"较低"等级比例由 2000 年的 17.90%下降到 2010 年的 6.64%。山东省森林生态系统年均叶面积指数等级比例年际变化情况见图 2-3-2。

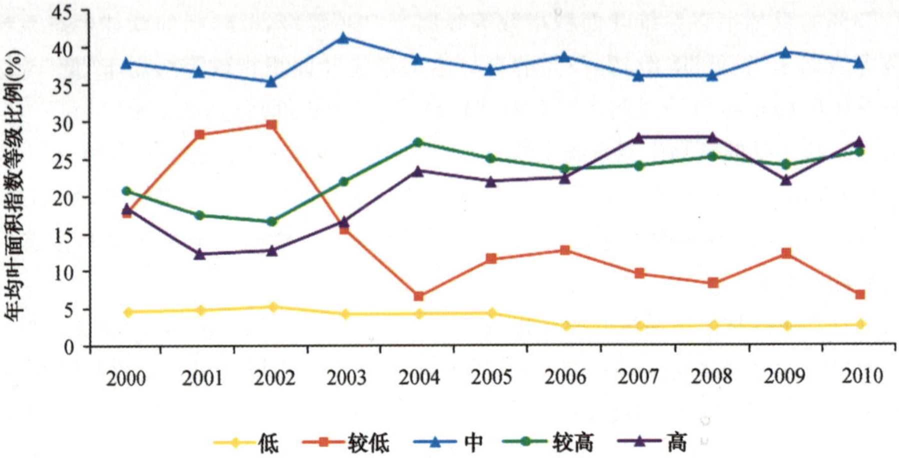

图 2-3-2　山东省森林生态系统年均叶面积指数等级比例年际变化状况

二、湿地生态系统质量及其动态变化

2000～2010 年山东省湿地生态系统年均净初级生产力遥感监测统计结果如表 2-3-2 所示，其区域分布状况见图 2-3-3。

表 2-3-2　山东省湿地生态系统年均净初级生产力遥感监测结果统计表

年份	统计参数	年均净初级生产力等级				
		低	较低	中	较高	高
2000	面积(平方千米)	3 972.6	1 139.4	718.8	704.9	2 808.1
	比例(%)	42.5	12.2	7.7	7.5	30.0
2001	面积(平方千米)	3 632.6	1 116.6	873.9	811.2	2 909.5
	比例(%)	38.9	11.9	9.3	8.7	31.1
2002	面积(平方千米)	3 569.1	1 212.2	862.4	828.9	2 871.1
	比例(%)	38.2	13.0	9.2	8.9	30.7
2003	面积(平方千米)	3 654.6	1 153.1	1 032.0	1 148.4	2 355.7
	比例(%)	39.1	12.3	11.0	12.3	25.2
2004	面积(平方千米)	3 981.7	1 281.1	1 020.7	936.9	2 123.2
	比例(%)	42.6	13.7	10.9	10.0	22.7
2005	面积(平方千米)	4 032.4	1 156.2	874.1	821.2	2 459.8
	比例(%)	43.2	12.4	9.3	8.8	26.3
2006	面积(平方千米)	4 376.6	1 068.7	872.7	931.6	2 094.1
	比例(%)	46.8	11.4	9.3	10.0	22.4
2007	面积(平方千米)	3 563.8	937.9	753.4	806.1	3 282.4
	比例(%)	38.1	10.0	8.1	8.6	35.1
2008	面积(平方千米)	3 617.2	982.2	688.9	753.4	3 302.0
	比例(%)	38.7	10.5	7.4	8.1	35.3
2009	面积(平方千米)	4 316.4	1 142.7	956.1	946.2	1 982.4
	比例(%)	46.2	12.2	10.2	10.1	21.2
2010	面积(平方千米)	4 213.7	1 110.2	932.4	950.5	2 137.0
	比例(%)	45.1	11.9	10.0	10.2	22.9

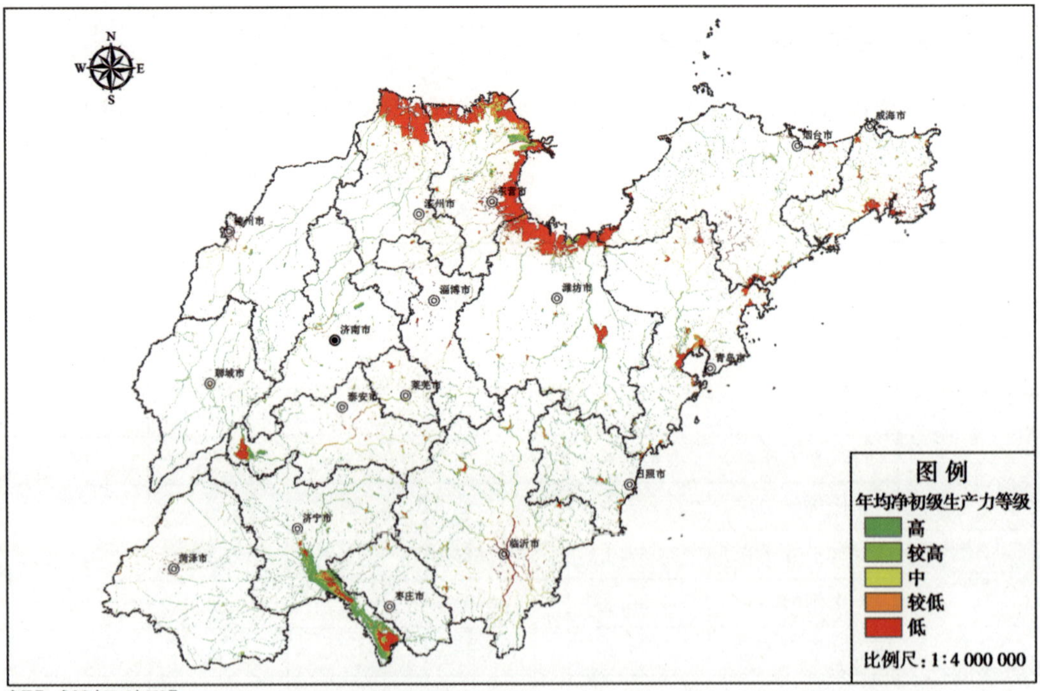

审图号：鲁SG（2018）069号

图 2-3-3　2010 年山东省湿地生态系统年均净初级生产力等级分布状况

山东省湿地生态系统质量等级以“低”和“较低”为主。表 2-3-2 监测统计结果表明，2010 年山东省湿地生态系统净初级生产力为 0～605 gC/平方米，平均值为 130 gC/平方米。45.1%的湿地生态系统年均净初级生产力等级为“低”等级，11.9%的湿地生态系统年均净初级生产力等级为“较低”等级，9.9%的湿地生态系统年均净初级生产力等级属于“中”等级，10.2%的湿地生态系统年均净初级生产力等级属于“较高”等级，22.9%的湿地生态系统年均净初级生产力等级属于“高”等级。湿地生态系统年均净初级生产力等级属于“低”和“较低”等级的比例高达 57.0%。

山东省湿地年均净初级生产力等级区域分布差异明显。图 2-3-3 表明，年均净初级生产力等级为“高”和“较高”等级的湿地主要分布在南四湖、东平湖和黄河三角洲地区，年均净初级生产力等级为“低”和“较低”的湿地主要分布在渤海与黄海沿岸地区。

县域湿地净初级生产力为 12.9～440 gC/平方米。43 个县域森林生态系统叶面积指数等级为“高”，占县域总数的 36.1%；25 个县域森林生态系统叶面积指数等级为“较高”，占县域总数的 21.0%；23 个县域森林生态系统叶面积指数等级为“中”，占县域总数的 19.3%；28 个县域森林生态系统叶面积指数等级为“较低”和“低”，占县域总数的 23.5%。

山东省湿地生态系统质量总体呈现变差趋势。山东省湿地年均净初级生产力“低”等级比例由 2000 年的 42.5%上升到 2010 年的 45.1%，湿地年均净初级生产力“较低”等级比例由 2000 年的 12.2%下降到 2010 年的 11.9%，湿地年均净初级生产力“高”等级比例由 2000 年的 30.0%下降到 2010 年的 22.9%。山东省湿地生态系统年均净初级生产力等级比例年际变化情况如图 2-3-4 所示。

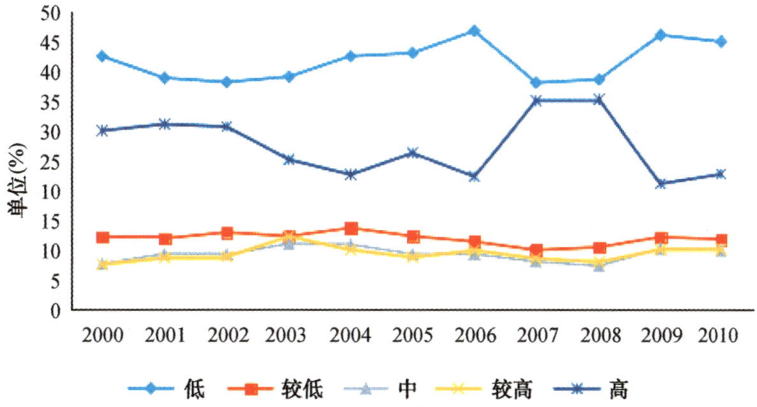

图 2-3-4　山东省湿地生态系统年均净初级生产力等级比例年际变化状况

第三章 物种多样性分布

生物多样性是人类赖以生存的条件，是经济社会可持续发展的基础。随着经济社会的快速发展和人类社会活动的影响，生物多样性受到了威胁。世界自然保护联盟(IUCN)发布的“2004 年濒危物种红色名录”表明，全球有 1/3 的两栖类动物、1/2 以上的龟类、1/8的鸟类和 1/4 的哺乳动物正面临着生存威胁；全球有 15 000 多个物种正在消失。我国已有超过 10%的脊椎动物物种和 15%～20%的高等植物物种受到威胁。物种灭绝速度已加快到自然灭绝速度的 1000 倍。保护生物多样性已成为当前全世界关注的热点和重要任务。本章重点介绍了山东省野生高等动物、野生维管束植物、中国特有物种、受威胁物种和外来入侵物种的县域分布状况。

第一节 物种多样性调查方法

一、物种多样性调查对象

山东省物种多样性调查对象为野生高等动植物。野生高等动物调查对象包括野生哺乳类、鸟类、爬行类、两栖类和淡水鱼类，不包括人工饲养或圈养的动物。野生高等植物调查对象只限于野生维管束植物，即野生蕨类、被子植物和裸子植物，不包括野生苔藓类、真菌类、藻类以及人工栽培植物。

二、物种多样性评价单元

山东省物种多样性评价以县级行政区域为评价单元。根据县级行政区边界清晰状况与资料的完整性，将全省 139 个县(市、区)划分为 119 个县域评价单元(详见表 1-1-4)。

三、物种多样性调查方法

山东省物种多样性调查以县级行政区域为单元，采取以收集现有文献资料为主、补充调查为辅的方法。文献资料包括不同时期的期刊、专著，标本资料，专业人员或机构的内部调查资料，各级自然保护区和各县域的动植物保护站近期调查资料等，文献资料以最新资料为主。补充调查采用样方法和样线法相结合的方法，先后委派 10 多个考察小组分别到济南、青岛、烟台、威海、临沂、泰安、聊城、东营、济宁、菏泽、滨州、德州、潍坊、淄博等城市的部分县(市、区)进行实地调查。根据最新文献资料和实地调查资料,填报"野生高等动植物数据采集表"(见表 3-1-1)、"植被群系类型数据采集表"(见表 3-1-2)和"外来入侵物种数据采集表"(见表 3-1-3)。

表 3-1-1 高等动植物数据采集表

物种信息					分布信息			
序号	中文名	学名	受威胁程度	是否中国特有	县 1	县 2	县 3	……
1								
2								
3								
……								

表 3-1-2 植被群系类型数据采集表

植被类型信息			分布信息			
序号	植被型	群系	县 1	县 2	县 3	……
1						
2						
3						
……						

表 3-1-3 外来入侵物种数据采集表

物种信息			分布信息			
序号	中文名	学名	县 1	县 2	县 3	……
1						
2						
3						
……						

四、物种多样性调查数据库

根据物种多样性调查成果,编制山东省 119 个县域单元的物种名录。县域物种名录包括野生高等动物、野生维管束植物、特有物种、受威胁物种和外来入侵物种等 5 部分内容,其信息量达 26.7 万条。

山东省物种多样性数据库包括 3 部分内容:一是野生高等动植物数据表。该数据表包括物种中文名、学名、受威胁程度、是否中国特有种、县域分布信息等字段;二是植被群系类型数据表。该数据表包括植被型、群系、县域分布信息等字段；三是外来入侵物种数据表。该数据表包括物种中文名、学名、县域分布信息等字段。山东省物种多样性数据库信息量达 27.8 万条。

第二节　野生高等动物

一、野生高等动物概况

山东省分布有野生高等动物 594 种。其中，陆生哺乳动物 14 科 26 属 37 种，鸟类 78 科188 属 396 种，爬行动物 7 科 12 属 22 种，两栖动物 5 科 8 属 9 种，淡水鱼类 30 科 79 属130 种。

山东省野生高等动物县域分布数量为 268～433 种。29 个县域野生高等动物数量在 400 种以上，21 个县域野生高等动物数量为 330～399 种，23 个县域野生高等动物数量为 300～329 种，46 个县域野生高等动物数量为 268～299 种(见图 3-2-1)。

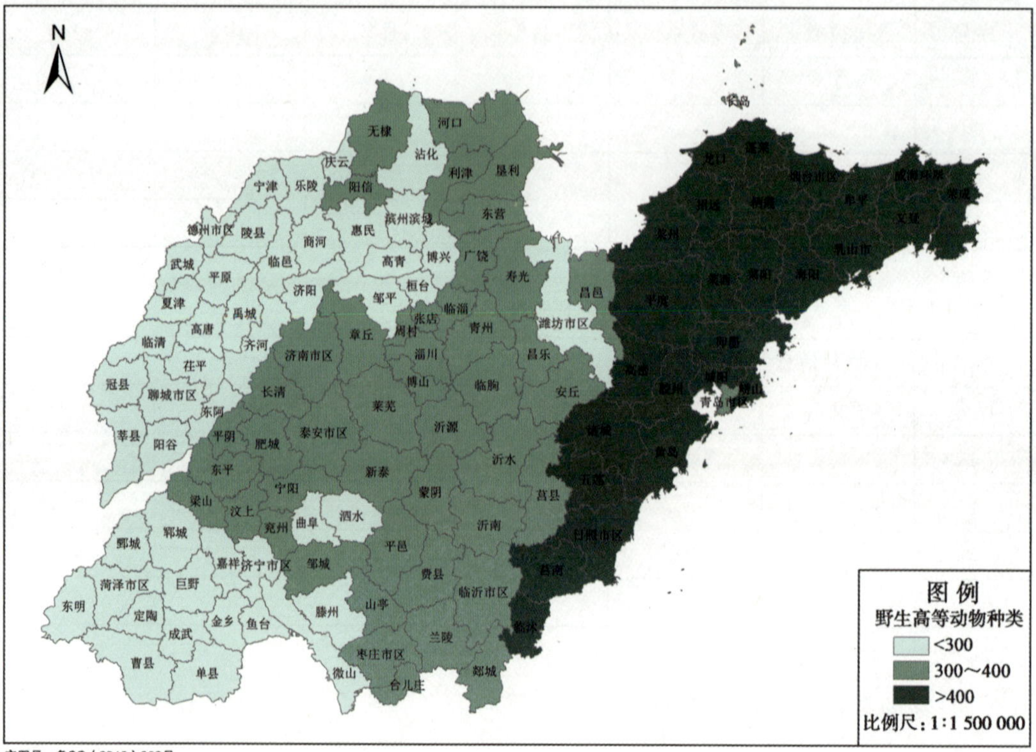

审图号：鲁SG（2018）069号

图 3-2-1　山东省野生高等动物县域分布状况

二、哺乳动物

山东省哺乳动物隶属食虫目、翼手目、食肉目、兔形目和啮齿目，其中以翼手目物种数最多，为 14 种，包括小菊头蝠(*Rhinolophus blythi*)、须鼠耳蝠(*Myotis mystacinus*)、沼泽鼠耳蝠（*Myotis dasycneme*）等；其次为啮齿目，为 10 种，包括黑线仓鼠（*Cricetulus barabensis*）、东方田鼠（*Microtus fortis*）、东北鼢鼠（*Myospalax psilurus*）等；食虫目、食肉目和兔形目分别为 4 种、8 种和 1 种，如小鼩鼱（*Sorex minutus*）、果子狸（*Paguma lavata*）、草兔（*Lepus capensis*）等。貉（*Nyctereutes procyonoides*）、猪獾（*Arctonyx collaris*）和豹猫（北方亚种）（*Prionailurus bengalensis euptilurua*）3 种食肉目哺乳动物为易危物种。麝鼹（*Scaptochirus moschatus*）、黄鼬（华北亚种）（*Mustela sibirica fontanieri*）、狗獾（北方亚种）（*Meles meles leptorhynchus*）等 8 种动物为山东省重点保护动物，麝鼹（华北亚种）和中华鼢鼠（*Myospalax fontanieri*）2 种动物为中国特有动物。山东省野生哺乳动物物种组成状况如表 3-2-1 所示。

表 3-2-1　　山东省哺乳动物种类与分布情况

序号	中文名	学名	科名	属名	分布的县域单元数量
1	刺猬	*Erinaceus europaeus*	猬科	刺猬属	119
2	麝鼹	*Scaptochirus moschatus*	鼹科	麝鼹属	72
3	普通鼩鼱	*Sorex araneus*	鼩鼱科	鼩鼱属	119
4	小鼩鼱	*Sorex minutus*	鼩鼱科	鼩鼱属	119
5	马铁菊头蝠（日本亚种）	*Rhinolophus ferrumequinum nippon*	菊头蝠科	菊头蝠属	64
6	小菊头蝠	*Rhinolophus blythi*	菊头蝠科	菊头蝠属	64
7	须鼠耳蝠	*Myotis mystacinus*	蝙蝠科	鼠耳蝠属	35
8	水鼠耳蝠（华南亚种）	*Myotis daubentoni laniger*	蝙蝠科	鼠耳蝠属	35
9	沼泽鼠耳蝠	*Myotis dasycneme*	蝙蝠科	鼠耳蝠属	35
10	大足鼠耳蝠	*Myotis RickettiThomas*	蝙蝠科	鼠耳蝠属	64
11	蝙蝠	*Vespertilio superans*	蝙蝠科	蝙蝠属	72
12	萨氏伏翼	*Pipistrellus savii*	蝙蝠科	伏翼属	119
13	伏翼	*Pipistrellus pipistrellus*	蝙蝠科	伏翼属	119
14	绒山蝠	*Nyctalus velutinus*	蝙蝠科	山蝠属	64
15	北棕蝠（朝鲜亚种）	*Eptesicus nilssonii parvus*	蝙蝠科	棕蝠属	64
16	大棕蝠（江北亚种）	*Eptesicus serotinus pallens*	蝙蝠科	棕蝠属	64
17	褐山蝠（夜蝠）	*Nyctalus noctula*	蝙蝠科	山蝠属	35
18	大耳蝠	*Plecotus auritus*	蝙蝠科	大耳蝠属	47
19	赤狐（华北亚种）	*Vulpes vulpes tschiliensis*	犬科	狐属	72
20	貉	*Nyctereutes procyonoides*	犬科	貉属	64

续表

序号	中文名	学名	科名	属名	分布的县域单元数量
21	黄鼬(华北亚种)	*Mustela sibirica fontanieri*	鼬科	鼬属	119
22	艾鼬	*Mustela eversmanni*	鼬科	鼬属	90
23	狗獾(北方亚种)	*Meles meles leptorhynchus*	鼬科	狗獾属	119
24	猪獾	*Arctonyx collaris*	鼬科	猪獾属	43
25	果子狸	*Paguma lavata*	灵猫科	花面狸属	64
26	豹猫(北方亚种)	*Prionailurus bengalensis euptilurua*	猫科	豹猫属	119
27	草兔	*Lepus capensis*	兔科	兔属	119
28	达乌尔黄鼠(河北亚种)	*Spermophilus dauricus mongolicus*	松鼠科	黄鼠属	37
29	黑线仓鼠	*Cricetulus barabensis*	仓鼠科	仓鼠属	119
30	大仓鼠(指名亚种)	*Tscherskia triton triton*	仓鼠科	大仓鼠属	119
31	东方田鼠	*Microtus fortis*	仓鼠科	田鼠属	55
32	棕色田鼠	*Microtus mandarinus*	仓鼠科	田鼠属	29
33	东北鼢鼠	*Myospalax psilurus*	鼹形鼠科	鼢鼠属	72
34	中华鼢鼠	*Myospalax fontanieri*	鼹形鼠科	凸颅鼠属	64
35	黑线姬鼠(东北亚种)	*Apodemus agrarius mantchuricus*	鼠科	姬鼠属	119
36	大林姬鼠(华北亚种)	*Apodemus peninsulae sowerbyi*	鼠科	姬鼠属	64
37	社鼠(江北亚种)	*Niviventer confucianus sacer*	鼠科	白腹鼠属	64

山东省陆生哺乳动物县域分布种类为15～33种。35个县域哺乳类动物分布种类超过30种,37个县域哺乳类动物分布种类为20～30种,47个县域哺乳类动物分布种类低于20种(见图3-2-2)。

山东省野生哺乳动物分布较广,刺猬(*Erinaceus europaeus*)、普通鼩鼱(*Sorex araneus*)、草兔等12种哺乳动物在119个县域单元中均有分布,小菊头蝠、貉、东北鼢鼠等16个物种分布于60～90个县域单元,须鼠耳蝠、达乌尔黄鼠(河北亚种)(*Spermophilus dauricus mongolicus*)、东方田鼠等8个物种分布于30～60个县域单元,棕色田鼠(*Microtus mandarinus*)分布于29个县域评价单元(见表3-2-1)。

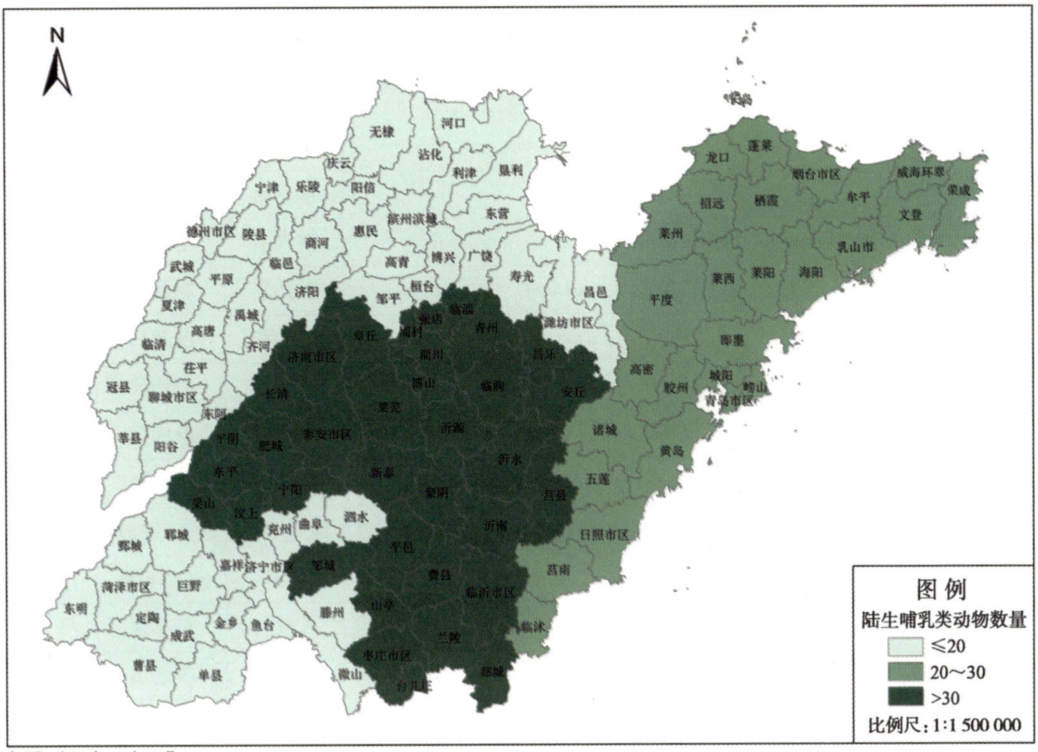

审图号：鲁SG（2018）069号

图 3-2-2　山东省陆生哺乳动物县域分布状况

三、鸟类

山东省鸟类隶属潜鸟目、鹈鹕目、鹱形目等 23 个目。其中以雀形目物种数最多，为 155 种；其次是鸻形目，为 73 种；雁形目和鹰形目分别为 39 种和 25 种；鸮形目、鹤形目、鹈形目物种属为 10～20 种；其余 16 目鸟类种类数介于 1～10 种。受威胁鸟类有 24 种。其中，极危鸟类 3 种，分别为青头潜鸭（*Aythya baeri*）、白鹤（*Grus leucogeranus*）和中华端凤头燕鸥（*Thalasseus bernsteini*），濒危鸟类 8 种，包括黑脸琵鹭（*Platalea minor*）、中华秋沙鸭（*Mergus squamatus*）、小青脚鹬（*Tringa guttifer*）等；易危鸟类 13 种，包括小绒鸭（*Polysticta stelleri*）、白肩雕（*Aquila heliaca*）、白头鹤（*Grus monacha*）等。国家重点保护野生鸟类有 70 种。其中，国家一级保护野生鸟类 13 种，包括短尾信天翁（*Phoebastria albatrus*）、黑鹳（*Ciconia nigra*）、中华秋沙鸭等；国家二级保护野生鸟类 57 种，包括大天鹅（*Cygnus cygnus*）、鸳鸯（*Aix galericulata*）、鸢（*Milvus korschun*）等。省级重点保护野生鸟类有 358 种，包括长尾鸭（*Clangula hyemalis*）、斑胁田鸡（*Porzana paykullii*）、董鸡（*Gallicrex cinerea*）等。中国特有野生鸟类有 2 种，分别为宝兴歌鸫（*Turdus mupinensis*）和黄腹山雀（*Parus venustulus*）。山东省鸟类组成状况如表 3-2-2 所示。

表 3-2-2　　山东省鸟类物种及其分布情况

序号	中文名	学名	科名	属名	分布的县域单元数量
1	红喉潜鸟	*Gavia stellata*	潜鸟科	潜鸟属	29
2	黑喉潜鸟(*viridigularis* 亚种)	*Gavia arctica viridigularis*	潜鸟科	潜鸟属	29
3	小䴙䴘(*poggei* 亚种)	*Tachybaptus ruficollis poggei*	䴙䴘科	䴙䴘属	119
4	角䴙䴘(指名亚种)	*Podiceps auritus auritus*	䴙䴘科	䴙䴘属	29
5	黑颈䴙䴘(指名亚种)	*Podiceps nigricollis nigricollis*	䴙䴘科	䴙䴘属	119
6	凤头䴙䴘(指名亚种)	*Podiceps cristatus cristatus*	䴙䴘科	䴙䴘属	119
7	赤颈䴙䴘(*holboellii* 亚种)	*Podiceps grisegena holboellii*	䴙䴘科	䴙䴘属	29
8	短尾信天翁	*Phoebastria albatrus*	信天翁科	信天翁属	29
9	白额鹱	*Calonectris leucomelas*	鹱科	剪水鹱属	29
10	黑叉尾海燕	*Oceanodroma monorhis*	海燕科	海燕属	29
11	斑嘴鹈鹕	*Pelecanus philippensis*	鹈鹕科	鹈鹕属	37
12	普通鸬鹚(*sinensis* 亚种)	*Phalacrocorax carbo sinensis*	鸬鹚科	鸬鹚属	119
13	暗绿背鸬鹚	*Phalacrocorax capillatus*	鸬鹚科	鸬鹚属	29
14	海鸬鹚(指名亚种)	*Phalacrocorax pelagicus pelagicus*	鸬鹚科	鸬鹚属	29
15	褐鲣鸟(*plotus* 亚种)	*Sula leucogaster plotus*	鲣鸟科	鲣鸟属	29
16	大军舰鸟(指名亚种)	*Fregata minor minor*	军舰鸟科	军舰鸟属	29
17	苍鹭(*jouyi* 亚种)	*Ardea cinerea jouyi*	鹭科	鹭属	119
18	草鹭(*manilensis* 亚种)	*Ardea purpurea manilensis*	鹭科	鹭属	119
19	绿鹭	*Butorides striatus*	鹭科	绿鹭属	119
20	池鹭	*Ardeola bacchus*	鹭科	池鹭属	119
21	牛背鹭(*coromandus* 亚种)	*Bubulcus coromandus*	鹭科	牛背鹭属	29
22	大白鹭(*modesta* 亚种)	*Ardea alba modesta*	鹭科	鹭属	37
23	白鹭(指名亚种)	*Egretta garzetta garzetta*	鹭科	白鹭属	119
24	黄嘴白鹭	*Egretta eulophotes*	鹭科	白鹭属	29
25	中白鹭(指名亚种)	*Egretta intermedia intermedia*	鹭科	白鹭属	29
26	夜鹭(指名亚种)	*Nycticorax nycticorax nycticorax*	鹭科	夜鹭属	119
27	黄苇鳽	*Ixobrychus sinensis*	鹭科	苇鳽属	119
28	紫背苇鳽	*Ixobrychus eurhythmus*	鹭科	苇鳽属	119
29	栗苇鳽	*Ixobrychus cinnamomeus*	鹭科	苇鳽属	76

续表

序号	中文名	学名	科名	属名	分布的县域单元数量
30	大麻鳽(指名亚种)	*Botaurus stellaris stellaris*	鹭科	麻鳽属	119
31	白鹳(*asiatica* 亚种)	*Ciconia ciconia asiatica*	鹳科	鹳属	119
32	黑鹳	*Ciconia nigra*	鹳科	鹳属	29
33	白琵鹭(指名亚种)	*Platalea leucorodia leucorodia*	鹮科	琵鹭属	37
34	黑脸琵鹭	*Platalea minor*	鹮科	琵鹭属	37
35	黑雁(*nigricans* 亚种)	*Branta bernicla nigricans*	鸭科	黑雁属	29
36	鸿雁	*Anser cygnoides*	鸭科	雁属	37
37	豆雁	*Anser fabalis*	鸭科	雁属	119
38	白额雁	*Anser albifrons*	鸭科	雁属	37
39	小白额雁	*Anser erythropus*	鸭科	雁属	82
40	灰雁(*rubrirostris* 亚种)	*Anser anser rubrirostris*	鸭科	雁属	37
41	斑头雁	*Anser indicus*	鸭科	雁属	8
42	大天鹅	*Cygnus cygnus*	鸭科	天鹅属	119
43	小天鹅(*bewickii* 亚种)	*Cygnus columbianus bewickii*	鸭科	天鹅属	8
44	疣鼻天鹅	*Cygnus olor*	鸭科	天鹅属	29
45	赤麻鸭	*Tadorna ferruginea*	鸭科	麻鸭属	119
46	翘鼻麻鸭	*Tadorna tadorna*	鸭科	麻鸭属	119
47	针尾鸭	*Anas acuta*	鸭科	鸭属	119
48	绿翅鸭(指名亚种)	*Anas crecca crecca*	鸭科	鸭属	119
49	花脸鸭	*Anas formosa*	鸭科	鸭属	119
50	罗纹鸭	*Anas falcata*	鸭科	鸭属	119
51	绿头鸭(指名亚种)	*Anas platyrhynchos platyrhynchos*	鸭科	鸭属	119
52	斑嘴鸭(*zonorhyncha* 亚种)	*Anas poecilorhyncha zonorhyncha*	鸭科	鸭属	119
53	赤膀鸭(指名亚种)	*Anas strepera strepera*	鸭科	鸭属	119
54	赤颈鸭	*Anas penelope*	鸭科	鸭属	119
55	白眉鸭	*Anas querquedula*	鸭科	鸭属	119
56	琵嘴鸭	*Anas clypeata*	鸭科	鸭属	119
57	赤嘴潜鸭	*Netta rufina*	鸭科	狭嘴潜鸭属	8
58	红头潜鸭	*Aythya ferina*	鸭科	潜鸭属	119

续表

序号	中文名	学名	科名	属名	分布的县域单元数量
59	白眼潜鸭	*Aythya nyroca*	鸭科	潜鸭属	47
60	青头潜鸭	*Aythya baeri*	鸭科	潜鸭属	37
61	凤头潜鸭	*Aythya fuligula*	鸭科	潜鸭属	37
62	斑背潜鸭(*nearctica* 亚种)	*Aythya marila nearctica*	鸭科	潜鸭属	37
63	鸳鸯	*Aix galericulata*	鸭科	鸳鸯属	37
64	小绒鸭	*Polysticta stelleri*	鸭科	小绒鸭属	29
65	黑海番鸭(*americana* 亚种)	*Melanitta nigra americana*	鸭科	海番鸭属	37
66	斑脸海番鸭(*stejnegeri* 亚种)	*Melanitta deglandi*	鸭科	海番鸭属	8
67	鹊鸭(指名亚种)	*Bucephala clangula clangula*	鸭科	鹊鸭属	8
68	白秋沙鸭	*Mergellus albellus*	鸭科	秋沙鸭属	8
69	红胸秋沙鸭	*Mergus serrator*	鸭科	秋沙鸭属	29
70	中华秋沙鸭	*Mergus squamatus*	鸭科	秋沙鸭属	37
71	普通秋沙鸭(指名亚种)	*Mergus merganser merganser*	鸭科	秋沙鸭属	119
72	长尾鸭	*Clangula hyemalis*	鸭科	长尾鸭属	29
73	丑鸭	*Histrionicus histrionicus*	鸭科	树鸭属	29
74	凤头蜂鹰(*orientalis* 亚种)	*Pernis ptilorhynchus orientalis*	鹰科	蜂鹰属	119
75	鸢	*Milvus korschun*	鹰科	鸢属	119
76	黑鸢(*lineatus* 亚种)	*Milvus migrans lineatus*	鹰科	鸢属	29
77	栗鸢(指名亚种)	*Haliastur indus indus*	鹰科	栗鸢属	119
78	苍鹰(*schvedowi* 亚种)	*Accipiter gentilis schvedowi*	鹰科	鹰属	72
79	赤腹鹰	*Accipiter soloensis*	鹰科	鹰属	37
80	雀鹰(*nisosimilis* 亚种)	*Accipiter nisus nisosimilis*	鹰科	鹰属	119
81	松雀鹰	*Accipiter virgatus*	鹰科	鹰属	119
82	白尾鹞(指名亚种)	*Circus cyaneus cyaneus*	鹰科	鹞属	119
83	白头鹞(指名亚种)	*Circus aeruginosus aeruginosus*	鹰科	鹞属	29
84	乌灰鹞	*Circus pygargus*	鹰科	鹞属	29
85	鹊鹞	*Circus melanoleucos*	鹰科	鹞属	119
86	大鵟	*Buteo hemilasius*	鹰科	鵟属	119
87	毛脚鵟(*kamtschatkensis* 亚种)	*Buteo lagopus kamtschatkensis*	鹰科	鵟属	29

续表

序号	中文名	学名	科名	属名	分布的县域单元数量
88	普通鵟	*Buteo japonicus*	鹰科	鵟属	64
89	灰脸鵟鹰	*Butastur indicus*	鹰科	鵟鹰属	119
90	金雕(*daphanea* 亚种)	*Aquila chrysaetos daphanea*	鹰科	雕属	64
91	白肩雕	*Aquila heliaca*	鹰科	雕属	29
92	乌雕	*Clanga clanga*	鹰科	乌雕属	29
93	草原雕(指名亚种)	*Aquila nipalensis nipalensis*	鹰科	雕属	29
94	白尾海雕(指名亚种)	*Haliaeetus albicilla albicilla*	鹰科	海雕属	119
95	玉带海雕	*Haliaeetus leucoryphus*	鹰科	海雕属	29
96	秃鹫	*Aegypius monachus*	鹰科	秃鹫属	119
97	兀鹫	*Gyps fulvus*	鹰科	兀鹫属	64
98	鹗	*Pandion haliaetus*	鹗科	鹗属	29
99	猎隼	*Falco cherrug*	隼科	隼属	29
100	游隼(*calidus* 亚种)	*Falco peregrinus calidus*	隼科	隼属	119
101	燕隼(指名亚种)	*Falco subbuteo subbuteo*	隼科	隼属	119
102	灰背隼	*Falco columbarius*	隼科	隼属	64
103	红脚隼	*Falco amurensis*	隼科	隼属	119
104	黄爪隼	*Falco naumanni*	隼科	隼属	119
105	红隼(*interstinctus* 亚种)	*Falco tinnunculus interstinctus*	隼科	隼属	119
106	石鸡(*pubescens* 亚种)	*Alectoris chukar pubescens*	雉科	石鸡属	111
107	中华鹧鸪(指名亚种)	*Francolinus pintadeanus pintadeanus*	雉科	鹧鸪属	29
108	鹌鹑	*Coturnix japonica*	雉科	鹌鹑属	119
109	雉鸡(*karpowi* 亚种)	*Phasianus colchicus karpowi*	雉科	雉属	111
110	雉鸡(*torquqtus* 亚种)	*Phasianus colchicus torquatus*	雉科	雉属	111
111	斑翅山鹑	*Perdix dauurica*	雉科	山鹑属	29
112	黑嘴松鸡	*Tetrao parvirostris*	雉科	松鸡属	29
113	黄脚三趾鹑(*blanfordii* 亚种)	*Turnix tanki blanfordii*	三趾鹑科	三趾鹑属	37
114	灰鹤(*lilfordi* 亚种)	*Grus grus lilfordi*	鹤科	鹤属	119
115	白头鹤	*Grus monacha*	鹤科	鹤属	8
116	丹顶鹤	*Grus japonensis*	鹤科	鹤属	37

续表

序号	中文名	学名	科名	属名	分布的县域单元数量
117	白枕鹤	*Grus vipio*	鹤科	鹤属	8
118	白鹤	*Grus leucogeranus*	鹤科	鹤属	29
119	蓑羽鹤	*Grus virgo*	鹤科	鹤属	8
120	普通秧鸡(*indicus* 亚种)	*Rallus indicus*	秧鸡科	秧鸡属	29
121	小田鸡(指名亚种)	*Porzana pusilla pusilla*	秧鸡科	田鸡属	76
122	红胸田鸡(*phaeopyga* 亚种)	*Porzana fusca phaeopyga*	秧鸡科	田鸡属	76
123	斑胁田鸡	*Porzana paykullii*	秧鸡科	田鸡属	47
124	花田鸡	*Coturnicops exquisitus*	秧鸡科	田鸡属	29
125	白胸苦恶鸟(指名亚种)	*Amaurornis phoenicurus phoenicurus*	秧鸡科	苦恶鸟属	29
126	董鸡	*Gallicrex cinerea*	秧鸡科	董鸡属	119
127	黑水鸡(指名亚种)	*Gallinula chloropus chloropus*	秧鸡科	黑水鸡属	119
128	骨顶鸡(指名亚种)	*Fulica atra atra*	秧鸡科	骨顶属	119
129	大鸨(*dybowskii* 亚种)	*Otis tarda dybowskii*	鸨科	鸨属	84
130	水雉	*Hydrophasianus chirurgus*	水雉科	水雉属	8
131	彩鹬(指名亚种)	*Rostratula benghalensis benghalensis*	彩鹬科	彩鹬属	8
132	蛎鹬(*osculans* 亚种)	*Haematopus ostralegus osculans*	蛎鹬科	蛎鹬属	37
133	凤头麦鸡	*Vanellus vanellus*	鸻科	麦鸡属	119
134	灰头麦鸡	*Vanellus cinereus*	鸻科	麦鸡属	8
135	灰斑鸻(指名亚种)	*Pluvialis squatarola squatarola*	鸻科	斑鸻属	37
136	金斑鸻	*Pluvialis fulva*	鸻科	斑鸻属	119
137	剑鸻(*tundrae* 亚种)	*Charadrius hiaticula tundrae*	鸻科	鸻属	55
138	金眶鸻(*curonicus* 亚种)	*Charadrius dubius curonicus*	鸻科	鸻属	119
139	环颈鸻(*dealbatus* 亚种)	*Charadrius alexandrinus dealbatus*	鸻科	鸻属	119
140	蒙古沙鸻(指名亚种)	*Charadrius mongolus mongolus*	鸻科	鸻属	8
141	铁嘴沙鸻(指名亚种)	*Charadrius leschenaultii leschenaultii*	鸻科	鸻属	37
142	红胸鸻	*Charadrius asiaticus*	鸻科	鸻属	37
143	欧石鸻(指名亚种)	*Burhinus oedicnemus oedicnemus*	石鸻科	石鸻属	29
144	小杓鹬	*Numenius minutus*	鹬科	杓鹬属	37
145	中杓鹬(*variegatus* 亚种)	*Numenius phaeopus variegatus*	鹬科	杓鹬属	37

续表

序号	中文名	学名	科名	属名	分布的县域单元数量
146	白腰杓鹬(*orientalis* 亚种)	*Numenius arquata orientalis*	鹬科	杓鹬属	37
147	大杓鹬	*Numenius madagascariensis*	鹬科	杓鹬属	37
148	黑尾塍鹬(*melanuroides* 亚种)	*Limosa limosa melanuroides*	鹬科	塍鹬属	8
149	斑尾塍鹬(*baueri* 亚种)	*Limosa lapponica baueri*	鹬科	塍鹬属	37
150	鹤鹬	*Tringa erythropus*	鹬科	鹬属	119
151	红脚鹬(*terrignotae* 亚种)	*Tringa totanus terrignotae*	鹬科	鹬属	119
152	泽鹬	*Tringa stagnatilis*	鹬科	鹬属	119
153	青脚鹬	*Tringa nebularia*	鹬科	鹬属	119
154	白腰草鹬	*Tringa ochropus*	鹬科	鹬属	119
155	林鹬	*Tringa glareola*	鹬科	鹬属	119
156	小青脚鹬	*Tringa guttifer*	鹬科	鹬属	8
157	矶鹬	*Actitis hypoleucos*	鹬科	矶鹬属	119
158	漂鹬	*Tringa incana*	鹬科	鹬属	37
159	翘嘴鹬	*Xenus cinereus*	鹬科	翘嘴鹬属	37
160	翻石鹬(指名亚种)	*Arenaria interpres interpres*	鹭科	翻石鹬属	8
161	半蹼鹬	*Limnodromus semipalmatus*	鹬科	半蹼鹬属	8
162	针尾沙锥	*Gallinago stenura*	鹬科	沙锥属	119
163	大沙锥	*Gallinago megala*	鹬科	沙锥属	119
164	孤沙锥	*Gallinago solitaria*	鹬科	沙锥属	8
165	扇尾沙锥(指名亚种)	*Gallinago gallinago gallinago*	鹬科	沙锥属	119
166	林沙锥	*Gallinago nemoricola*	鹬科	沙锥属	29
167	丘鹬	*Scolopax rusticola*	鹬科	丘鹬属	37
168	姬鹬	*Lymnocryptes minimus*	鹬科	姬鹬属	8
169	红腹滨鹬(*rogersi* 亚种)	*Calidris canutus rogersi*	鹬科	滨鹬属	8
170	大滨鹬	*Calidris tenuirostris*	鹬科	滨鹬属	29
171	红颈滨鹬	*Calidris ruficollis*	鹬科	滨鹬属	37
172	青脚滨鹬	*Calidris temminckii*	鹬科	滨鹬属	37
173	尖尾滨鹬	*Calidris acuminata*	鹬科	滨鹬属	37
174	黑腹滨鹬	*Calidris alpina centralis*	鹬科	滨鹬属	37

续表

序号	中文名	学名	科名	属名	分布的县域单元数量
175	弯嘴滨鹬	*Calidris ferruginea*	鹬科	滨鹬属	8
176	长趾滨鹬	*Calidris subminuta*	鹬科	滨鹬属	8
177	三趾滨鹬	*Calidris alba*	鹬科	滨鹬属	29
178	阔嘴鹬(*sibirica* 亚种)	*Limicola falcinellus sibirica*	鹬科	阔嘴鹬属	29
179	黑翅长脚鹬(指名亚种)	*Himantopus himantopus himantopus*	反嘴鹬科	长脚鹬属	119
180	反嘴鹬	*Recurvirostra avosetta*	反嘴鹬科	反嘴鹬属	8
181	鹮嘴鹬	*Ibidorhyncha struthersii*	鹮嘴鹬科	鹮嘴鹬属	8
182	红颈瓣蹼鹬	*Phalaropus lobatus*	鹬科	瓣蹼鹬属	8
183	普通燕鸻	*Glareola maldivarum*	燕鸻科	燕鸻属	119
184	黑尾鸥	*Larus crassirostris*	鸥科	鸥属	37
185	海鸥(*kamtschatschensis* 亚种)	*Larus canus kamtschatschensis*	鸥科	鸥属	37
186	银鸥(*smithsonianus* 亚种)	*Larus argentatus smithsonianus*	鸥科	鸥属	37
187	灰背鸥	*Larus schistisagus*	鸥科	鸥属	29
188	北极鸥(*barrovianus* 亚种)	*Larus hyperboreus barrovianus*	鸥科	鸥属	29
189	红嘴鸥	*Chroicocephalus ridibundus*	鸥科	彩头鸥属	119
190	黑嘴鸥	*Chroicocephalus saundersi*	鸥科	彩头鸥属	8
191	棕头鸥	*Chroicocephalus brunnicephalus*	鸥科	彩头鸥属	29
192	须浮鸥(指名亚种)	*Chlidonias hybridus hybridus*	鸥科	浮鸥属	55
193	白翅浮鸥	*Chlidonias leucoptera*	鸥科	浮鸥属	119
194	黑浮鸥(指名亚种)	*Chlidonias niger niger*	鸥科	浮鸥属	8
195	鸥嘴噪鸥(*affinis* 亚种)	*Gelochelidon nilotica affinis*	鸥科	噪鸥属	55
196	红嘴巨鸥	*Hydroprogne caspia*	鸥科	巨鸥属	8
197	普通燕鸥(*longipennis* 亚种)	*Sterna hirundo longipennis*	鸥科	燕鸥属	119
198	黑枕燕鸥(指名亚种)	*Sterna sumatrana sumatrana*	鸥科	燕鸥属	8
199	白额燕鸥(*sinensis* 亚种)	*Sternula albifrons sinensis*	鸥科	小燕鸥属	119
200	中华端凤头燕鸥	*Thalasseus bernsteini*	鸥科	凤头燕鸥属	8
201	扁嘴海雀(指名亚种)	*Synthliboramphus antiquus antiquus*	海雀科	扁嘴海雀属	29
202	斑海雀	*Brachyramphus perdix*	海雀科	斑海雀属	29
203	毛腿沙鸡	*Syrrhaptes paradoxus*	沙鸡科	毛腿沙鸡属	29

续表

序号	中文名	学名	科名	属名	分布的县域单元数量
204	岩鸽(指名亚种)	*Columba rupestris rupestris*	鸠鸽科	鸽属	72
205	黑林鸽(指名亚种)	*Columba janthina janthina*	鸠鸽科	鸽属	29
206	山斑鸠(指名亚种)	*Streptopelia orientalis orientalis*	鸠鸽科	斑鸠属	119
207	灰斑鸠(指名亚种)	*Streptopelia decaocto decaocto*	鸠鸽科	斑鸠属	119
208	珠颈斑鸠(指名亚种)	*Spilopelia chinensis chinensis*	鸠鸽科	斑鸠属	119
209	火斑鸠(*humilis* 亚种)	*Streptopelia tranquebarica humilis*	鸠鸽科	斑鸠属	119
210	霍氏鹰鹃	*Hierococcyx nisicolor*	杜鹃科	鹰鹃属	64
211	四声杜鹃(指名亚种)	*Cuculus micropterus micropterus*	杜鹃科	杜鹃属	119
212	大杜鹃(*bakeri* 亚种)	*Cuculus canorus bakeri*	杜鹃科	杜鹃属	119
213	中杜鹃(指名亚种)	*Cuculus saturatus saturatus*	杜鹃科	杜鹃属	119
214	小杜鹃	*Cuculus poliocephalus*	杜鹃科	杜鹃属	64
215	草鸮	*Tyto longimembris*	仓鸮科	草鸮属	29
216	西红角鸮	*Otus scops*	鸱鸮科	角鸮属	29
217	领角鸮	*Otus lettia*	鸱鸮科	角鸮属	76
218	红角鸮	*Otus sunia*	鸱鸮科	角鸮属	29
219	雕鸮(*ussuriensis* 亚种)	*Bubo bubo ussuriensis*	鸱鸮科	雕鸮属	119
220	斑头鸺鹠	*Glaucidium cuculoides*	鸱鸮科	鸺鹠属	72
221	鹰鸮(*florensis* 亚种)	*Ninox scutulata florensis*	鸱鸮科	鹰鸮属	64
222	纵纹腹小鸮(*plumipes* 亚种)	*Athene noctua plumipes*	鸱鸮科	小鸮属	119
223	灰林鸮	*Strix aluco*	鸱鸮科	林鸮属	47
224	长耳鸮(指名亚种)	*Asio otus otus*	鸱鸮科	耳鸮属	119
225	短耳鸮(指名亚种)	*Asio flammeus flammeus*	鸱鸮科	耳鸮属	119
226	普通夜鹰	*Caprimulgus jotaka*	夜鹰科	夜鹰属	119
227	普通楼燕(*pekinensis* 亚种)	*Apus apus pekinensis*	雨燕科	雨燕属	119
228	白喉针尾雨燕(指名亚种)	*Hirundapus caudacutus caudacutus*	雨燕科	针尾雨燕属	76
229	白腰雨燕(指名亚种)	*Apus pacificus pacificus*	雨燕科	雨燕属	119
230	小白腰雨燕(*subfurcatus* 亚种)	*Apus nipalensis subfurcatus*	雨燕科	雨燕属	29
231	冠鱼狗(*guttulata* 亚种)	*Megaceryle lugubris guttulata*	翠鸟科	鱼狗属	29
232	普通翠鸟(*bengalensis* 亚种)	*Alcedo atthis bengalensis*	翠鸟科	翠鸟属	119

续表

序号	中文名	学名	科名	属名	分布的县域单元数量
233	蓝翡翠	*Halcyon pileata*	翠鸟科	翡翠属	119
234	三宝鸟(*calonyx* 亚种)	*Eurystomus orientalis calonyx*	佛法僧科	三宝鸟属	119
235	戴胜(指名亚种)	*Upupa epops epops*	戴胜科	戴胜属	119
236	蚁䴕(*chinensis* 亚种)	*Jynx torquilla chinensis*	啄木鸟科	蚁䴕属	119
237	鳞喉绿啄木鸟	*Picus xanthopygaeus*	啄木鸟科	绿啄木鸟属	119
238	大斑啄木鸟	*Dendrocopos major*	啄木鸟科	啄木鸟属	119
239	棕腹啄木鸟(*subrufinus* 亚种)	*Dendrocopos hyperythrus subrufinus*	啄木鸟科	啄木鸟属	119
240	星头啄木鸟(*scintilliceps* 亚种)	*Dendrocopos canicapillus scintilliceps*	啄木鸟科	啄木鸟属	119
241	小星头啄木鸟(*wilderi* 亚种)	*Dendrocopos kizuki wilderi*	啄木鸟科	啄木鸟属	82
242	蓝翅八色鸫	*Pitta moluccensis*	八色鸫科	八色鸫属	29
243	小短趾百灵	*Calandrella rufescens*	百灵科	短趾百灵属	64
244	凤头百灵(*leautungensis* 亚种)	*Galerida cristata leautungensis*	百灵科	凤头百灵属	119
245	云雀(*intermedia* 亚种)	*Alauda arvensis intermedia*	百灵科	云雀属	119
246	小云雀(*weigoldi* 亚种)	*Alauda gulgula weigoldi*	百灵科	云雀属	119
247	崖沙燕	*Riparia riparia*	燕科	沙燕属	119
248	家燕(*gutturalis* 亚种)	*Hirundo rustica gutturalis*	燕科	燕属	72
249	金腰燕(*japonica* 亚种)	*Cecropis daurica japonica*	燕科	斑燕属	119
250	白腹毛脚燕(*lagopoda* 亚种)	*Delichon urbicum lagopoda*	燕科	毛脚燕属	72
251	树鹨(*yunnanensis* 亚种)	*Anthus hodgsoni yunnanensis*	鹡鸰科	鹨属	119
252	水鹨(*coutellii* 亚种)	*Anthus spinoletta coutellii*	鹡鸰科	鹨属	119
253	北鹨(指名亚种)	*Anthus gustavi gustavi*	鹡鸰科	鹨属	119
254	粉红胸鹨	*Anthus roseatus*	鹡鸰科	鹨属	29
255	红喉鹨	*Anthus cervinus*	鹡鸰科	鹨属	119
256	田鹨(指名亚种)	*Anthus richardi richardi*	鹡鸰科	鹨属	119
257	山鹨	*Anthus sylvanus*	鹡鸰科	鹨属	64
258	山鹡鸰	*Dendronanthus indicus*	鹡鸰科	山鹡鸰属	119
259	灰鹡鸰(*robusta* 亚种)	*Motacilla cinerea robusta*	鹡鸰科	鹡鸰属	119
260	黄头鹡鸰(指名亚种)	*Motacilla citreola citreola*	鹡鸰科	鹡鸰属	64
261	西黄鹡鸰(*macronyx* 亚种)	*Motacilla flava macronyx*	鹡鸰科	鹡鸰属	64

续表

序号	中文名	学名	科名	属名	分布的县域单元数量
262	西黄鹡鸰(*similllma* 亚种)	*Motacilla flava simillima*	鹡鸰科	鹡鸰属	64
263	西黄鹡鸰(*taivana* 亚种)	*Motacilla flava taivana*	鹡鸰科	鹡鸰属	64
264	白鹡鸰(*baicalensis* 亚种)	*Motacilla alba baicalensis*	鹡鸰科	鹡鸰属	119
265	白鹡鸰(*ocularis* 亚种)	*Motacilla alba ocularis*	鹡鸰科	鹡鸰属	119
266	暗灰鹃鵙	*Coracina melaschistos*	鹃鵙科	鹃鵙属	47
267	粉红山椒鸟	*Pericrocotus roseus*	鹃鵙科	山椒鸟属	76
268	灰山椒鸟(指名亚种)	*Pericrocotus divaricatus divaricatus*	鹃鵙科	山椒鸟属	119
269	长尾山椒鸟	*Pericrocotus ethologus*	鹃鵙科	山椒鸟属	90
270	白头鹎(指名亚种)	*Pycnonotus sinensis sinensis*	鹎科	鹎属	119
271	黑短脚鹎	*Hypsipetes leucocephalus*	鹎科	短脚鹎属	35
272	太平鸟(*centralasiae* 亚种)	*Bombycilla garrulus centralasiae*	太平鸟科	太平鸟属	64
273	小太平鸟	*Bombycilla japonica*	太平鸟科	太平鸟属	64
274	红尾伯劳(指名亚种)	*Lanius cristatus cristatus*	伯劳科	伯劳属	119
275	虎纹伯劳	*Lanius tigrinus*	伯劳科	伯劳属	119
276	牛头伯劳(指名亚种)	*Lanius bucephalus bucephalus*	伯劳科	伯劳属	119
277	灰伯劳	*Lanius excubitor*	伯劳科	伯劳属	47
278	楔尾伯劳(指名亚种)	*Lanius sphenocercus sphenocercus*	伯劳科	伯劳属	64
279	棕背伯劳(指名亚种)	*Lanius schach schach*	伯劳科	伯劳属	47
280	黑枕黄鹂(*diffuses* 亚种)	*Oriolus chinensis diffuses*	黄鹂科	黄鹂属	119
281	黑卷尾(*cathoecus* 亚种)	*Dicrurus macrocercus cathoecus*	卷尾科	卷尾属	119
282	发冠卷尾(*brevirostris* 亚种)	*Dicrurus hottentottus brevirostris*	卷尾科	卷尾属	111
283	灰椋鸟	*Spodiopsar cineraceus*	椋鸟科	丝光椋鸟属	119
284	紫翅椋鸟(*poltaratskyi* 亚种)	*Sturnus vulgaris poltaratskyi*	椋鸟科	椋鸟属	29
285	北椋鸟	*Agropsar sturninus*	椋鸟科	北椋鸟属	119
286	灰喜鹊(*interposita* 亚种)	*Cyanopica cyana interposita*	鸦科	灰喜鹊属	119
287	松鸦	*Garrulus glandarius*	鸦科	松鸦属	29
288	喜鹊(*serica* 亚种)	*Pica pica serica*	鸦科	鹊属	119
289	红嘴山鸦(*brachypus* 亚种)	*Pyrrhocorax pyrrhocorax brachypus*	鸦科	山鸦属	111
290	秃鼻乌鸦(*pastinator* 亚种)	*Corvus frugilegus pastinator*	鸦科	鸦属	119

续表

序号	中文名	学名	科名	属名	分布的县域单元数量
291	寒鸦(*soemmerringii* 亚种)	*Corvus monedula soemmerringii*	鸦科	鸦属	119
292	大嘴乌鸦(*colonorum* 亚种)	*Corvus macrorhynchos colonorum*	鸦科	鸦属	119
293	小嘴乌鸦(*orientalis* 亚种)	*Corvus corone orientalis*	鸦科	鸦属	119
294	白颈鸦	*Corvus torquatus*	鸦科	鸦属	119
295	褐河乌(*pallasii* 亚种)	*Cinclus pallasii pallasii*	河乌科	河乌属	64
296	鹪鹩(*idius* 亚种)	*Troglodytes troglodytes idius*	鹪鹩科	鹪鹩属	111
297	领岩鹨(*erythropygia* 亚种)	*Prunella collaris erythropygia*	岩鹨科	岩鹨属	29
298	棕眉山岩鹨	*Prunella montanella*	岩鹨科	岩鹨属	119
299	红尾歌鸲	*Luscinia sibilans*	鹟科	歌鸲属	64
300	蓝歌鸲(指名亚种)	*Luscinia cyane cyane*	鹟科	歌鸲属	64
301	蓝喉歌鸲(指名亚种)	*Luscinia svecica svecica*	鹟科	歌鸲属	119
302	红喉歌鸲	*Luscinia calliope*	鹟科	歌鸲属	119
303	红胁蓝尾鸲(指名亚种)	*Tarsiger cyanurus cyanurus*	鹟科	鸲属	119
304	赭红尾鸲(*rufiventris* 亚种)	*Phoenicurus ochruros rufiventris*	鹟科	红尾鸲属	47
305	北红尾鸲(指名亚种)	*Phoenicurus auroreus auroreus*	鹟科	红尾鸲属	119
306	红尾水鸲(指名亚种)	*Rhyacornis fuliginosus fuliginosus*	鹟科	水鸲属	29
307	黑喉石䳭	*Saxicola maurus*	鹟科	石䳭属	119
308	蓝矶鸫(*philippensis* 亚种)	*Monticola solitarius philippensis*	鹟科	矶鸫属	119
309	蓝头矶鸫	*Monticola cinclorhynchus*	鹟科	矶鸫属	119
310	白眉地鸫(指名亚种)	*Geokichla sibirica sibirica*	鸫科	少斑地鸫属	64
311	虎斑地鸫(*aurea* 亚种)	*Zoothera dauma aurea*	鸫科	地鸫属	119
312	灰背鸫	*Turdus hortulorum*	鸫科	鸫属	119
313	乌鸫	*Turdus merula*	鸫科	鸫属	29
314	灰头鸫	*Turdus rubrocanus*	鸫科	鸫属	47
315	白腹鸫	*Turdus pallidus*	鸫科	鸫属	111
316	赤颈鸫	*Turdus ruficollis*	鸫科	鸫属	64
317	斑鸫	*Turdus eunomus*	鸫科	鸫属	119
318	宝兴歌鸫	*Turdus mupinensis*	鸫科	鸫属	29
319	棕头鸦雀	*Paradoxornis webbianus*	莺鹛科	鸦雀属	72

续表

序号	中文名	学名	科名	属名	分布的县域单元数量
320	黑脸噪鹛	*Garrulax perspicillatus*	噪鹛科	噪鹛属	64
321	鳞头树莺	*Urosphena squameiceps*	树莺科	短尾莺属	64
322	日本树莺(*borealis* 亚种)	*Cettia diphone borealis*	树莺科	树莺属	64
323	异色树莺	*Cettia flavolivaceus*	树莺科	树莺属	29
324	小蝗莺(指名亚种)	*Locustella certhiola certhiola*	短翅莺科	蝗莺属	119
325	北蝗莺	*Locustella ochotensis*	短翅莺科	蝗莺属	29
326	矛斑蝗莺(指名亚种)	*Locustella lanceolata lanceolata*	短翅莺科	蝗莺属	64
327	苍眉蝗莺(指名亚种)	*Locustella fasciolata fasciolata*	短翅莺科	蝗莺属	29
328	大苇莺(*zarudnyi* 亚种)	*Acrocephalus arundinaceus zarudnyi*	苇莺科	苇莺属	119
329	稻田苇莺(指名亚种)	*Acrocephalus agricola agricola*	苇莺科	苇莺属	64
330	黑眉苇莺	*Acrocephalus bistrigiceps*	苇莺科	苇莺属	72
331	芦苇莺(*fuscus* 亚种)	*Acrocephalus scirpaceus fuscus*	苇莺科	苇莺属	90
332	棕腹柳莺	*Phylloscopus subaffinis*	柳莺科	柳莺属	64
333	褐柳莺(指名亚种)	*Phylloscopus fuscatus fuscatus*	柳莺科	柳莺属	90
334	棕眉柳莺	*Phylloscopus armandii*	柳莺科	柳莺属	64
335	巨嘴柳莺	*Phylloscopus schwarzi*	柳莺科	柳莺属	47
336	黄眉柳莺	*Phylloscopus inornatus*	柳莺科	柳莺属	119
337	黄腰柳莺	*Phylloscopus proregulus*	柳莺科	柳莺属	119
338	极北柳莺(指名亚种)	*Phylloscopus borealis borealis*	柳莺科	柳莺属	119
339	极北柳莺(*xanthodryas* 亚种)	*Phylloscopus borealis xanthodryas*	柳莺科	柳莺属	119
340	暗绿柳莺	*Phylloscopus trochiloides*	柳莺科	柳莺属	64
341	淡脚柳莺	*Phylloscopus tenellipes*	柳莺科	柳莺属	119
342	冕柳莺	*Phylloscopus coronatus*	柳莺科	柳莺属	119
343	戴菊(*japonensis* 亚种)	*Regulus regulus japonensis*	戴菊科	戴菊属	119
344	棕扇尾莺(*tinnabulans* 亚种)	*Cisticola juncidis tinnabulans*	扇尾莺科	扇尾莺属	119
345	白眉姬鹟	*Ficedula zanthopygia*	鹟科	姬鹟属	119
346	黄眉姬鹟(指名亚种)	*Ficedula narcissina narcissina*	鹟科	姬鹟属	119
347	鸲姬鹟	*Ficedula mugimaki*	鹟科	姬鹟属	119
348	红喉姬鹟	*Ficedula parva*	鹟科	姬鹟属	119

续表

序号	中文名	学名	科名	属名	分布的县域单元数量
349	白腹姬鹟	*Cyanoptila cyanomelana*	鹟科	姬鹟属	119
350	乌鹟	*Muscicapa sibirica*	鹟科	鹟属	119
351	灰纹鹟	*Muscicapa griseisticta*	鹟科	鹟属	119
352	北灰鹟(指名亚种)	*Muscicapa latirostris*	鹟科	鹟属	119
353	寿带(*incei* 亚种)	*Terpsiphone paradisi incei*	王鹟科	寿带属	119
354	紫寿带(指名亚种)	*Terpsiphone atrocaudata atrocaudata*	王鹟科	寿带属	64
355	大山雀(*minor* 亚种)	*Parus major minor*	山雀科	山雀属	119
356	煤山雀(*pekinensis* 亚种)	*Parus ater pekinensis*	山雀科	山雀属	119
357	沼泽山雀(*hellmayri* 亚种)	*Parus palustris hellmayri*	山雀科	山雀属	119
358	黄腹山雀	*Parus venustulus*	山雀科	山雀属	119
359	北长尾山雀	*Aegithalos caudatus*	长尾山雀科	长尾山雀属	82
360	旋木雀(*daurica* 亚种)	*Certhia familiaris daurica*	旋木雀科	旋木雀属	29
361	中华攀雀(指名亚种)	*Remiz consobrinus consobrinus*	攀雀科	攀雀属	82
362	暗绿绣眼鸟(*simplex* 亚种)	*Zosterops japonicus simplex*	绣眼鸟科	绣眼鸟属	119
363	红胁绣眼鸟	*Zosterops erythropleurus*	绣眼鸟科	绣眼鸟属	119
364	麻雀(*saturatus* 亚种)	*Passer montanus saturatus*	雀科	麻雀属	119
365	山麻雀(指名亚种)	*Passer rutilans rutilans*	雀科	麻雀属	119
366	燕雀	*Fringilla montifringilla*	燕雀科	燕雀属	119
367	金翅雀(指名亚种)	*Chloris sinica sinica*	雀科	金翅雀属	119
368	黄雀	*Carduelis spinus*	雀科	黄雀属	119
369	白腰朱顶雀(指名亚种)	*Acanthis flammea flammea*	雀科	朱顶雀属	64
370	普通朱雀(*grebnitskii* 亚种)	*Carpodacus erythrinus grebnitskii*	雀科	朱雀属	111
371	普通朱雀(*roseatus* 亚种)	*Carpodacus erythrinus roseatus*	雀科	朱雀属	111
372	北朱雀(指名亚种)	*Carpodacus roseus roseus*	雀科	朱雀属	119
373	红交嘴雀(*japonica* 亚种)	*Loxia curvirostra japonica*	雀科	交嘴雀属	64
374	长尾雀	*Carpodacus sibiricus*	雀科	朱雀属	111
375	灰腹灰雀	*Pyrrhula griseiventris*	雀科	灰雀属	35
376	红腹灰雀(*cassini* 亚种)	*Pyrrhula pyrrhula cassini*	雀科	灰雀属	111
377	黑头蜡嘴雀(*magnirostris* 亚种)	*Eophona personata magnirostris*	雀科	蜡嘴雀属	119

续表

序号	中文名	学名	科名	属名	分布的县域单元数量
378	黑尾蜡嘴雀(指名亚种)	*Eophona migratoria migratoria*	雀科	蜡嘴雀属	72
379	锡嘴雀(指名亚种)	*Coccothraustes coccothraustes coccothraustes*	雀科	锡嘴雀属	119
380	白头鹀(指名亚种)	*Emberiza leucocephalos leucocephalos*	鹀科	鹀属	111
381	栗鹀	*Emberiza rutila*	鹀科	鹀属	64
382	黄胸鹀(指名亚种)	*Emberiza aureola aureola*	鹀科	鹀属	119
383	黄胸鹀(*ornate* 亚种)	*Emberiza aureola ornate*	鹀科	鹀属	119
384	黄喉鹀(*ticehursti* 亚种)	*Emberiza elegans ticehursti*	鹀科	鹀属	119
385	灰头鹀(指名亚种)	*Emberiza spodocephala spodocephala*	鹀科	鹀属	119
386	灰眉岩鹀	*Emberiza cia*	鹀科	鹀属	82
387	栗耳鹀	*Emberiza fucata*	鹀科	鹀属	64
388	田鹀	*Emberiza rustica*	鹀科	鹀属	119
389	三道眉草鹀(*castaneiceps* 亚种)	*Emberiza cioides castaneiceps*	鹀科	鹀属	119
390	小鹀	*Emberiza pusilla*	鹀科	鹀属	119
391	白眉鹀	*Emberiza tristrami*	鹀科	鹀属	119
392	黄眉鹀	*Emberiza chrysophrys*	鹀科	鹀属	119
393	红颈苇鹀(*continentalis* 亚种)	*Emberiza yessoensis continentalis*	鹀科	鹀属	29
394	苇鹀(*polaris* 亚种)	*Emberiza pallasi polaris*	鹀科	鹀属	119
395	芦鹀	*Emberiza schoeniclus*	鹀科	鹀属	111
396	铁爪鹀(*coloratus* 亚种)	*Calcarius lapponicus coloratus*	铁爪鹀科	铁爪鹀属	64

山东省鸟类分布县域差异较大(见表 3-2-2)。绿鹭(*Butorides striatus*)、黄苇鳽(*Ixobrychus sinensis*)、豆雁(*Anser fabalis*)等 178 种鸟类在 119 个县域单元均有分布,石鸡(*pubescens* 亚种)(*Alectoris chukar pubescens*)、白腹鸫(*Turdus pallidus*)、长尾雀(*Carpodacus sibiricus*)等 13 种鸟类分布范围为 111 个县域单元,普通鵟(*Buteo japonicus*)、灰背隼(*Falco columbarius*)、山鹨(*Anthus sylvanus*)等 61 种鸟类分布范围为 50～100 个县域单元,白鹤、猎隼(*Falco cherrug*)、短尾信天翁等 114 种鸟类分布范围为 10～50 个县域单元,白头鹤、黑嘴鸥(*Chroicocephalus saundersi*)、斑头雁(*Anser indicus*)等 30 种鸟类分布范围均小于 10 个县域单元。

山东省鸟类县域分布种类为 218～342 种。黄岛区、崂山区、李沧区等 29 个县域鸟类分布数量在 300 种以上,利津县、广饶县、寿光市等 8 个县域鸟类分布数量为 250～

300 种，济南市区、长清区、平阴县等 35 个县域鸟类分布数量为 220～250 种，济阳县、商河县、桓台县等 47 个县域评价单元鸟类数量均在 220 种以下（见图 3-2-3）。

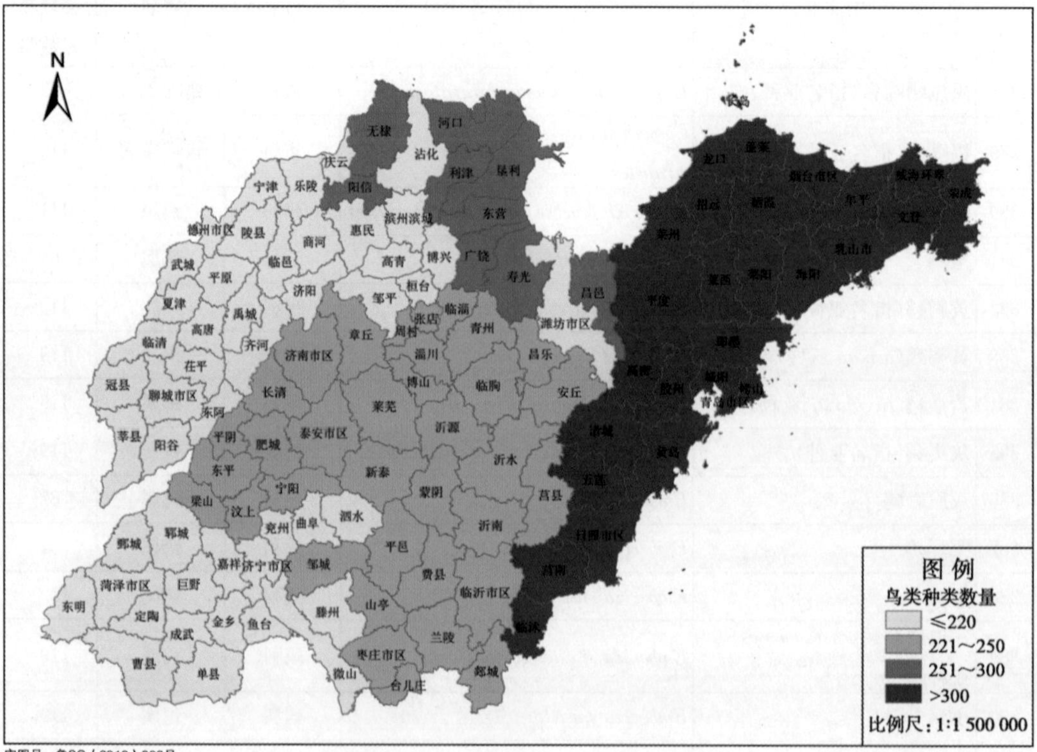

审图号：鲁SG（2018）069号

图 3-2-3　山东省鸟类县域分布状况

四、爬行动物

山东省分布有爬行动物 22 种，分属龟鳖目和有鳞目。龟鳖目物种有 2 个，分别为龟科的乌龟（*Chinemys reevesii*）和鳖科的鳖（中华鳖）（*Trionyx sinensis*）；有鳞目爬行动物有 20 种，其中有虎斑游蛇（*Rhobdophis tigrina*）、赤链蛇（*Dinodon rufozonatum*）、黄脊游蛇（*Coluber spinalis*）等 11 种蛇类。受威胁爬行动物有 7 种，包括濒危动物乌龟，以及鳖（中华鳖）、团花锦蛇（*Elaphe davidi*）、棕黑锦蛇（*Elaphe schrenckii*）、黑眉锦蛇（*Elaphe taeniura*）、王锦蛇（*Elaphe carinata*）、乌梢蛇（*Zaocys dhumnades*）等 6 种易危动物。乌龟、黑眉蝮（*Agkistrodon saxatilis*）、黄纹石龙子（*Eumeces capito*）和北草蜥（*Takydromus septentrionalis*）4 种爬行动物被列为省级重点保护动物；无蹼壁虎（*Gekko swinhonis*）、蓝尾石龙子（*Eumeces elegans*）、团花锦蛇等 9 种爬行动物属中国特有动物。山东省爬行动物种类组成状况如表 3-2-3 所示。

表 3-2-3　　山东省爬行动物物种及其分布情况

序号	中文名	学名	科名	属名	分布的县域单元数量
1	鳖(中华鳖)	*Trionyx sinensis*	鳖科	鳖属	119
2	乌龟	*Chinemys reevesii*	龟科	乌龟属	119
3	黄纹石龙子	*Eumeces capito*	石龙子科	石龙子属	29
4	蓝尾石龙子	*Eumeces elegans*	石龙子科	石龙子属	29
5	中国石龙子(*formosensis* 亚种)	*Eumeces chinensis formosensis*	石龙子科	石龙子属	29
6	无蹼壁虎	*Gekko swinhonis*	壁虎科	壁虎属	119
7	丽斑麻蜥	*Eremias argus*	蜥蜴科	麻蜥属	119
8	山地麻蜥	*Eremias brenchleyi*	蜥蜴科	麻蜥属	64
9	北草蜥	*Takydromus septentrionalis*	蜥蜴科	草蜥属	64
10	北滑蜥(*septentrionalis* 亚种)	*Scincella modesta septentrionalis*	石龙子科	滑蜥属	1
11	黑眉蝮	*Agkistrodon saxatilis*	蝰科	亚洲蝮属	29
12	虎斑游蛇	*Rhobdophis tigrina*	游蛇科	游蛇属	119
13	赤链蛇	*Dinodon rufozonatum*	游蛇科	链蛇属	119
14	黄脊游蛇	*Coluber spinalis*	游蛇科	游蛇属	119
15	红点锦蛇	*Elaphe rufodorsata*	游蛇科	锦蛇属	119
16	团花锦蛇	*Elaphe davidi*	游蛇科	锦蛇属	64
17	白条锦蛇	*Elaphe dione*	游蛇科	锦蛇属	119
18	双斑锦蛇	*Elaphe bimaculata*	游蛇科	锦蛇属	64
19	棕黑锦蛇	*Elaphe schrenckii*	游蛇科	锦蛇属	64
20	黑眉锦蛇	*Elaphe taeniura*	游蛇科	锦蛇属	47
21	王锦蛇	*Elaphe carinata*	游蛇科	锦蛇属	1
22	乌梢蛇	*Zaocys dhumnades*	游蛇科	乌梢蛇属	1

山东省爬行动物县域分布范围差异较大(见表 3-2-3)。无蹼壁虎、鳖(中华鳖)、丽斑麻蜥(*Eremias argus*)等 9 种陆生爬行动物在 119 个县域单元均有分布，北草蜥、团花锦蛇、山地麻蜥(*Eremias brenchleyi*)、双斑锦蛇(*Elaphe bimaculata*)和棕黑锦蛇等 5 种爬行动物分布范围为 64 个县域单元，黑眉锦蛇在 47 个县域单元有分布，黄纹石龙子、蓝尾石龙子、中国石龙子(*formosensis* 亚种)(*Eumeces chinensis formosensis*)和黑眉蝮分布范围均为29 个县域单元，北滑蜥(*septentrionalis* 亚种)(*Scincella modesta septentrionalis*)、乌梢蛇、王锦蛇均仅在 1 个县域评价单元有分布。

山东省县域陆生爬行动物种类为 9～19 种。栖霞市和日照市区最多，均为 19 种；青岛市区、黄岛区、崂山区等 27 个县域单元陆生爬行动物种类均为 18 种；济宁市区、微山县、鱼台县等 82 个县域单元陆生爬行动物种类为 10～15 种；东营市区、垦利县、利津县等 8 个县域单元陆生爬行动物种类低于 10 种（见图 3-2-4）。

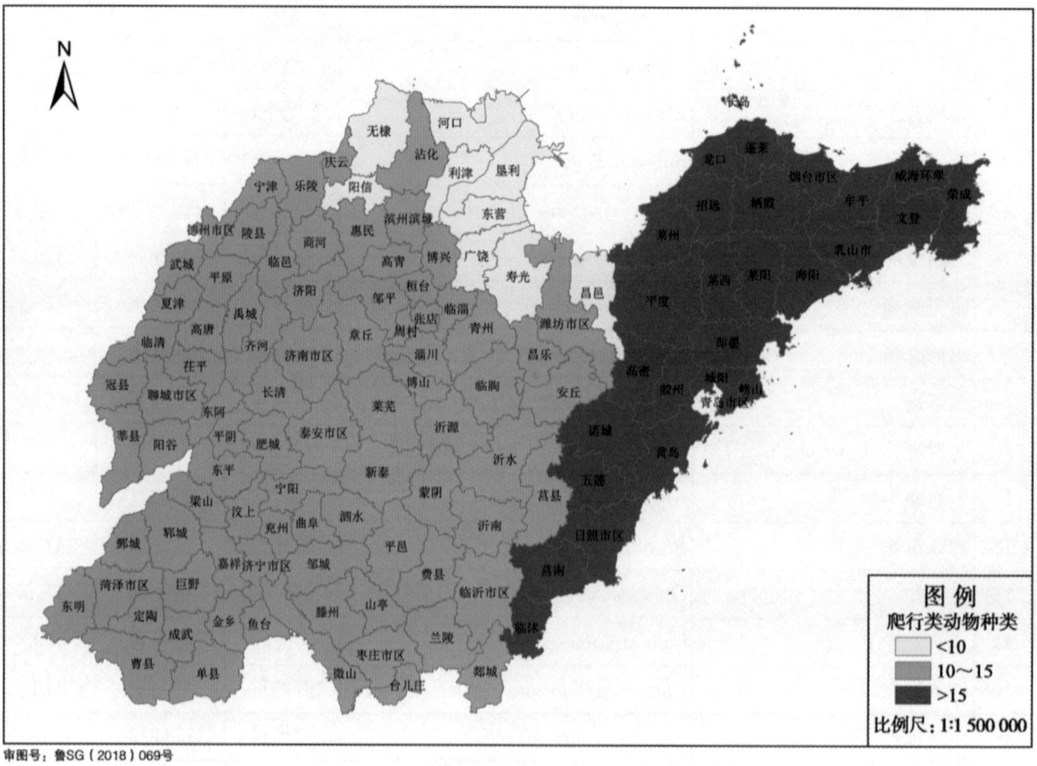

审图号：鲁SG（2018）069号

图 3-2-4　山东省陆生爬行动物种类县域分布状况

五、两栖动物

山东省发现有两栖类动物 9 种，均属无尾目，包括盘舌蟾科、蟾蜍科、蛙科、姬蛙科和雨蛙科。东方铃蟾（*Bombina orientalis*）、中国林蛙（*Rana chensinensis*）、黑斑蛙（*Rana nigromaculata*）和金线蛙（*Rana plancyi*）为山东省重点保护动物，无斑雨蛙（*Hyla immaculata*）为中国特有野生动物。山东省爬行动物物种组成状况如表 3-2-4 所示。

山东省两栖动物县域分布较广（见表 3-2-4）。中华蟾蜍（*Bufo gargarizans*）、花背蟾蜍（*Bufo raddei*）、黑斑蛙、泽蛙（*Rana limnocharis*）、金线蛙和北方狭口蛙（*Kaloula borealis*）等 6 种两栖动物在全省 119 个县域单元中均有分布，东方铃蟾和无斑雨蛙分布在 65 个县域单元，中国林蛙在 29 个县域评价单元有分布。

山东省县域两栖动物种类为 6～9 种（见图 3-2-5）。寿光市、昌邑市、无棣县等 54 个县域单元均分布有两栖动物 6 种，张店区、博山区、临淄区等 36 个县域单元均分布有两栖动物 8 种，即墨市、平度市、莱西市等 29 个县域单元分布有两栖动物 9 种。

表 3-2-4　　山东省两栖动物物种及其分布情况

序号	中文名	学名	科名	属名	分布的县域单元数量
1	东方铃蟾	*Bombina orientalis*	盘舌蟾科	铃蟾属	65
2	中华蟾蜍	*Bufo gargarizans*	蟾蜍科	蟾蜍属	119
3	花背蟾蜍	*Bufo raddei*	蟾蜍科	蟾蜍属	119
4	中国林蛙	*Rana chensinensis*	蛙科	林蛙属	29
5	黑斑蛙	*Rana nigromaculata*	蛙科	侧褶蛙属	119
6	泽蛙	*Rana limnocharis*	蛙科	陆蛙属	119
7	金线蛙	*Rana plancyi*	蛙科	蛙属	119
8	北方狭口蛙	*Kaloula borealis*	姬蛙科	狭口蛙属	119
9	无斑雨蛙	*Hyla immaculata*	雨蛙科	雨蛙属	65

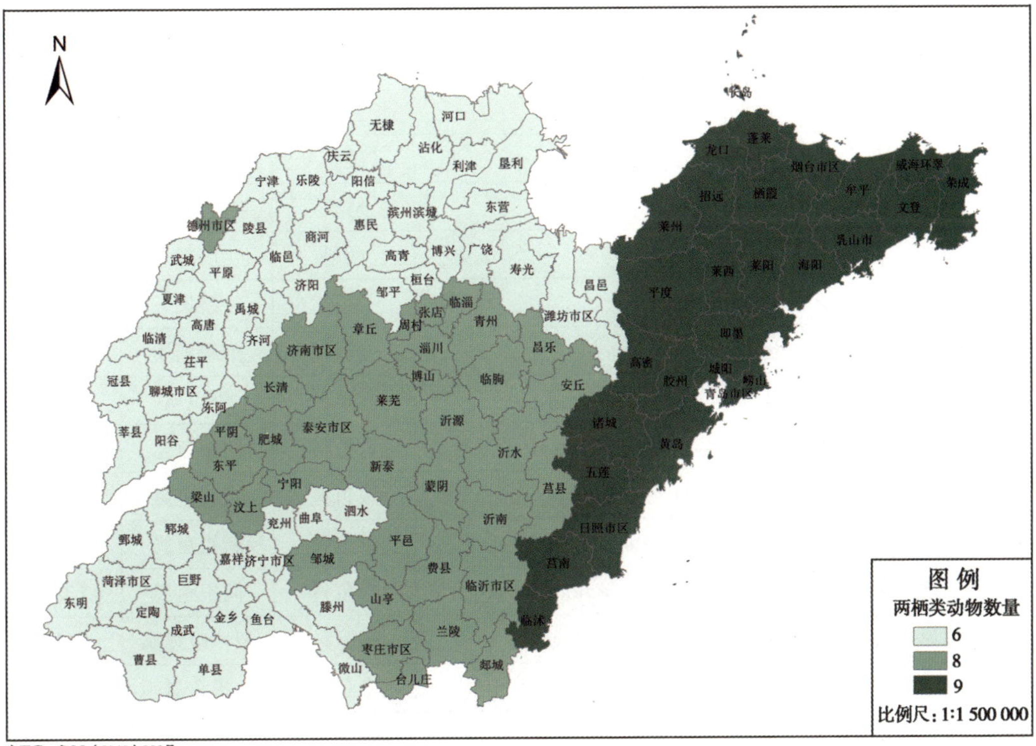

审图号：鲁SG（2018）069号

图 3-2-5　山东省两栖类县域分布状况

六、淡水鱼类

山东省分布有淡水鱼类 130 种，分属 15 目，30 科，79 属。其中，以鲤形目物种最多，为 79 种，包括鳑鲏属的高体鳑鲏（*Rhodeus ocellatus*），鱊属的大鳍颌须鱊（*Acheilo-*

gnathus macropterus），沙鳅属的黄沙鳅（*Botia xanthi*）等；其次为鲈形目，为 14 种，包括鳜属的大眼鳜（*Siniperca kneri*），花鲈属的花鲈（*Lateolabrax japonicus*），鳢属的乌鳢（*Channa argus*）等；鲇形目和鲱形目鱼类分别有 8 种和 9 种；鲀形目、鲉形目、鲻形目、鳗鲡目、颌针鱼目、鲽形目、鲑形目、合鳃鱼目、刺鱼目和鲽形目物种数较少。山东省分布有 11 种受威胁淡水鱼类，包括：濒危动物 4 种，分别为湖北圆吻鲴（*Distoechodon hupeinensis*）、多鳞铲颌鱼（泰山赤磷鱼）（*Varicorhinus macolepis*）、平鳍鳅鮀（*Gobiobotia homalopteroidea*）和松江鲈（*Trachidermus fasciatus*）；易危动物 7 种，分别为细鳞鲑（*Brachymystax lenok*）、香鱼（*Plecoglossus altivelis*）、尖头银鱼（*Salanx acuticeps*）、长鳍银鱼（*Salanx longianalis*）、中华青鳉（*Oryzias latipes sinensis*）、拟原银鱼（*Paraprotosalanx andersoni*）和黄河鮈(*Gobio huanghensis*)。有国家二级重点保护鱼类1 种，为松江鲈，省级重点保护鱼类1 种，为多鳞铲颌鱼（泰山赤鳞鱼）。有中国特有淡水鱼类 30 种，包括中华青鳉、短吻间银鱼（*Hemisalanx brachyrostralis*）、团头鲂（*Megalobrama amblycephala*）等。山东省淡水鱼类种类组成状况如表 3-2-5 所示。

表 3-2-5　山东省淡水鱼类物种及其分布情况

序号	中文名	学名	科名	属名	分布的县域单元数量
1	青鳞小沙丁鱼	*Sardinella zunasi*	鲱科	小沙丁鱼属	11
2	鰶	*Clupanodon puntatus*	鲱科	鰶属	10
3	刀鲚	*Coilia ectenes*	鳀科	鲚属	17
4	凤尾鲚	*Coilia mystus*	鳀科	鲚属	16
5	细鳞鲑	*Brachymystax lenok*	鲑科	细鳞鲑属	1
6	香鱼	*Plecoglossus altivelis*	香鱼科	香鱼属	1
7	短吻间银鱼	*Hemisalanx brachyrostralis*	银鱼科	间银鱼属	6
8	大银鱼	*Protosalanx hyalocranius*	银鱼科	大银鱼属	43
9	太湖新银鱼	*Neosalanx taihuensis*	银鱼科	新银鱼属	18
10	前颌间银鱼	*Hemisalanx prognathus*	银鱼科	间银鱼属	32
11	拟原银鱼	*Paraprotosalanx andersoni*	爬鳅科	拟原吸鳅属	1
12	尖头银鱼	*Salanx acuticeps*	银鱼科	银鱼属	1
13	长鳍银鱼	*Salanx longianalis*	银鱼科	银鱼属	2
14	池沼公鱼	*Hypomesus olidus*	胡瓜鱼科	公鱼属	16
15	鳗鲡	*Anguilla japonica*	鳗鲡科	鳗鲡属	13
16	青鱼	*Mylopharyngodon piceus*	鲤科	青鱼属	55
17	草鱼	*Ctenopharyngodon idellus*	鲤科	草鱼属	105

续表

序号	中文名	学名	科名	属名	分布的县域单元数量
18	中华细鲫	*Aphyocypris chinensis*	鲤科	细鲫属	19
19	鳡鱼	*Elopichthys bambusa*	鲤科	鳡属	23
20	马口鱼	*Opsriichtys uncirostris*	鲤科	马口鱼属	29
21	南方马口鱼	*Opsariichtys uncirostris bidens*	鲤科	马口鱼属	9
22	赤眼鳟	*Squaliobarbus curriculus*	鲤科	赤眼鳟属	50
23	鳤	*Ochetobius elongatus*	鲤科	鳤属	4
24	寡鳞飘鱼	*Pseudolaubuca engraulis*	鲤科	飘鱼属	3
25	似鲚	*Toxabramis swinhonis*	鲤科	似鲚属	18
26	贝氏餐条	*Hemiculter bleekeri bleekeri*	鲤科	餐条属	28
27	餐条	*Hemiculter leucisculus*	鲤科	餐条属	70
28	翘嘴红鲌	*Erythroculter ilishaeformis*	鲤科	红鲌属	87
29	蒙古红鲌	*Erythroculter mongolicusmongolicus*	鲤科	红鲌属	27
30	青梢红鲌	*Erythroculter dabryi*	鲤科	红鲌属	3
31	尖头红鲌	*Erythroculter oxycephalus*	鲤科	红鲌属	4
32	红鳍鲌	*Culter erythropterus*	鲤科	鲌属	25
33	长春鳊	*Parabramis pekinensis*	鲤科	鳊属	33
34	三角鲂	*Megalobrama terminalis*	鲤科	鲂属	44
35	团头鲂	*Megalobrama amblycephala*	鲤科	鲂属	82
36	银鲴	*Xenocypris argentea*	鲤科	鲴属	6
37	黄尾鲴	*Xenocypris davidi*	鲤科	鲴属	8
38	细鳞斜颌鲴	*Plagiognathops microlepis*	鲤科	鲴属	26
39	湖北圆吻鲴	*Distoechodon hupeinensis*	鲤科	圆吻鲴属	2
40	逆鱼	*Acanthobrama simoni*	鲤科	逆鱼属	4
41	彩石鲋	*Pseudoperilampus lighti*	鲤科	鳑鲏属	10
42	须鱊	*Acheilognathus barbatus*	鲤科	鱊属	3
43	彩副鱊	*Paracheilognathus imberbis*	鲤科	副鱊属	2
44	须拟鱊	*Paracheilognathus shibatuea*	鲤科	副鱊属	1
45	中华鳑鲏	*Rhodeus sinensis*	鲤科	鳑鲏属	45
46	高体鳑鲏	*Rhodeus ocellatus*	鲤科	鳑鲏属	53

续表

序号	中文名	学名	科名	属名	分布的县域单元数量
47	大鳍鲬须鳎	*Acheilognathus macropterus*	鲤科	鱊属	21
48	越南鱊	*Acheilognathus tonkinensis*	鲤科	鱊属	2
49	短须鱊	*Acheilognathus barbatulus*	鲤科	鱊属	11
50	兴凯鱊	*Acheilognathus chankaensis*	鲤科	鱊属	2
51	斑条鱊	*Acheilognathus taenianalis*	鲤科	鱊属	3
52	巨口鱊	*Acheilognathus tabira*	鲤科	鱊属	1
53	多鳞鱊	*Acheilognathus polylepis*	鲤科	鱊属	1
54	白河鱊	*Acheilognathus peihoensis*	鲤科	鱊属	1
55	黑龙江鳑鲏	*Rhodeus sericeus*	鲤科	鳑鲏属	15
56	鳙	*Aristichthys nobilis*	鲤科	鳙属	102
57	鲢	*Hypophthalmichthys molitrix*	鲤科	鲢属	106
58	鲤	*Cyprinus carpio*	鲤科	鲤属	107
59	鲫	*Carassius auratus*	鲤科	鲫属	96
60	唇䱻	*Hemibarbus labeo*	鲤科	䱻属	17
61	花䱻	*Hemibarbus maculatus*	鲤科	䱻属	37
62	麦穗鱼	*Pseudorasbora parva*	鲤科	麦穗鱼属	75
63	华鳈(指名亚种)	*Sarcocheilichthys sinensis sinensis*	鲤科	鳈属	22
64	黑鳍鳈(指名亚种)	*Sarcocheilichthys nigripinnis nigripinnis*	鲤科	鳈属	3
65	短须颌须鮈	*Gnathopogon imberbis*	鲤科	颌须鮈属	1
66	点纹颌须鮈	*Gnathopogon wolterstorffi*	鲤科	银鮈属	1
67	多纹颌须鮈	*Gnathopogon polytaenia*	鲤科	颌须鮈属	1
68	银色颌须鮈	*Gnathopogon argentatus*	鲤科	银鮈属	1
69	中间颌须鮈	*Gnathopogon intermedius*	鲤科	银鮈属	2
70	西湖颌须鮈	*Gnathopogon sihuensis*	鲤科	银鮈属	2
71	似铜鮈	*Gobio coriparoides*	鲤科	鮈属	1
72	黄河鮈	*Gobio huanghensis*	鲤科	鮈属	1
73	蛇鮈	*Saurogobio dabryi*	鲤科	蛇鮈属	10
74	长蛇鮈	*Saurogobio dumerili*	鲤科	蛇鮈属	3
75	光唇蛇鮈	*Saurogobio gymnocheilus*	鲤科	蛇鮈属	2

续表

序号	中文名	学名	科名	属名	分布的县域单元数量
76	棒花鱼	*Abbottina rivularis*	鲤科	棒花鱼属	59
77	多鳞铲颌鱼	*Varicorhinus macolepis*	鲤科	白甲鱼属	7
78	平口鮈	*Ladislavia taczanowskii*	鲤科	平口鮈属	1
79	特氏蛇鮈	*Saurogobio drakei*	鲤科	蛇鮈属	2
80	似鮈	*Pseudogobio vaillanti*	鲤科	似鮈属	1
81	铜鱼	*Coreius heterodon*	鲤科	铜鱼属	8
82	北方铜鱼	*Coreius septentrionalis*	鲤科	铜鱼属	2
83	花鳅	*Cobitis taenia*	鳅科	花鳅属	33
84	伍氏沙鳅	*Botia wui*	鳅科	沙鳅属	5
85	沙鳅	*Botia sp.*	鳅科	沙鳅属	11
86	中间鳅鮀	*Gobiobotia intermedia*	鲤科	鳅鮀属	6
87	黄沙鳅	*Botia xanthi*	鳅科	沙鳅属	10
88	大鳞泥鳅	*Misgurnus mizolepis*	鳅科	泥鳅属	21
89	北鳅	*Lefua costata*	鳅科	北鳅属	13
90	泥鳅	*Misgurnus anguillicaudatus*	鳅科	泥鳅属	96
91	平鳍鳅鮀	*Gobiobotia homalopteroidea*	鲤科	鳅鮀属	1
92	宜昌鳅鮀	*Gobiobotia ichangensis*	鲤科	鳅鮀属	3
93	短吻鳅鮀	*Gobiobotia brevirostris*	鲤科	鳅鮀属	12
94	黄颡鱼	*Pelteobagrus fulvidraco*	鲿科	黄颡鱼属	96
95	光泽黄颡鱼	*Pelteobagrus nitidus*	鲿科	黄颡鱼属	11
96	乌苏里鮠	*Leiocassis ussuriensis*	鲿科	鮠属	3
97	短尾鮠	*Leiocassis brevicaudatus*	鲿科	鮠属	1
98	鮠	*Leiocassis longirostris*	鲿科	鮠属	5
99	纵带鮠	*Leiocassis argentivittatus*	鲿科	鮠属	1
100	开封鮠	*Leiocassis kaifenensis*	鲿科	鮠属	2
101	鲶鱼	*Parasilurus asotus*	鲇科	鲇属	89
102	中华青鳉	*Oryzias latipes sinensis*	大颌鳉科	青鳉属	34
103	久留米鱵	*Hemirhamphus kurumeus*	鱵科	鱵属	22
104	细下鱵	*Hyporhamphus sajori*	鱵科	下鱵属	1

续表

序号	中文名	学名	科名	属名	分布的县域单元数量
105	间鳞鱵鱼	*Hemirhamphus sajori*	鱵科	鱵属	1
106	尖嘴颌针鱼	*Ablennes anastomella*	颌针鱼科	扁颌针鱼属	10
107	鲻鱼	*Mugil cephalus*	鲻科	鲻属	11
108	梭鱼	*Mugil soiuy*	鲻科	鲅属	18
109	中华多刺鱼	*Pungitius sinensis*	刺鱼科	多刺鱼属	16
110	黄鳝	*Monopterus albus*	合鳃鱼科	黄鳝属	83
111	鳜	*Siniperca chuatsi*	鮨科	鳜属	53
112	大眼鳜	*Siniperca kneri*	鮨科	鳜属	16
113	斑鳜	*Siniperca scherzeri*	鮨科	鳜属	7
114	翘嘴鳜	*Siniperca chuatsi*	鮨科	鳜属	24
115	花鲈	*Lateolabrax japonicus*	鮨科	花鲈属	25
116	波氏栉鰕虎鱼	*Ctenogobius cliffordpopei*	鰕虎鱼科	栉鰕虎鱼属	22
117	栉鰕虎鱼	*Ctenogobius giurinus*	鰕虎鱼科	栉鰕虎鱼属	23
118	子陵吻鰕虎鱼	*Rhinogobius giurinus*	鰕虎鱼科	吻鰕虎鱼属	31
119	弹涂鱼	*Periophthalmus cantonensis*	鰕虎鱼科	弹涂鱼属	16
120	银鲳鱼	*Pampus argenteus*	鲳科	鲳属	16
121	圆尾斗鱼	*Macropodus chinensis*	斗鱼科	斗鱼属	44
122	乌鳢	*Channa argus*	鳢科	鳢属	95
123	黄黝鱼	*Hypseleotris swinhonis*	塘鳢科	黄黝鱼属	9
124	刺鳅	*Mastacembelus aculeatus*	刺鳅科	刺鳅属	33
125	松江鲈	*Trachidermus fasciatus*	杜父鱼科	松江鲈属	3
126	高眼鲽	*Cleisthenes herzensteini*	鲽科	高眼鲽属	1
127	暗纹东方鲀	*Fugu obscurus*	鲀科	东方鲀属	11
128	弓斑东方鲀	*Fugu ocellatus*	鲀科	东方鲀属	10
129	红鳍东方鲀	*Fugu rubripes*	鲀科	东方鲀属	10
130	星点东方鲀	*Fugu niphobles*	鲀科	东方鲀属	13

山东省淡水鱼类以鳙(*Aristichthys nobilis*)、草鱼(*Ctenopharyngodon idellus*)、鲢(*Hypophthalmichthys molitrix*)、鲤(*Cyprinus carpio*)分布最为广泛,其分布范围超过100个县域单元。赤眼鳟(*Squaliobarbus curriculus*)、高体鳑鲏、鳜(*Siniperca chuatsi*)

等 15 种淡水鱼类分布范围为 5～99 个县域单元。大鳞泥鳅(*Misgurnus mizolepis*)、久留米鱵(*Hemirhamphus kurumeus*)、华鳈(指名亚种)(*Sarcocheilichthys sinensis sinensis*)等 25 种淡水鱼类分布范围为 5～99 个县域单元。刀鲚(*Coilia ectenes*)、唇䱻(*Hemibarbus labeo*)、太湖新银鱼(*Neosalanx taihuensis*)等 30 种淡水鱼类分布范围为 5～99 个县域单元;尖头红鲌(*Erythroculter oxycephalus*)、逆鱼(*Acanthobrama simoni*)、鮠(*Leiocassis longirostris*)等 56 种淡水鱼类分布范围低于 10 个县域单元。其中,以似铜鮈(*Gobio coriparoides*)、细鳞鲑、香鱼、尖头银鱼等 22 种淡水鱼类分布范围最窄,均仅分布于 1 个县域单元。山东省淡水鱼类分布情况如表 3-2-5 所示。

山东省县域野生淡水鱼类分布范围差异较大(见图 3-2-6)。利津县、微山县、东平县种类较多,分别为 76 种、62 种和 54 种;滕州市、博兴县、淄川区等 32 个县域单元野生淡水鱼类为 30～40 种;荣成市、无棣县、沾化县等 54 个县域单元野生淡水鱼类为 20～29 种;垦利县、广饶县、文登市等 11 个县域单元野生淡水鱼类为 10～19 种;莱州市、招远市、海阳市等 19 个县域评价单元野生淡水鱼类均少于 10 种。

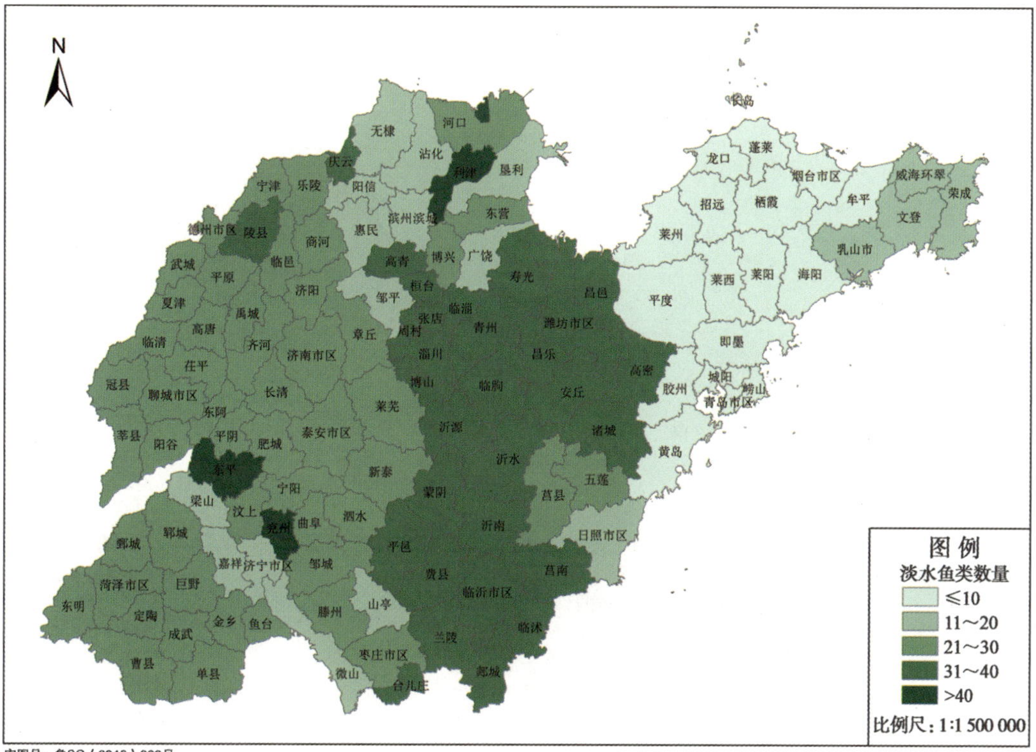

审图号:鲁SG(2018)069号

图 3-2-6　山东省淡水鱼类县域分布

第三节　野生维管束植物

一、野生维管束植物概况

山东省分布有野生维管束植物 1 498 种。其中,蕨类植物 25 科 40 属 96 种,占全省野生维管束植物总数的 6.4%;裸子植物门物种数量最少,为 3 科 3 属 4 种,分别为松科、柏科和麻黄科,仅占全省野生维管束植物总数的 0.3%;被子植物门物种数量最多,为 1 398种,占全省野生维管束植物总数的 93.3%,包括单子叶植物 21 科 151 属 359 种,双子叶植物 105 科 443 属 1 039 种。

山东省县域野生维管束植物种类为 151～1 009 种。55 个县域单元野生维管束植物种类低于 300 种,42 个县域单元野生维管束植物种类为 300～700 种, 22 个县域单元野生维管束植物种类超过 700 种。山东省野生维管束植物丰富度县域分布状况如图 3-3-1 所示。

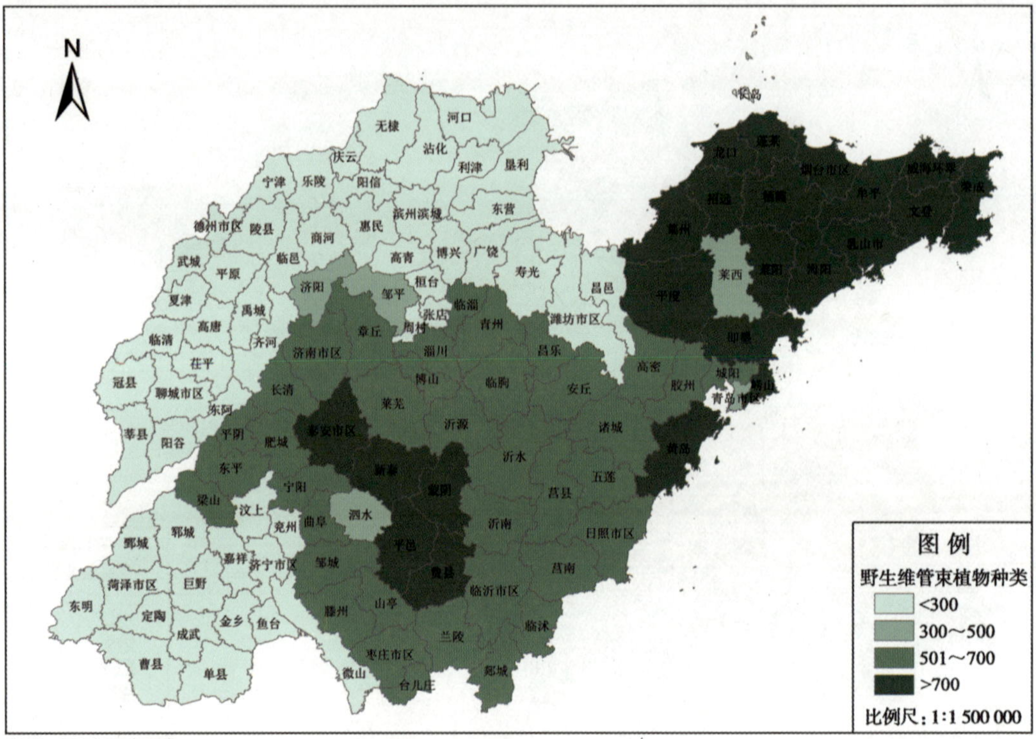

审图号:鲁SG(2018)069号

图 3-3-1　山东省野生维管束植物丰富度县域分布状况

二、蕨类植物

山东省分布有蕨类植物 96 种,分属 25 科 40 属。其中,以鳞毛蕨科种类最多,有 21 种,主要有:两色鳞毛蕨(*Dryopteris setosa*)、山东耳蕨(*Polystichum shandongense*)、镰羽贯众(*Cyrtomium balansae*)等;蹄盖蕨科植物 11 种,包括日本蹄盖蕨(*Athyrium niponicum*)、冷蕨(*Cystopteris fragilis*)、钝羽假蹄盖蕨(*Athyriopsis conilii*)等;卷柏科6种,包括卷柏(*Selaginella tamariscina*)、旱生卷柏(*Selaginella stuntoniana*)、蔓出卷柏(*Selaginella davidii*)等;铁角蕨科4种,包括过山蕨(*Camptosorus sibiricus*)、东海铁角蕨(*Asplenium castaneo-viride*)、虎尾铁角蕨(*Asplenium incisum*)等;苹科、槐叶苹科、骨碎补科等10科植物均仅有1种在山东省有分布,如苹(*Marsilea quadrifolia*)、槐叶苹(*Salvinia natans*)、骨碎补(*Davallia mariesii*)等。蕨类植物中芒萁(*Dicranopteris pedata*)为山东省重点保护植物,蒙山粉背蕨(*Aleuritopteris mengshanensis*)、山东鳞毛蕨(*Dryopteris shandongensis*)和假中华鳞毛蕨(*Dryopteris parachinensis*)为中国特有野生植物。山东省蕨类植物物种组成状况如表3-3-1所示。

山东省大多数蕨类植物分布范围较为狭窄,仅苹、问荆(*Equisetum arvense*)和节节草(*Hippochaete ramosissima*)3物种在全省广泛分布,93种蕨类植物分布范围为1~65个县域单元。细叶满江红(*Azolla filiculoides*)、狭叶瓶尔小草(*Ophioglossum thermale*)、芒萁等18个物种分布范围仅1个县域单元,阴地蕨(*Scepteridium ternatum*)、鲁山假蹄盖蕨(*Athyriopsis lushanensis*)、河北蛾眉蕨(*Lunathyrium vegetius*)等34个物种分布范围为2~5个县域单元,东北蹄盖蕨(*Athyrium brevifrons*)、山东肿足蕨(*Hypodematium sinense*)、钝齿铁角蕨(*Asplenium subvarians*)等17个物种分布范围为6~10个县域单元,狭顶鳞毛蕨(*Dryopteris lacera*)、修株肿足蕨(*Hypodematium gracile*)、戟叶耳蕨(*Polystichum tripteron*)等14个物种分布范围为11~50个县域评价单元,东亚岩蕨(*Woodsia intermedia*)、半岛鳞毛蕨(*Dryopteris peninsulae*)、卷柏等10个物种分布范围为51~65个县域评价单元。山东省蕨类植物分布状况如表3-3-1所示。

表3-3-1 山东省蕨类植物种类与分布情况

序号	中文名	学名	科名	属名	分布的县域单元数量
1	卷柏	*Selaginella tamariscina*	卷柏科	卷柏属	56
2	旱生卷柏	*Selaginella stuntoniana*	卷柏科	卷柏属	9
3	蔓出卷柏	*Selaginella davidii*	卷柏科	卷柏属	3
4	鹿角卷柏	*Selaginella rossii*	卷柏科	卷柏属	3
5	中华卷柏	*Selaginella sinensis*	卷柏科	卷柏属	65
6	小卷柏	*Selaginella helvetica*	卷柏科	卷柏属	8
7	问荆	*Equisetum arvense*	木贼科	问荆属	119
8	林下问荆	*Equisetum sylvaticum*	木贼科	问荆属	4
9	草问荆	*Equisetum pratense*	木贼科	问荆属	4
10	节节草	*Hippochaete ramosissima*	木贼科	木贼属	119
11	阴地蕨	*Scepteridium ternatum*	阴地蕨科	阴地蕨属	2
12	狭叶瓶尔小草	*Ophioglossum thermale*	瓶尔小草科	瓶尔小草属	1

续表

序号	中文名	学名	科名	属名	分布的县域单元数量
13	紫萁	*Osmunda japonica*	紫萁科	紫萁属	5
14	芒萁	*Dicranopteris pedata*	里白科	芒萁属	1
15	溪洞碗蕨	*Dennstaedtia wilfordii*	碗蕨科	碗蕨属	1
16	细毛碗蕨	*Dennstaedtia pilosella*	碗蕨科	碗蕨属	39
17	欧洲蕨	*Pteridium aquilinum*	蕨科	蕨属	19
18	井栏边草	*Pteris multifida*	凤尾蕨科	凤尾蕨属	7
19	刺齿半边旗	*Pteris dispar*	凤尾蕨科	凤尾蕨属	1
20	野雉尾金粉蕨	*Onychium jaonicum*	中国蕨科	金粉蕨属	1
21	雪白粉背蕨	*Aleuritopteris niphobola*	中国蕨科	粉背蕨属	5
22	银粉背蕨	*Aleuritopteris argentea*	中国蕨科	粉背蕨属	59
23	陕西粉背蕨	*Aleuritopteris shensiensis*	中国蕨科	粉背蕨属	56
24	蒙山粉背蕨	*Aleuritopteris mengshanensis*	中国蕨科	粉背蕨属	3
25	华北粉背蕨	*Leptolepidium kuhnii*	中国蕨科	粉背蕨属	1
26	普通铁线蕨	*Adiantum edgewothii*	铁线蕨科	铁线蕨属	5
27	团羽铁线蕨	*Adiantum capillus-junonis*	铁线蕨科	铁线蕨属	9
28	白背铁线蕨	*Adiantum davidii*	铁线蕨科	铁线蕨属	1
29	粗梗水蕨	*Ceratopteris pteridoides*	水蕨科	水蕨属	3
30	水蕨	*Ceratopteris thalictroides*	水蕨科	水蕨属	1
31	耳羽金毛裸蕨	*Gymnopteris bipinnata* var. *auriculata*	裸子蕨科	金毛裸蕨属	1
32	禾秆蹄盖蕨	*Athyrium yokoscense*	蹄盖蕨科	蹄盖蕨属	59
33	中华蹄盖蕨	*Athyrium sinense*	蹄盖蕨科	蹄盖蕨属	5
34	东北蹄盖蕨	*Athyrium brevifrons*	蹄盖蕨科	蹄盖蕨属	6
35	日本蹄盖蕨	*Athyrium niponicum*	蹄盖蕨科	蹄盖蕨属	59
36	冷蕨	*Cystopteris fragilis*	蹄盖蕨科	冷蕨属	1
37	钝羽假蹄盖蕨	*Athyriopsis conilii*	蹄盖蕨科	假蹄盖蕨属	7
38	中日假蹄盖蕨	*Athyriopsis kiusiana*	蹄盖蕨科	假蹄盖蕨属	1
39	鲁山假蹄盖蕨	*Athyriopsis lushanensis*	蹄盖蕨科	假蹄盖蕨属	2
40	山东假蹄盖蕨	*Athyriopsis shandongensis*	蹄盖蕨科	假蹄盖蕨属	3
41	东北蛾眉蕨	*Lunathyrium pycnosorum*	蹄盖蕨科	蛾眉蕨属	1

续表

序号	中文名	学名	科名	属名	分布的县域单元数量
42	河北蛾眉蕨	*Lunathyrium vegetius*	蹄盖蕨科	蛾眉蕨属	2
43	山东肿足蕨	*Hypodematium sinense*	肿足蕨科	肿足蕨属	6
44	修株肿足蕨	*Hypodematium gracile*	肿足蕨科	肿足蕨属	14
45	球腺肿足蕨	*Hypodematium glanduloso-pilomun*	肿足蕨科	肿足蕨属	1
46	鳞毛肿足蕨	*Hypodematium squamuloso-pilosum*	肿足蕨科	肿足蕨属	3
47	沼泽蕨	*Thelypteris palustris*	金星蕨科	沼泽蕨属	21
48	中日金星蕨	*Parathelypteris nipponica*	金星蕨科	金星蕨属	3
49	金星蕨	*Parathelypteris glanduligera*	金星蕨科	金星蕨属	2
50	延羽卵果蕨	*Phegopteris decursive-pinnata*	金星蕨科	卵果蕨属	7
51	渐尖毛蕨	*Cyclosorus acuminatus*	金星蕨科	毛蕨属	1
52	过山蕨	*Camptosorus sibiricus*	铁角蕨科	过山蕨属	58
53	东海铁角蕨	*Asplenium castaneo-viride*	铁角蕨科	铁角蕨属	4
54	虎尾铁角蕨	*Asplenium incisum*	铁角蕨科	铁角蕨属	49
55	钝齿铁角蕨	*Asplenium subvarians*	铁角蕨科	铁角蕨属	6
56	华中铁角蕨	*Asplenium sarelii*	铁角蕨科	铁角蕨属	2
57	变异铁角蕨	*Asplenium varians*	铁角蕨科	铁角蕨属	5
58	北京铁角蕨	*Asplenium pekinense*	铁角蕨科	铁角蕨属	6
59	球子蕨	*Onoclea sensibilis*	球子蕨科	球子蕨属	2
60	妙峰岩蕨	*Woodsia oblonga*	岩蕨科	岩蕨属	7
61	大囊岩蕨	*Woodsia macrochlaena*	岩蕨科	岩蕨属	2
62	耳羽岩蕨	*Woodsia polystichoides*	岩蕨科	岩蕨属	8
63	东亚岩蕨	*Woodsia intermedia*	岩蕨科	岩蕨属	55
64	膀胱蕨	*Protowoodsia manchuriensis*	岩蕨科	膀胱蕨属	10
65	半岛鳞毛蕨	*Dryopteris peninsulae*	鳞毛蕨科	鳞毛蕨属	55
66	狭顶鳞毛蕨	*Dryopteris lacera*	鳞毛蕨科	鳞毛蕨属	12
67	细叶鳞毛蕨	*Dryopteris woodsiisora*	鳞毛蕨科	鳞毛蕨属	5
68	华北鳞毛蕨	*Dryopteris goeringiana*	鳞毛蕨科	鳞毛蕨属	4
69	山东鳞毛蕨	*Dryopteris shandongensis*	鳞毛蕨科	鳞毛蕨属	2
70	中华鳞毛蕨	*Dryopteris chinensis*	鳞毛蕨科	鳞毛蕨属	25
71	裸叶鳞毛蕨	*Dryopteris gymnophylla*	鳞毛蕨科	鳞毛蕨属	24

续表

序号	中文名	学名	科名	属名	分布的县域单元数量
72	阔鳞鳞毛蕨	*Dryopteris championii*	鳞毛蕨科	鳞毛蕨属	2
73	假中华鳞毛蕨	*Dryopteris parachinensis*	鳞毛蕨科	鳞毛蕨属	3
74	棕边鳞毛蕨	*Dryopteris sacrosancta*	鳞毛蕨科	鳞毛蕨属	22
75	两色鳞毛蕨	*Dryopteris setosa*	鳞毛蕨科	鳞毛蕨属	21
76	假异鳞毛蕨	*Dryopteris immixta*	鳞毛蕨科	鳞毛蕨属	4
77	刺头复叶耳蕨	*Arachniodes exilis*	鳞毛蕨科	复叶耳蕨属	1
78	山东耳蕨	*Polystichum shandongense*	鳞毛蕨科	耳蕨属	3
79	鞭叶耳蕨	*Polystichum craspedosorum*	鳞毛蕨科	耳蕨属	6
80	戟叶耳蕨	*Polystichum tripteron*	鳞毛蕨科	耳蕨属	15
81	对马耳蕨	*Polystichum tsus-simense*	鳞毛蕨科	耳蕨属	1
82	镰羽贯众	*Cyrtomium balansae*	鳞毛蕨科	贯众属	1
83	全缘贯众	*Cyrtomium falcatum*	鳞毛蕨科	贯众属	4
84	山东贯众	*Cyrtomium shandongense*	鳞毛蕨科	贯众属	3
85	贯众	*Cyrtomium fortunei*	鳞毛蕨科	贯众属	3
86	骨碎补	*Davallia mariesii*	骨碎补科	骨碎补属	20
87	有边瓦韦	*Lepisorus marginatus*	水龙骨科	瓦韦属	2
88	瓦韦	*Lepisorus thunbergianus*	水龙骨科	瓦韦属	19
89	乌苏里瓦韦	*Lepisorus ussuriensis*	水龙骨科	瓦韦属	9
90	华北石韦	*Pyrrosia davidii*	水龙骨科	石韦属	6
91	有柄石韦	*Pyrrosia petiolosa*	水龙骨科	石韦属	59
92	金鸡脚假瘤蕨	*Phymatopteris hastate*	水龙骨科	假瘤蕨属	19
93	苹	*Marsilea quadrifolia*	苹科	苹属	118
94	槐叶苹	*Salvinia natans*	槐叶苹科	槐叶苹属	7
95	满江红	*Azolla imbricata*	满江红科	满江红属	4
96	细叶满江红	*Azolla filiculoides*	满江红科	满江红属	1

山东省县域蕨类植物丰富度不均一(见图 3-3-2)。平邑县蕨类植物最丰富，为 57 种；崂山区、泰安市区、蒙阴县等 4 个县域蕨类植物种类均在 40 种以上；文登市、蓬莱市、栖霞市等 18 个县域蕨类植物种类为 21～40 种，即墨市、沂水县、临朐县等 37 个县域蕨类植物种类为 10～20 种；李沧区、临淄区、长岛县等 59 个县域蕨类植物种类均低于 10 种。

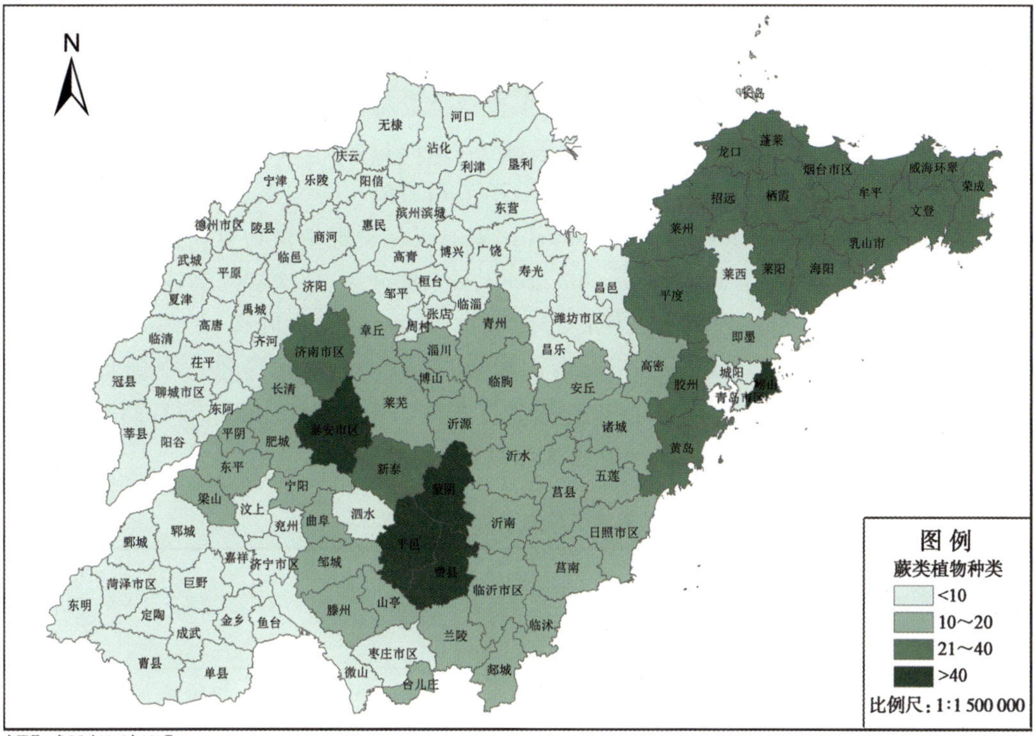

审图号：鲁SG（2018）069号

图 3-3-2 山东省蕨类植物丰富度县域分布

三、裸子植物

山东省分布有野生裸子植物 4 种，分别为赤松（*Pinus densiflora*）、油松（*Pinus tabulaeformis*）、侧柏（*Platycladus orientalis*）和草麻黄（*Ephedra sinica*），其中油松为中国特有植物。

野生侧柏在 119 个县域单元均有分布，赤松分布范围为 13 个县域单元，分别为黄岛区、崂山区、胶州市、烟台市区、牟平区、长岛县、龙口市、莱州市、蓬莱市、环翠区、文登市、荣成市和乳山市，油松和草麻黄分布范围均为 6 个县域单元，油松分布于临朐县、泰安市区、沂水县、费县、平邑县和蒙阴县等 6 个县域单元，草麻黄分布于利津县、牟平区、莱州市、蓬莱市、无棣县和沾化县等 6 个县域单元。

四、被子植物

被子植物是山东省分布最广、种类最多的植物类群，具有极其广泛的适应性，被子植物的习性、形态和大小差别很大。山东省 1398 种被子植物分属 124 科 594 属。其中以禾本科和菊科物种最多，分别为 137 种和 121 种。禾本科植物有早熟禾（*Poa annua*）、星星草（*Puccinellia tenuiflora*）、硬草（*Sclerochloa kenggiana*）等，菊科植物包括甘菊（*Dendranthema lavandulifolium*）、石胡荽（*Centipeda minima*）、莳萝蒿（*Artemisia anethoides*）等。蔷薇科、豆科、莎草科植物种类数分别为 68 种、78 种和 82 种。毛茛科、伞形科、十字花科等6科植物种类数为30～60种。胡麻科、槲寄生科、苦苣苔科等12科植物均仅有1种在山东省有分布，如茶菱（*Trapella sinensis*）、槲寄生（*Viseum coloratum*）、旋蒴苣苔（*Boea hygrometrica*）等。被子植物中包括受威胁植物7种，其中极危1种，为矮鸢尾（*Iris kobayashii*）；易危6种，分别为天麻（*Gastrodia elata*）、玫瑰（*Rosa rugosa*）、山东万寿竹（*Disporum smilacinum*）、珊瑚菜（*Glehnia littoralis*）、黄芪（*Astragalus membranaceus*）和泰山韭（*Allium taishanense*）。国家二级保护野生植物有5种，分别为紫椴（*Tilia amurensis*）、大叶榉（*Zelkova schneideriana*）、珊瑚菜、中华结缕草（*Zoysia sinica*）和野大豆（*Glycine soja*）；省级重点保护野生植物45种，包括尖叶梣（*Fraxinus szaboana*）、青岛百合（*Lilium tsingtauense*）、泰山椴（*Tilia taishanensis*）等。中国特有植物225种，包括虎掌（*Pinellia pedatisecta*）、华北百蕊草（*Thesium cathaicum*）、鹤草（*Silene fortunei*）等。山东省被子植物物种组成状况如表3-3-2所示。

表3-3-2 山东省被子植物种类与分布情况

序号	中文名	学名	科名	属名	分布的县域单元数量
1	香蒲	*Typha orientalis*	香蒲科	香蒲属	118
2	小香蒲	*Typha minima*	香蒲科	香蒲属	118
3	无苞香蒲	*Typha laxmannii*	香蒲科	香蒲属	115
4	长苞香蒲	*Typha angustata*	香蒲科	香蒲属	116
5	水烛	*Typha angustifolia*	香蒲科	香蒲属	117
6	黑三棱	*Sparganium stoloniferum*	黑三棱科	黑三棱属	118
7	水麦冬	*Triglochin palustre*	眼子菜科	水麦冬属	22
8	海韭菜	*Triglochin maritimum*	眼子菜科	水麦冬属	20
9	浮叶眼子菜	*Potamogeton natans*	眼子菜科	眼子菜属	3
10	眼子菜	*Potamogeton distinctus*	眼子菜科	眼子菜属	4
11	鸡冠眼子菜	*Potamogeton cristatus*	眼子菜科	眼子菜属	2
12	竹叶眼子菜	*Potamogeton malaianus*	眼子菜科	眼子菜属	117
13	光叶眼子菜	*Potamogeton lucens*	眼子菜科	眼子菜属	4
14	穿叶眼子菜	*Potamogeton perfoliatus*	眼子菜科	眼子菜属	1
15	菹草	*Potamogeton crispus*	眼子菜科	眼子菜属	118
16	微齿眼子菜	*Potamogeton maackianu*	眼子菜科	眼子菜属	4
17	篦齿眼子菜	*Potamogeton pectinatus*	眼子菜科	眼子菜属	118
18	小眼子菜	*Potamogeton pusillus*	眼子菜科	眼子菜属	118
19	川蔓藻	*Ruppia maritima*	眼子菜科	川蔓藻属	26

续表

序号	中文名	学名	科名	属名	分布的县域单元数量
20	角果藻	*Zannichellia palustris*	茨藻科	角果藻属	5
21	大茨藻	*Najas marina*	茨藻科	茨藻属	5
22	小茨藻	*Najas minor*	茨藻科	茨藻属	117
23	东方泽泻	*Alisma orientale*	泽泻科	泽泻属	118
24	窄叶泽泻	*Alisma canaliculatum*	泽泻科	泽泻属	1
25	野慈姑	*Sagittaria trifolia*	泽泻科	慈姑属	117
26	花蔺	*Butomus umbellatus*	花蔺科	花蔺属	4
27	水鳖	*Hydrocharis dubia*	水鳖科	水鳖属	3
28	黑藻	*Hydrilla verticillata*	水鳖科	黑藻属	117
29	苦草	*Vallisneria natans*	水鳖科	苦草属	5
30	假稻	*Leersia japonica*	禾本科	假稻属	3
31	秕壳草	*Leersia sayanuka*	禾本科	假稻属	4
32	菰	*Zizania latifolia*	禾本科	菰属	4
33	芦苇	*Phragmites australis*	禾本科	芦苇属	118
34	龙常草	*Diarrhena manshurica*	禾本科	龙常草属	45
35	华北臭草	*Melica onoei*	禾本科	臭草属	9
36	大花臭草	*Melica grandiflora*	禾本科	臭草属	64
37	臭草	*Melica scabrosa*	禾本科	臭草属	63
38	细叶臭草	*Melica radula*	禾本科	臭草属	63
39	假鼠妇草	*Glyceria leptolepis*	禾本科	甜茅属	2
40	紫羊茅	*Festuca rubra*	禾本科	羊茅属	15
41	羊茅	*Festuca ovina*	禾本科	羊茅属	16
42	苇状羊茅	*Festuca arundinacea*	禾本科	羊茅属	19
43	远东羊茅	*Festuca extremiorientalis*	禾本科	羊茅属	14
44	小颖羊茅	*Festuca parvigluma*	禾本科	羊茅属	22
45	草地早熟禾	*Poa pratensis*	禾本科	早熟禾属	48
46	坎博早熟禾	*Poa ranboensis*	禾本科	早熟禾属	22
47	法氏早熟禾	*Poa faberi*	禾本科	早熟禾属	64
48	硬质早熟禾	*Poa sphondylodes*	禾本科	早熟禾属	64
49	白顶早熟禾	*Poa acroleuca*	禾本科	早熟禾属	118

续表

序号	中文名	学名	科名	属名	分布的县域单元数量
50	早熟禾	*Poa annua*	禾本科	早熟禾属	118
51	星星草	*Puccinellia tenuiflora*	禾本科	碱茅属	48
52	鹤甫碱茅	*Puccinellia hauptiana*	禾本科	碱茅属	11
53	硬草	*Sclerochloa kenggiana*	禾本科	硬草属	2
54	疏花雀麦	*Bromus remotiflorus*	禾本科	雀麦属	20
55	雀麦	*Bromus japonicus*	禾本科	雀麦属	63
56	肥披碱草	*Elymus excelsus*	禾本科	披碱草属	3
57	披碱草	*Elymus dahuricus*	禾本科	披碱草属	1
58	滨麦	*Leymus mollis*	禾本科	赖草属	18
59	羊草	*Leymus chinensis*	禾本科	赖草属	22
60	竖立鹅观草	*Roegneria japonensis*	禾本科	鹅观草属	63
61	纤毛鹅观草	*Roegneria ciliaris*	禾本科	鹅观草属	64
62	缘毛鹅观草	*Roegneria pendulina*	禾本科	鹅观草属	22
63	东瀛鹅观草	*Roegneria mayebarana*	禾本科	鹅观草属	64
64	鹅观草	*Roegneria kamoji*	禾本科	鹅观草属	65
65	偃麦草	*Elytrigia repens*	禾本科	偃麦草属	21
66	菭草	*Koeleria cristata*	禾本科	菭草属	65
67	三毛草	*Trisetum bifidum*	禾本科	三毛草属	21
68	发草	*Deschampsia caespitosa*	禾本科	发草属	12
69	虉草	*Phalaris arundinacea*	禾本科	虉草属	22
70	光稃茅香	*Hierochloe glabra*	禾本科	茅香属	31
71	茅香	*Hierochloe odorata*	禾本科	茅香属	22
72	野青茅	*Deyeuxia arundinacea*	禾本科	野青茅属	63
73	拂子茅	*Calamagrostis epigeios*	禾本科	拂子茅属	118
74	大拂子茅	*Calamagrostis macrolepis*	禾本科	拂子茅属	22
75	假苇拂子茅	*Calamagrostis pseudophragmites*	禾本科	拂子茅属	117
76	巨序剪股颖	*Agrostis gigantea*	禾本科	剪股颖属	38
77	华北剪股颖	*Agrostis clavata*	禾本科	剪股颖属	22
78	西伯利亚剪股颖	*Agrostis sibirica*	禾本科	剪股颖属	2
79	山东剪股颖	*Agrostis shandongensis*	禾本科	剪股颖属	2

续表

序号	中文名	学名	科名	属名	分布的县域单元数量
80	昆嵛山剪股颖	*Agrostis trasmorrisonensis*	禾本科	剪股颖属	2
81	棒头草	*Polypogon fugax*	禾本科	棒头草属	8
82	长芒棒头草	*Polypogon monspeliensis*	禾本科	棒头草属	22
83	菵草	*Beckmannia syzigachne*	禾本科	菵草属	118
84	看麦娘	*Alopecurus aequalis*	禾本科	看麦娘属	117
85	日本看麦娘	*Alopecurus japonicus*	禾本科	看麦娘属	11
86	长芒草	*Stipa bungeana*	禾本科	针茅属	22
87	京芒草	*Achnatherum pekinense*	禾本科	芨芨草属	22
88	獐毛	*Aeluropus sinensis*	禾本科	獐毛属	10
89	鸭茅	*Dactylis glomerata*	禾本科	鸭茅属	18
90	大画眉草	*Eragrostis cilianensis*	禾本科	画眉草属	118
91	小画眉草	*Eragrostis minor*	禾本科	画眉草属	118
92	知风草	*Eragrostis ferruginea*	禾本科	画眉草属	118
93	画眉草	*Eragrostis pilosa*	禾本科	画眉草属	117
94	秋画眉草	*Eragrostis autumnalis*	禾本科	画眉草属	61
95	乱草	*Eragrostis japonica*	禾本科	画眉草属	17
96	糙隐子草	*Cleistogenes squarrosa*	禾本科	隐子草属	1
97	北京隐子草	*Cleistogenes hancei*	禾本科	隐子草属	62
98	多叶隐子草	*Cleistogenes polyphylla*	禾本科	隐子草属	2
99	朝阳隐子草	*Cleistogenes hackeli*	禾本科	隐子草属	44
100	丛生隐子草	*Cleistogenes caespitosa*	禾本科	隐子草属	45
101	双稃草	*Diplachne fusca*	禾本科	双稃草属	117
102	千金子	*Leptochloa chinensis*	禾本科	千金子属	54
103	虮子草	*Leptochloa panicea*	禾本科	千金子属	2
104	中华草沙蚕	*Tripogon chinensis*	禾本科	草沙蚕属	118
105	牛筋草	*Eleusine indica*	禾本科	穇属	118
106	虎尾草	*Chloris virgata*	禾本科	虎尾草属	117
107	狗牙根	*Cynodon dactylon*	禾本科	狗牙根属	118
108	鼠尾粟	*Sporobolus fertilis*	禾本科	鼠尾粟属	61

续表

序号	中文名	学名	科名	属名	分布的县域单元数量
109	隐花草	*Crypsis aculeata*	禾本科	隐花草属	22
110	蔺状隐花草	*Crypsis schoenoides*	禾本科	隐花草属	21
111	日本乱子草	*Muhlenbergia japonica*	禾本科	乱子草属	38
112	乱子草	*Muhlenbergia hugelii*	禾本科	乱子草属	58
113	多枝乱子草	*Muhlenbergia ramosa*	禾本科	乱子草属	1
114	三芒草	*Aristida adscensionis*	禾本科	三芒草属	21
115	茅根	*Perotis indica*	禾本科	茅根属	22
116	大穗结缕草	*Zoysia macrostachya*	禾本科	结缕草属	6
117	结缕草	*Zoysia japonica*	禾本科	结缕草属	44
118	中华结缕草	、*Zoysia sinica*	禾本科	结缕草属	43
119	虱子草	*Tragus berteronianus*	禾本科	锋芒草属	118
120	锋芒草	*Tragus racemosus*	禾本科	锋芒草属	118
121	野古草	*Arundinella anomala*	禾本科	野古草属	63
122	柳叶箬	*Isachne globosa*	禾本科	柳叶箬属	118
123	糠稷	*Panicum bisulcatum*	禾本科	黍属	42
124	细柄黍	*Panicum psilopodium*	禾本科	黍属	118
125	囊颖草	*Sacciolepis indica*	禾本科	囊颖草属	36
126	求米草	*Oplismenus undulatifolius*	禾本科	求米草属	9
127	稗	*Echinochloa crusgalli*	禾本科	稗属	118
128	长芒稗	*Echinochloa caudata*	禾本科	稗属	117
129	野黍	*Eriochloa villosa*	禾本科	野黍属	72
130	雀稗	*Paspalum thunbergii*	禾本科	雀稗属	50
131	双穗雀稗	*Paspalum paspaloides*	禾本科	雀稗属	36
132	紫马唐	*Digitaria violascens*	禾本科	马唐属	67
133	止血马唐	*Digitaria ischaemum*	禾本科	马唐属	118
134	马唐	*Digitaria sanguinalis*	禾本科	马唐属	119
135	升马唐	*Digitaria ciliaris*	禾本科	马唐属	118
136	毛马唐	*Digitaria chrysoblephara*	禾本科	马唐属	118
137	大狗尾草	*Setaria faberii*	禾本科	狗尾草属	118

续表

序号	中文名	学名	科名	属名	分布的县域单元数量
138	狗尾草	*Setaria viridis*	禾本科	狗尾草属	119
139	金色狗尾草	*Setaria glauca*	禾本科	狗尾草属	117
140	狼尾草	*Pennisetum alopecuroides*	禾本科	狼尾草属	62
141	白草	*Pennisetum centrasiaticum*	禾本科	狼尾草属	22
142	瘦瘠伪针茅	*Pseudoraphis sordida*	禾本科	伪针茅属	47
143	芒	*Miscanthus sinensis*	禾本科	芒属	118
144	荻	*Triarrhena sacchariflora*	禾本科	荻属	118
145	丝茅	*Imperata koenigii*	禾本科	白茅属	118
146	白茅	*Imperata cylindrica*	禾本科	白茅属	118
147	大油芒	*Spodiopogon sibiricus*	禾本科	大油芒属	62
148	油芒	*Eccoilopus cotulifer*	禾本科	油芒属	22
149	柔枝莠竹	*Microstegium vimineum*	禾本科	莠竹属	66
150	金茅	*Eulalia speciosa*	禾本科	黄金茅属	66
151	多脉高粱	*Sorghum nervosum*	禾本科	高粱属	117
152	光高粱	*Sorghum nitidum*	禾本科	高粱属	18
153	白羊草	*Bothriochloa ischaemum*	禾本科	孔颖草属	62
154	细柄草	*Capillipedium parviflorum*	禾本科	细柄草属	63
155	硬秆子草	*Capillipedium assimile*	禾本科	细柄草属	4
156	毛鸭嘴草	*Ischaemum antephoroides*	禾本科	鸭嘴草属	66
157	鸭嘴草	*Ischaemum aristatum*	禾本科	鸭嘴草属	22
158	橘草	*Cymbopogon goeringii*	禾本科	香茅属	62
159	裂稃草	*Schizachyrium brevifolium*	禾本科	裂稃茅属	62
160	矛叶荩草	*Arthraxon lanceolatus*	禾本科	荩草属	118
161	荩草	*Arthraxon hispidus*	禾本科	荩草属	118
162	黄背草	*Themeda triandra*	禾本科	菅属	63
163	束尾草	*Phacelurus latifolius*	禾本科	束尾草属	17
164	牛鞭草	*Hemarthria altissima*	禾本科	牛鞭草属	119
165	假俭草	*Eremochloa ophiuroides*	禾本科	蜈蚣草属	2
166	荆三棱	*Scirpus yalgara*	莎草科	藨草属	5

续表

序号	中文名	学名	科名	属名	分布的县域单元数量
167	扁杆藨草	*Scirpus planiculmis*	莎草科	藨草属	27
168	华东藨草	*Scirpus karuizawensis*	莎草科	藨草属	4
169	荣成藨草	*Scirpus rongchengensis*	莎草科	藨草属	3
170	剑苞藨草	*Scirpus ehrenberglii*	莎草科	藨草属	1
171	三棱水葱	*Schoenoplectus triqueter*	莎草科	水葱属	6
172	水葱	*Schoenoplectus tabernaemontani*	莎草科	水葱属	3
173	水毛花	*Scirpus triangulatus*	莎草科	藨草属	1
174	萤蔺	*Scirpus juncoides*	莎草科	藨草属	8
175	线状匍匐茎藨草	*Scirpus lineolatus*	莎草科	藨草属	1
176	毛芙兰草	*Fuirena ciliaris*	莎草科	芙兰草属	4
177	荸荠	*Heleocharis dulcis*	莎草科	荸荠属	2
178	牛毛毡	*Heleocharis yokoscensis*	莎草科	荸荠属	66
179	羽毛荸荠	*Heleocharis wichurai*	莎草科	荸荠属	1
180	龙师草	*Heleocharis tetraquetra*	莎草科	荸荠属	23
181	紫果蔺	*Heleocharis atropurpurea*	莎草科	荸荠属	2
182	刚毛荸荠	*Heleocharis valleculosa*	莎草科	荸荠属	118
183	丝叶球柱草	*Bulbostylis densa*	莎草科	球柱草属	4
184	球柱草	*Bulbostylis barbata*	莎草科	球柱草属	11
185	烟台飘拂草	*Fimbristylis stauntoni*	莎草科	飘拂草属	8
186	秋飘拂草	*Fimbristylis autummatis*	莎草科	飘拂草属	1
187	扁鞘飘拂草	*Fimbristylis complanata*	莎草科	飘拂草属	6
188	水虱草	*Fimbristylis miliacea*	莎草科	飘拂草属	2
189	两歧飘拂草	*Fimbristylis dichotoma*	莎草科	飘拂草属	10
190	长穗飘拂草	*Fimbristylis longispica*	莎草科	飘拂草属	1
191	弱锈鳞飘拂草	*Fimbristylis ferrugineae*	莎草科	飘拂草属	7
192	双穗飘拂草	*Fimbristylis subbispicata*	莎草科	飘拂草属	6
193	畦畔飘拂草	*Fimbristylis squarrosa*	莎草科	飘拂草属	3
194	短尖飘拂草	*Fimbristylis makinoana*	莎草科	飘拂草属	1
195	复序飘拂草	*Fimbristylis bisumbellata*	莎草科	飘拂草属	5

续表

序号	中文名	学名	科名	属名	分布的县域单元数量
196	华刺子莞	*Rhynchospora chinensis*	莎草科	刺子莞属	1
197	细叶刺子莞	*Rhynchospora faberi*	莎草科	刺子莞属	2
198	华湖瓜草	*Lipocarpha chinensis*	莎草科	湖瓜草属	21
199	香附子	*Cyperus rotundus*	莎草科	莎草属	117
200	头状穗莎草	*Cyperus glomeratus*	莎草科	莎草属	11
201	高秆莎草	*Cyperus exaltatus*	莎草科	莎草属	2
202	碎米莎草	*Cyperus iria*	莎草科	莎草属	118
203	具芒碎米莎草	*Cyperus microiria*	莎草科	莎草属	118
204	阿穆尔莎草	*Cyperus amuricus*	莎草科	莎草属	4
205	三轮草	*Cyperus orthostachyus*	莎草科	莎草属	3
206	扁穗莎草	*Cyperus compressus*	莎草科	莎草属	3
207	长尖莎草	*Cyperus cuspidatus*	莎草科	莎草属	4
208	褐穗莎草	*Cyperus fuscus*	莎草科	莎草属	9
209	异型莎草	*Cyperus difformis*	莎草科	莎草属	117
210	山东白鳞莎草	*Cyperus shandongense*	莎草科	莎草属	2
211	旋鳞莎草	*Cyperus michelianus*	莎草科	莎草属	6
212	白鳞莎草	*Cyperus nipponicus*	莎草科	莎草属	118
213	水莎草	*Juncellus serotinus*	莎草科	水莎草属	7
214	红鳞扁莎	*Pycreus sanguinolentus*	莎草科	扁莎属	66
215	球穗扁莎	*Pycreus globosus*	莎草科	扁莎属	117
216	无刺鳞水蜈蚣	*Kyllinga brevifolia*	莎草科	水蜈蚣属	65
217	辐射砖子苗	*Mariscus radians*	莎草科	砖子苗属	4
218	球序断节莎	*Torulinium ferax*	莎草科	断节莎属	2
219	小型珍珠茅	*Scleria parvula*	莎草科	珍珠茅属	1
220	白头山薹草	*Carex peiktusani*	莎草科	薹草属	2
221	二形鳞薹草	*Carex dimorpholepis*	莎草科	薹草属	4
222	乳突薹草	*Carex maximowiczii*	莎草科	薹草属	2
223	异鳞薹草	*Carex heterolepis*	莎草科	薹草属	4
224	青绿薹草	*Carex breviculmis*	莎草科	薹草属	66

续表

序号	中文名	学名	科名	属名	分布的县域单元数量
225	豌豆形薹草	*Carex pisiformis*	莎草科	薹草属	1
226	绿囊薹草	*Carex hypochlora*	莎草科	薹草属	2
227	仲氏薹草	*Carex chungii*	莎草科	薹草属	2
228	江苏薹草	*Carex kiangsuensis*	莎草科	薹草属	2
229	大披针薹草	*Carex lanceolata*	莎草科	薹草属	63
230	低矮薹草	*Carex humilis*	莎草科	薹草属	61
231	宽叶薹草	*Carex siderosticta*	莎草科	薹草属	65
232	锥囊薹草	*Carex raddei*	莎草科	薹草属	2
233	青岛薹草	*Carex qingdaoensis*	莎草科	薹草属	2
234	矮生薹草	*Carex pumila*	莎草科	薹草属	23
235	糙叶薹草	*Carex scabrifolia*	莎草科	薹草属	25
236	日本薹草	*Carex japonica*	莎草科	薹草属	65
237	唐进薹草	*Carex tangiana*	莎草科	薹草属	3
238	叉齿薹草	*Carex gotoi*	莎草科	薹草属	2
239	异穗薹草	*Carex heterostachya*	莎草科	薹草属	4
240	溪水薹草	*Carex forficula*	莎草科	薹草属	62
241	发秆薹草	*Carex capillacea*	莎草科	薹草属	2
242	二柱薹草	*Carex lithophila*	莎草科	薹草属	2
243	胶东薹草	*Carex jiaodongensis*	莎草科	薹草属	1
244	白颖薹草	*Carex duriuscula*	莎草科	薹草属	119
245	翼果薹草	*Carex neurocarpa*	莎草科	薹草属	66
246	尖嘴薹草	*Carex leiorhyncha*	莎草科	薹草属	66
247	筛草	*Carex kobomugi*	莎草科	薹草属	9
248	菖蒲	*Acorus calamus*	天南星科	菖蒲属	118
249	半夏	*Pinellia ternata*	天南星科	半夏属	62
250	虎掌	*Pinellia pedatisecta*	天南星科	半夏属	61
251	独角莲	*Typhonium giganteum*	天南星科	犁头尖属	5
252	东北南星	*Arisaema amurense*	天南星科	天南星属	66
253	天南星	*Arisaema heterophyllum*	天南星科	天南星属	3

续表

序号	中文名	学名	科名	属名	分布的县域单元数量
254	芜萍	*Wolffia arrhiza*	浮萍科	芜萍属	117
255	紫萍	*Spirodela polyrrhiza*	浮萍科	紫萍属	118
256	品藻	*Lemna trisulca*	浮萍科	浮萍属	5
257	浮萍	*Lemna minor*	浮萍科	浮萍属	117
258	长苞谷精草	*Eriocaulon decemflorum*	谷精草科	谷精草属	1
259	玉龙山谷精草	*Eriocaulon rockianum*	谷精草科	谷精草属	1
260	菲律宾谷精草	*Eriocaulon merrillii*	谷精草科	谷精草属	1
261	白药谷精草	*Eriocaulon cinereum*	谷精草科	谷精草属	11
262	泰山谷精草	*Eriocaulon taishanense*	谷精草科	谷精草属	2
263	竹叶子	*Streptolirion volubile*	鸭跖草科	竹叶子属	5
264	鸭跖草	*Commelina communis*	鸭跖草科	鸭跖草属	63
265	饭包草	*Commelina bengalensis*	鸭跖草科	鸭跖草属	5
266	裸花水竹叶	*Murdannia nudiflora*	鸭跖草科	水竹叶属	62
267	水竹叶	*Murdannia triquetra*	鸭跖草科	水竹叶属	3
268	雨久花	*Monochoria korsakowii*	雨久花科	雨久花属	117
269	鸭舌草	*Monochoria vaginalis*	雨久花科	雨久花属	117
270	小灯心草	*Juncus bufonius*	灯心草科	灯心草属	3
271	灯心草	*Juncus effusus*	灯心草科	灯心草属	117
272	扁茎灯心草	*Juncus compressus*	灯心草科	灯心草属	4
273	坚被灯心草	*Juncus tenuis*	灯心草科	灯心草属	3
274	洮南灯心草	*Juncus taonanensis*	灯心草科	灯心草属	2
275	翅茎灯心草	*Juncus alatus*	灯心草科	灯心草属	24
276	星花灯心草	*Juncus diastrophanthus*	灯心草科	灯心草属	3
277	小花灯心草	*Juncus articulatus*	灯心草科	灯心草属	3
278	乳头灯心草	*Juncus papillosus*	灯心草科	灯心草属	3
279	针灯心草	*Juncus wallichianus*	灯心草科	灯心草属	2
280	直立百部	*Stemona sessilifolia*	百部科	百部属	9
281	山东百部	*Stemona shandongensis*	百部科	百部属	2
282	南玉带	*Asparagus oligoclonos*	百合科	天门冬属	66

续表

序号	中文名	学名	科名	属名	分布的县域单元数量
283	攀援天门冬	*Asparagus brachyphyllus*	百合科	天门冬属	17
284	龙须菜	*Asparagus schoberioides*	百合科	天门冬属	63
285	天门冬	*Asparagus cochinchinensis*	百合科	天门冬属	4
286	兴安天门冬	*Asparagus dauricus*	百合科	天门冬属	23
287	石刁柏	*Asparagus officinalis*	百合科	天门冬属	5
288	长花天门冬	*Asparagus longiflorus*	百合科	天门冬属	4
289	菝葜	*Smilax china*	百合科	菝葜属	25
290	华东菝葜	*Smilax sieboldii*	百合科	菝葜属	66
291	鞘柄菝葜	*Smilax stans*	百合科	菝葜属	24
292	白背牛尾菜	*Smilax nipponica*	百合科	菝葜属	3
293	牛尾菜	*Smilax riparia*	百合科	菝葜属	9
294	禾叶山麦冬	*Liriope graminifolia*	百合科	山麦冬属	7
295	山麦冬	*Liriope spicata*	百合科	山麦冬属	62
296	阔叶山麦冬	*Liriope platyphylla*	百合科	山麦冬属	62
297	麦冬	*Ophiopogon japonicus*	百合科	沿阶草属	4
298	铃兰	*Convallaria majalis*	百合科	铃兰属	62
299	粉条儿菜	*Aletris spicam*	百合科	粉条儿菜属	66
300	黄花菜	*Hemerocallis citrina*	百合科	萱草属	63
301	北黄花菜	*Hemerocallis lilioasphodelus*	百合科	萱草属	62
302	小黄花菜	*Hemerocallis minor*	百合科	萱草属	62
303	萱草	*Hemerocallis fulva*	百合科	萱草属	6
304	知母	*Anemarrhena asphodeloides*	百合科	知母属	6
305	鹿药	*Smilacina japonica*	百合科	鹿药属	66
306	黄精	*Polygonatum sibiricum*	百合科	黄精属	45
307	二苞黄精	*Polygonatum involucraum*	百合科	黄精属	5
308	玉竹	*Polygonatum odoratum*	百合科	黄精属	62
309	热河黄精	*Polygonatum macropodium*	百合科	黄精属	66
310	山东万寿竹	*Disporum smilacinum*	百合科	万寿竹属	3
311	宝铎草	*Disporum sessile*	百合科	万寿竹属	10

续表

序号	中文名	学名	科名	属名	分布的县域单元数量
312	茖葱	*Allium victorialis*	百合科	葱属	3
313	细叶韭	*Allium tenuissimum*	百合科	葱属	62
314	矮韭	*Allium anisopodium*	百合科	葱属	2
315	长梗韭	*Allium neriniflorum*	百合科	葱属	1
316	野韭	*Allium ramosum*	百合科	葱属	118
317	碱韭	*Allium polyrhizum*	百合科	葱属	2
318	矮齿韭	*Allium brevidentatum*	百合科	葱属	3
319	薤白	*Allium macrostemon*	百合科	葱属	61
320	球序韭	*Allium thunbergii*	百合科	葱属	20
321	黄花葱	*Allium condensatum*	百合科	葱属	1
322	泰山韭	*Allium taishanense*	百合科	葱属	62
323	藜芦	*Veratrum nigrum*	百合科	藜芦属	5
324	狭叶藜芦	*Veratrum stenophyllum*	百合科	藜芦属	2
325	毛穗藜芦	*Veratrum maackii*	百合科	藜芦属	4
326	绵枣儿	*Scilla scilloides*	百合科	绵枣儿属	63
327	野百合	*Lilium brownii*	百合科	百合属	49
328	渥丹	*Lilium concolor*	百合科	百合属	62
329	山丹	*Lilium pumilum*	百合科	百合属	5
330	卷丹	*Lilium lancifolium*	百合科	百合属	62
331	青岛百合	*Lilium tsingtauense*	百合科	百合属	4
332	老鸦瓣	*Tulipa edulis*	百合科	郁金香属	61
333	顶冰花	*Gagea lutea*	百合科	顶冰花属	3
334	鹿葱	*Lycoris squamigera*	石蒜科	石蒜属	2
335	穿龙薯蓣	*Dioscorea nipponica*	薯蓣科	薯蓣属	66
336	薯蓣	*Dioscorea opposita*	薯蓣科	薯蓣属	62
337	射干	*Belamcanda chinensis*	鸢尾科	射干属	61
338	野鸢尾	*Iris dichotoma*	鸢尾科	鸢尾属	63
339	长白鸢尾	*Iris mandshurica*	鸢尾科	鸢尾属	1
340	玉蝉花	*Iris ensata*	鸢尾科	鸢尾属	2

续表

序号	中文名	学名	科名	属名	分布的县域单元数量
341	矮鸢尾	*Iris kobayashii*	鸢尾科	鸢尾属	2
342	矮紫苞鸢尾	*Iris ruthenica*	鸢尾科	鸢尾属	7
343	马蔺	*Iris lactea*	鸢尾科	鸢尾属	116
344	紫点杓兰	*Cypridpedium guttatum*	兰科	杓兰属	2
345	密花舌唇兰	*Platanthera hologlottis*	兰科	舌唇兰属	3
346	二叶舌唇兰	*Platanthera chlorantha*	兰科	舌唇兰属	5
347	细距舌唇兰	*Platanthera metabifolia*	兰科	舌唇兰属	2
348	尾瓣舌唇兰	*Platanthera mandarinorum*	兰科	舌唇兰属	5
349	蜻蜓兰	*Tulotis fuscescens*	兰科	蜻蜓兰属	2
350	线叶十字兰	*Habenaria linearifolia*	兰科	玉凤花属	5
351	无柱兰	*Amitostigma gracile*	兰科	无柱兰属	66
352	蜈蚣兰	*Cleisostoma scolopendrifolium*	兰科	隔距兰属	17
353	北火烧兰	*Epipactis xanthophaea*	兰科	火烧兰属	6
354	朱兰	*Pogonia japonica*	兰科	朱兰属	3
355	角盘兰	*Herminium monorchis*	兰科	角盘兰属	4
356	羊耳蒜	*Liparis japonica*	兰科	羊耳蒜属	61
357	绶草	*Spiranthes sinensis*	兰科	绶草属	62
358	小斑叶兰	*Goodyera repens*	兰科	斑叶兰属	4
359	天麻	*Gastrodia elata*	兰科	天麻属	1
360	丝穗金粟兰	*Chloranthus fortunei*	金粟兰科	金粟兰属	4
361	银线草	*Chloranthus japonicus*	金粟兰科	金粟兰属	5
362	及已	*Chloranthus serratus*	金粟兰科	金粟兰属	21
363	银白杨	*Populus alba*	杨柳科	杨属	118
364	河北杨	*Populus hopeiensis*	杨柳科	杨属	2
365	毛白杨	*Populus tomentosa*	杨柳科	杨属	118
366	山杨	*Populus davidiana*	杨柳科	杨属	5
367	五莲杨	*Populus wulianensis*	杨柳科	杨属	3
368	响毛杨	*Populus pseudo-tomentosa*	杨柳科	杨属	2
369	小叶杨	*Populus simonii*	杨柳科	杨属	62

续表

序号	中文名	学名	科名	属名	分布的县域单元数量
370	小钻杨	*Populus xiaozhuanica*	杨柳科	杨属	118
371	钻天杨	*Populus nigra*	杨柳科	杨属	118
372	旱柳	*Salix matsudana*	杨柳科	柳属	118
373	朝鲜柳	*Salix koreensis*	杨柳科	柳属	4
374	垂柳	*Salix babylonica*	杨柳科	柳属	117
375	杞柳	*Salix integra*	杨柳科	柳属	21
376	簸箕柳	*Salix suchowensis*	杨柳科	柳属	20
377	黄龙柳	*Salix liouana*	杨柳科	柳属	4
378	小叶山毛柳	*Salix pseudopermollis*	杨柳科	柳属	3
379	鲁中柳	*Salix luzhongensis*	杨柳科	柳属	5
380	泰山柳	*Salix taishanensis*	杨柳科	柳属	2
381	中国黄花柳	*Salix sinica*	杨柳科	柳属	2
382	三蕊柳	*Salix triandra*	杨柳科	柳属	24
383	腺柳	*Salix chaenomeloides*	杨柳科	柳属	62
384	胡桃楸	*Juglans mandshurica*	胡桃科	胡桃属	3
385	枫杨	*Pterocarya stenoptera*	胡桃科	枫杨属	62
386	化香树	*Platycarya strobilacea*	胡桃科	化香树属	3
387	榛	*Corylus heterophylla*	桦木科	榛属	66
388	毛榛	*Corylus mandshurica*	桦木科	榛属	2
389	千金榆	*Carpinus cordata*	桦木科	鹅耳枥属	21
390	鹅耳枥	*Carpinus turczaninowii*	桦木科	鹅耳枥属	61
391	蒙山鹅耳枥	*Carpinus mengshanensis*	桦木科	鹅耳枥属	2
392	日本桤木	*Alnus japonica*	桦木科	桤木属	6
393	辽东桤木	*Alnus sibirica*	桦木科	桤木属	6
394	坚桦	*Betula chinensis*	桦木科	桦木属	62
395	板栗	*Castanea mollissima*	壳斗科	栗属	62
396	麻栎	*Quercus acutissima*	壳斗科	栎属	67
397	栓皮栎	*Quercus variabilis*	壳斗科	栎属	66
398	槲树	*Quercus dentata*	壳斗科	栎属	62

续表

序号	中文名	学名	科名	属名	分布的县域单元数量
399	房山栎	*Quercus fangshanensis*	壳斗科	栎属	2
400	河北栎	*Quercus hopeiensis*	壳斗科	栎属	5
401	柞槲栎	*Quercus mongolica*	壳斗科	栎属	2
402	槲栎	*Quercus aliena*	壳斗科	栎属	45
403	枹栎	*Quercus serrata*	壳斗科	栎属	21
404	蒙古栎	*Quercus mongolica*	壳斗科	栎属	46
405	辽东栎	*Quercus wutaishanica*	壳斗科	栎属	9
406	榆树	*Ulmus pumila*	榆科	榆属	118
407	大果榆	*Ulmus macrocarpa*	榆科	榆属	61
408	榔榆	*Ulmus parvifolia*	榆科	榆属	45
409	旱榆	*Ulmus glaucescens*	榆科	榆属	3
410	裂叶榆	*Ulmus laciniata*	榆科	榆属	1
411	榉树	*Zelkova serrata*	榆科	榉属	3
412	大叶榉	*Zelkova schneideriana*	榆科	榉属	4
413	刺榆	*Hemiptelea davidii*	榆科	刺榆属	25
414	大叶朴	*Celtis koraiensis*	榆科	朴属	61
415	黑弹树	*Celtis bungeana*	榆科	朴属	62
416	垂枝朴	*Celtis tetrandra*	榆科	朴属	2
417	青檀	*Pteroceltis tatarinowii*	榆科	青檀属	5
418	桑	*Morus alba*	桑科	桑属	63
419	蒙桑	*Morus mongolica*	桑科	桑属	62
420	鸡桑	*Morus australis*	桑科	桑属	29
421	构树	*Broussonetia papyifera*	桑科	构属	118
422	柘	*Cudrania tricuspidata*	桑科	柘属	63
423	葎草	*Humulus scandens*	大麻科	葎草属	117
424	宽叶荨麻	*Urtica laetevirens*	荨麻科	荨麻属	20
425	狭叶荨麻	*Urtica angustifolia*	荨麻科	荨麻属	2
426	蝎子草	*Girardinia suborbiculata*	荨麻科	蝎子草属	3
427	透茎冷水花	*Pilea pumila*	荨麻科	冷水花属	25

续表

序号	中文名	学名	科名	属名	分布的县域单元数量
428	苎麻	*Boehmeria nivea*	荨麻科	苎麻属	44
429	悬铃木叶苎麻	*Boehmeria tricuspis*	荨麻科	苎麻属	2
430	赤麻	*Boehmeria silvestrii*	荨麻科	苎麻属	8
431	大叶苎麻	*Boehmeria longispica*	荨麻科	苎麻属	62
432	小赤麻	*Boehmeria spicata*	荨麻科	苎麻属	22
433	墙草	*Parietaria micrantha*	荨麻科	墙草属	23
434	华北百蕊草	*Thesium cathaicum*	檀香科	百蕊草属	61
435	百蕊草	*Thesium chinense*	檀香科	百蕊草属	61
436	北桑寄生	*Loranthus tanakae*	桑寄生科	桑寄生属	5
437	槲寄生	*Viseum coloratum*	槲寄生科	槲寄生属	6
438	细辛	*Asarum sieboldii*	马兜铃科	细辛属	2
439	寻骨风	*Aristolochia mollissima*	马兜铃科	马兜铃属	61
440	北马兜铃	*Aristolochia contorta*	马兜铃科	马兜铃属	62
441	马兜铃	*Aristolochia debilis*	马兜铃科	马兜铃属	5
442	短毛金线草	*Antenoron filiforme*	蓼科	金线草属	22
443	萹蓄	*Polygonum aviculare*	蓼科	蓼属	118
444	习见蓼	*Polygonum plebeium*	蓼科	蓼属	117
445	尼泊尔蓼	*Polygonum nepalense*	蓼科	蓼属	24
446	两栖蓼	*Polygonum amphibium*	蓼科	蓼属	6
447	蚕茧草	*Polygonum japonicum*	蓼科	蓼属	3
448	红蓼	*Polygonum orientale*	蓼科	蓼属	117
449	春蓼	*Polygonum persicaria*	蓼科	蓼属	66
450	愉悦蓼	*Polygonum jucundum*	蓼科	蓼属	3
451	粘蓼	*Polygonum viscoferum*	蓼科	蓼属	24
452	酸模叶蓼	*Polygonum lapathifolium*	蓼科	蓼属	118
453	水蓼	*Polygonum hydropiper*	蓼科	蓼属	62
454	丛枝蓼	*Polygonum posumbum*	蓼科	蓼属	66
455	长鬃蓼	*Polygonum longisetum*	蓼科	蓼属	65
456	拳参	*Polygonum bistorta*	蓼科	蓼属	61

续表

序号	中文名	学名	科名	属名	分布的县域单元数量
457	支柱蓼	*Polygonum suffultum*	蓼科	蓼属	3
458	西伯利亚蓼	*Polygonum sibiricum*	蓼科	蓼属	12
459	叉分蓼	*Polygonum divaricatum*	蓼科	蓼属	22
460	高山蓼	*Polygonum alpinum*	蓼科	蓼属	3
461	杠板归	*Polygonum perfoliatum*	蓼科	蓼属	62
462	刺蓼	*Polygonum senticosum*	蓼科	蓼属	21
463	箭叶蓼	*Polygonum sieboldii*	蓼科	蓼属	61
464	柳叶刺蓼	*Polygonum bungeanum*	蓼科	蓼属	4
465	稀花蓼	*Polygonum dissitiflorum*	蓼科	蓼属	2
466	戟叶蓼	*Polygonum thunbergii*	蓼科	蓼属	22
467	长戟叶蓼	*Polygonum maackianum*	蓼科	蓼属	1
468	木藤蓼	*Fallopia aubertii*	蓼科	何首乌属	2
469	何首乌	*Fallopia multiflora*	蓼科	何首乌属	5
470	卷茎蓼	*Fallopia convolvulus*	蓼科	何首乌属	8
471	齿翅蓼	*Fallopia dentato-alata*	蓼科	何首乌属	66
472	篱蓼	*Fallopia dumetorum*	蓼科	何首乌属	20
473	虎杖	*Reynoutria japonica*	蓼科	虎杖属	66
474	荞麦	*Fagopyrum esculentum*	蓼科	荞麦属	61
475	酸模	*Rumex acetosa*	蓼科	酸模属	63
476	小酸模	*Rumex acetosella*	蓼科	酸模属	2
477	巴天酸模	*Rumex patientia*	蓼科	酸模属	61
478	皱叶酸模	*Rumex crispus*	蓼科	酸模属	3
479	羊蹄	*Rumex japonicus*	蓼科	酸模属	1
480	黑龙江酸模	*Rumex amurensis*	蓼科	酸模属	4
481	刺酸模	*Rumex maritimus*	蓼科	酸模属	1
482	齿果酸模	*Rumex dentatus*	蓼科	酸模属	118
483	盐角草	*Salicornia europaea*	藜科	盐角草属	9
484	滨藜	*Atriplex patens*	藜科	滨藜属	3
485	中亚滨藜	*Atriplex centralasiatica*	藜科	滨藜属	10

续表

序号	中文名	学名	科名	属名	分布的县域单元数量
486	灰绿藜	*Chenopodium glaucum*	藜科	藜属	118
487	尖头叶藜	*Chenopodium acuminatum*	藜科	藜属	4
488	细穗藜	*Chenopodium gracilispicum*	藜科	藜属	2
489	东亚市藜	*Chenopodium urbicum* subsp. *sinicum*	藜科	藜属	3
490	小藜	*Chenopodium serotinum*	藜科	藜属	118
491	藜	*Chenopodium album*	藜科	藜属	119
492	地肤	*Kochia scoparia*	藜科	地肤属	119
493	软毛虫实	*Corispermum puberulum*	藜科	虫实属	2
494	细苞虫实	*Corispermum stenolepis*	藜科	虫实属	1
495	毛果绳虫实	*Corispermum declinatum*	藜科	虫实属	3
496	烛台虫实	*Corispermum candelabrum*	藜科	虫实属	3
497	兴安虫实	*Corispermum chinganicum*	藜科	虫实属	2
498	碱蓬	*Suaeda glauca*	藜科	碱蓬属	64
499	盐地碱蓬	*Suaeda salsa*	藜科	碱蓬属	64
500	猪毛菜	*Salsola collina*	藜科	猪毛菜属	119
501	无翅猪毛菜	*Salsola komarovii*	藜科	猪毛菜属	27
502	刺沙蓬	*Salsola ruthenica*	藜科	猪毛菜属	3
503	青葙	*Celosia argentea*	苋科	青葙属	118
504	绿穗苋	*Amaranthus hybridus*	苋科	苋属	118
505	薄叶苋	*Amaranthus tenuifolius*	苋科	苋属	2
506	合被苋	*Amaranthus polygonoides*	苋科	苋属	117
507	凹头苋	*Amaranthus lividus*	苋科	苋属	117
508	腋花苋	*Amaranthus roxburghianus*	苋科	苋属	7
509	牛膝	*Achyranthes bidentata*	苋科	牛膝属	62
510	莲子草	*Alternanthera sessilis*	苋科	莲子草属	2
511	商陆	*Phylolacca acinosa*	商陆科	商陆属	61
512	种棱粟米草	*Mollugo verticillata*	番杏科	粟米草属	2
513	粟米草	*Mollugo stricta*	番杏科	粟米草属	65
514	马齿苋	*Portulaca oleracea*	马齿苋科	马齿苋属	119

续表

序号	中文名	学名	科名	属名	分布的县域单元数量
515	拟漆姑	*Spergularia salina*	石竹科	拟漆姑属	3
516	蔓孩儿参	*Pseudostellaria davidii*	石竹科	孩儿参属	6
517	孩儿参	*Pseudostellaria heterophylla*	石竹科	孩儿参属	26
518	漆姑草	*Sagina japonica*	石竹科	漆姑草属	6
519	鹅肠菜	*Myosoton aquaticum*	石竹科	鹅肠菜属	62
520	球序卷耳	*Cerastium glomeratum*	石竹科	卷耳属	21
521	繁缕	*Stellaria media*	石竹科	繁缕属	117
522	中国繁缕	*Stellaria chinensis*	石竹科	繁缕属	49
523	雀舌草	*Stellaria uliginosa*	石竹科	繁缕属	23
524	沼生繁缕	*Stellaria palustris*	石竹科	繁缕属	4
525	无心菜	*Arenaria serpyllifolia*	石竹科	无心菜属	61
526	老牛筋	*Arenaria juncea*	石竹科	无心菜属	26
527	狗筋蔓	*Cucubalus baccifer*	石竹科	狗筋蔓属	5
528	麦瓶草	*Silene conoidea*	石竹科	蝇子草属	118
529	白花蝇子草	*Silene pratensis*	石竹科	蝇子草属	2
530	坚硬女娄菜	*Silene firma*	石竹科	蝇子草属	22
531	女娄菜	*Silene aprica*	石竹科	蝇子草属	63
532	鹤草	*Silene fortunei*	石竹科	蝇子草属	61
533	山蚂蚱草	*Silene jenisseensis*	石竹科	蝇子草属	62
534	浅裂剪秋罗	*Lychnis cognata*	石竹科	剪秋罗属	3
535	石竹	*Dianthus chinensis*	石竹科	石竹属	63
536	瞿麦	*Dianthus superbus*	石竹科	石竹属	62
537	长萼瞿麦	*Dianthus longicalyx*	石竹科	石竹属	3
538	长蕊石头花	*Gypsophila oldhamiana*	石竹科	石头花属	62
539	芡实	*Euryale ferox*	睡莲科	芡属	2
540	白睡莲	*Nymphaea alba*	睡莲科	睡莲属	3
541	睡莲	*Nymphaea tetragona*	睡莲科	睡莲属	2
542	金鱼藻	*Ceratophyllum demersum*	金鱼藻科	金鱼藻属	116
543	圆锥乌头	*Aconitum paniculigerum*	毛茛科	乌头属	2

续表

序号	中文名	学名	科名	属名	分布的县域单元数量
544	拟两色乌头	*Aconitum loczyonum*	毛茛科	乌头属	2
545	乌头	*Aconitum carmichaeli*	毛茛科	乌头属	45
546	五刺金鱼藻	*Ceratophyllum oryzetorum*	金鱼藻科	金鱼藻属	2
547	烟台翠雀花	*Delphinium chefoense*	毛茛科	翠雀属	23
548	兴安升麻	*Cimicifuga dahurica*	毛茛科	升麻属	21
549	三角叶驴蹄草	*Caltha palustris*	毛茛科	驴蹄草属	19
550	类叶升麻	*Actaea asiatica*	毛茛科	升麻属	2
551	耧斗菜	*Aquilegia viridiflora*	毛茛科	耧斗菜属	45
552	华北耧斗菜	*Aquilegia yabeana*	毛茛科	耧斗菜属	5
553	大叶铁线莲	*Clematis heracleifolia*	毛茛科	铁线莲属	62
554	褐毛铁线莲	*Clematis fusca*	毛茛科	铁线莲属	4
555	长冬草	*Clematis haxapetala* var. *tchefoueusis*	毛茛科	铁线莲属	61
556	太行铁线莲	*Clematis kirilowii*	毛茛科	铁线莲属	9
557	毛果扬子铁线莲	*Clematis ganpiniana*	毛茛科	铁线莲属	9
558	转子莲	*Clematis patens*	毛茛科	铁线莲属	2
559	丝叶唐松草	*Thalictrum foeniculaceum*	毛茛科	唐松草属	2
560	盾叶唐松草	*Thalictrum ichangense*	毛茛科	唐松草属	3
561	瓣蕊唐松草	*Thalictrum petaloideum*	毛茛科	唐松草属	3
562	唐松草	*Thalictrum aquilegifolium*	毛茛科	唐松草属	62
563	东亚唐松草	*Thalictrum minus*	毛茛科	唐松草属	62
564	短梗箭头唐松草	*Thalictrum simplex*	毛茛科	唐松草属	20
565	多被银莲花	*Anemone raddeana*	毛茛科	银莲花属	3
566	山东银莲花	*Anemone chosenicola*	毛茛科	银莲花属	2
567	白头翁	*Pulsatilla chinensis*	毛茛科	白头翁属	62
568	侧金盏花	*Adonis amurensis*	毛茛科	侧金盏花属	2
569	水葫芦苗	*Halerpestes cymbalaria*	毛茛科	碱毛茛属	4
570	毛茛	*Ranunculus japonicus*	毛茛科	毛茛属	62
571	扬子毛茛	*Ranunculus sieboldii*	毛茛科	毛茛属	5
572	石龙芮	*Ranunculus sceleratus*	毛茛科	毛茛属	117

续表

序号	中文名	学名	科名	属名	分布的县域单元数量
573	茴茴蒜	*Ranunculus chinensis*	毛茛科	毛茛属	118
574	水毛茛	*Batrachium bungei*	毛茛科	水毛茛属	2
575	木通	*Akebia quinata*	木通科	木通属	45
576	三叶木通	*Akebia trifoliata*	木通科	木通属	15
577	黄芦木	*Berberis amurensis*	小檗科	小檗属	45
578	细叶小檗	*Berberis poiretii*	小檗科	小檗属	20
579	朝鲜淫羊藿	*Epimedium koreanum*	小檗科	淫羊藿属	61
580	蝙蝠葛	*Menispermum dauricum*	防已科	蝙蝠葛属	62
581	木防己	*Cocculus orbiculatus*	防已科	木防己属	63
582	五味子	*Schisandra chinensis*	五味子科	五味子属	25
583	山胡椒	*Lindera glauca*	樟科	山胡椒属	10
584	狭叶山胡椒	*Lindera angustifolia*	樟科	山胡椒属	3
585	红果山胡椒	*Lindera erythrocarpa*	樟科	山胡椒属	3
586	三桠乌药	*Lindera obtusiloba*	樟科	山胡椒属	9
587	红楠	*Machilus thunbergii*	樟科	润楠属	1
588	白屈菜	*Chelidonium majus*	罂粟科	白屈菜属	61
589	角茴香	*Hypecoum erectum*	罂粟科	角茴香属	40
590	全叶延胡索	*Corydalis repens*	罂粟科	紫堇属	7
591	胶州延胡索	*Corydalis kiautschouensis*	罂粟科	紫堇属	4
592	堇叶延胡索	*Corydalis fumariifolia*	罂粟科	紫堇属	3
593	齿瓣延胡索	*Corydalis turschaninovii*	罂粟科	紫堇属	6
594	阜平黄堇	*Corydalis chanetii*	罂粟科	紫堇属	2
595	地丁草	*Corydalis bungeana*	罂粟科	紫堇属	4
596	小黄紫堇	*Corydalis raddeana*	罂粟科	紫堇属	5
597	北越紫堇	*Corydalis balansae*	罂粟科	紫堇属	5
598	黄堇	*Corydalis pallida*	罂粟科	紫堇属	20
599	水田碎米荠	*Cardamine lyrata*	十字花科	碎米荠属	22
600	弹裂碎米荠	*Cardamine impatiens*	十字花科	碎米荠属	22
601	弯曲碎米荠	*Cardamine flexuosa*	十字花科	碎米荠属	65

续表

序号	中文名	学名	科名	属名	分布的县域单元数量
602	碎米荠	*Cardamine hirsuta*	十字花科	碎米荠属	118
603	豆瓣菜	*Nasturtium officinale*	十字花科	豆瓣菜属	3
604	翼果独行菜	*Lepidium campestre*	十字花科	独行菜属	6
605	心叶独行菜	*Lepidium cordatum*	十字花科	独行菜属	2
606	光果宽叶独行菜	*Lepidium latifolium*	十字花科	独行菜属	44
607	柱毛独行菜	*Lepidium ruderale*	十字花科	独行菜属	31
608	独行菜	*Lepidium apetalum*	十字花科	独行菜属	119
609	荠	*Capsella bursa-pastoris*	十字花科	荠属	119
610	播娘蒿	*Descurainia sophia*	十字花科	播娘蒿属	119
611	诸葛菜	*Orychophragmus violaceus*	十字花科	诸葛菜属	61
612	全叶大蒜芥	*Sisymbrium luteum*	十字花科	大蒜芥属	22
613	离子芥	*Chorispora tenella*	十字花科	离子芥属	22
614	蔊菜	*Rorippa indica*	十字花科	蔊菜属	119
615	无瓣蔊菜	*Rorippa dubia*	十字花科	蔊菜属	118
616	广州蔊菜	*Rorippa cantoniensis*	十字花科	蔊菜属	66
617	风花菜	*Rorippa globosa*	十字花科	蔊菜属	74
618	沼生蔊菜	*Rorippa palustris*	十字花科	蔊菜属	66
619	涩荠	*Malcolmia africana*	十字花科	涩荠属	22
620	盐芥	*Thellungiella salsuginea*	十字花科	盐芥属	36
621	旗杆芥	*Turritis glabra*	十字花科	旗杆芥属	22
622	菥蓂	*Thlaspi arvense*	十字花科	菥蓂属	1
623	花旗杆	*Dontostemon dentatus*	十字花科	花旗杆属	62
624	垂果南芥	*Arabis pendula*	十字花科	南芥属	8
625	硬毛南芥	*Arabis hirsuta*	十字花科	南芥属	41
626	锥果芥	*Berteroella maximowiczii*	十字花科	锥果芥属	6
627	拟南芥	*Arabidopsis thaliana*	十字花科	拟南芥属	5
628	糖芥	*Erysimum bungei*	十字花科	糖芥属	2
629	小花糖芥	*Erysimum cheiranthoides*	十字花科	糖芥属	117
630	群心菜	*Cardaria draba*	十字花科	群心菜属	3

续表

序号	中文名	学名	科名	属名	分布的县域单元数量
631	球果群心菜	*Cardaria chalepensis*	十字花科	群心菜属	3
632	葶苈	*Draba nemorosa*	十字花科	葶苈属	118
633	小果亚麻荠	*Camelina microcarpa*	十字花科	亚麻荠属	23
634	费菜	*Sedum aizoon*	景天科	景天属	63
635	堪察加景天	*Sedum kamtschaticum*	景天科	景天属	15
636	多花景天	*Sedum floriferum*	景天科	景天属	10
637	藓状景天	*Sedum polytrichoides*	景天科	景天属	5
638	垂盆草	*Sedum sarmentosum*	景天科	景天属	62
639	胶东景天	*Sedum jiaodongense*	景天科	景天属	2
640	火焰草	*Sedum stellariifolium*	景天科	景天属	45
641	瓦松	*Orostachys fimbriatus*	景天科	瓦松属	119
642	狼爪瓦松	*Orostachys cartilagineus*	景天科	瓦松属	21
643	轮叶八宝	*Hylotelephium verticillatum*	景天科	八宝属	7
644	八宝	*Hylotelephium erythrostictum*	景天科	八宝属	62
645	长药八宝	*Hylotelephium spectabile*	景天科	八宝属	45
646	落新妇	*Astilbe chinensis*	虎耳草科	落新妇属	8
647	大落新妇	*Astilbe grandis*	虎耳草科	落新妇属	1
648	扯根菜	*Penthorum chinense*	虎耳草科	扯根菜属	9
649	柔毛金腰	*Chrysosplenium pilosum*	虎耳草科	金腰属	2
650	球茎虎耳草	*Saxifraga sibirica*	虎耳草科	虎耳草属	4
651	虎耳草	*Saxifraga stolonifera*	虎耳草科	虎耳草属	1
652	大花溲疏	*Deutzia grandiflora*	虎耳草科	溲疏属	44
653	钩齿溲疏	*Deutzia hamata*	虎耳草科	溲疏属	2
654	小花溲疏	*Deutzia parviflora*	虎耳草科	溲疏属	5
655	光萼溲疏	*Deutzia glabrata*	虎耳草科	溲疏属	21
656	簇花茶藨子	*Ribes fasciculatum*	虎耳草科	茶藨子属	4
657	东北茶藨子	*Ribes mandshuricum*	虎耳草科	茶藨子属	45
658	华北绣线菊	*Spiraea fritschiana*	蔷薇科	绣线菊属	3
659	三裂绣线菊	*Spiraea trilobata*	蔷薇科	绣线菊属	44

续表

序号	中文名	学名	科名	属名	分布的县域单元数量
660	土庄绣线菊	*Spiraea pubescens*	蔷薇科	绣线菊属	6
661	金州绣线菊	*Spiraea nishimurae*	蔷薇科	绣线菊属	3
662	疏毛绣线菊	*Spiraea hirsula*	蔷薇科	绣线菊属	3
663	中华绣线菊	*Spiraea chinensis*	蔷薇科	绣线菊属	2
664	小米空木	*Stephanandra incisa*	蔷薇科	小米空木属	7
665	鸡麻	*Rhodotypos scandens*	蔷薇科	鸡麻属	4
666	山莓	*Rubus corchorifolius*	蔷薇科	悬钩子属	1
667	牛叠肚	*Rubus crataegifolius*	蔷薇科	悬钩子属	61
668	刺毛白叶莓	*Rubus spinulosoides*	蔷薇科	悬钩子属	2
669	覆盆子	*Rubus idaeus*	蔷薇科	悬钩子属	2
670	茅莓	*Rubusparvifolius*	蔷薇科	悬钩子属	62
671	多腺悬钩子	*Rubus phoenicolasius*	蔷薇科	悬钩子属	20
672	路边青	*Geum aleppicum*	蔷薇科	路边青属	45
673	柔毛路边青	*Geum japonicum*	蔷薇科	路边青属	45
674	朝天委陵菜	*Potentilla supina*	蔷薇科	委陵菜属	119
675	莓叶委陵菜	*Potentilla fragarioides*	蔷薇科	委陵菜属	61
676	菊叶委陵菜	*Potentilla tanacetifolia*	蔷薇科	委陵菜属	2
677	腺毛委陵菜	*Potentilla longifolia*	蔷薇科	委陵菜属	3
678	蕨麻	*Potentilla anserina*	蔷薇科	委陵菜属	2
679	翻白草	*Potentilla discolor*	蔷薇科	委陵菜属	62
680	委陵菜	*Potentilla chinensis*	蔷薇科	委陵菜属	63
681	三叶委陵菜	*Potentilla freyniana*	蔷薇科	委陵菜属	61
682	狼牙委陵菜	*Potentilla cryptotaeniae*	蔷薇科	委陵菜属	2
683	绢毛匍匐委陵菜	*Potentilla reptans*	蔷薇科	委陵菜属	2
684	匍枝委陵菜	*Potentilla flagellaris*	蔷薇科	委陵菜属	62
685	蛇含委陵菜	*Potentilla kleiniana*	蔷薇科	委陵菜属	62
686	蛇莓	*Duchesnea indica*	蔷薇科	蛇莓属	45
687	野蔷薇	*Rosa multiflora*	蔷薇科	蔷薇属	62
688	伞花蔷薇	*Rosa maximowicziana*	蔷薇科	蔷薇属	3

续表

序号	中文名	学名	科名	属名	分布的县域单元数量
689	玫瑰	*Rosa rugosa*	蔷薇科	蔷薇属	2
690	龙牙草	*Agrimonia pilosa*	蔷薇科	龙芽草属	49
691	托叶龙牙草	*Agrimonia coreana*	蔷薇科	龙芽草属	2
692	地榆	*Sanguisorba officinalis*	蔷薇科	地榆属	62
693	宽蕊地榆	*Sanguisorba applanata*	蔷薇科	地榆属	20
694	细叶地榆	*Sanguisorba tenuifolia*	蔷薇科	地榆属	3
695	毛叶石楠	*Photinia villosa*	蔷薇科	石楠属	3
696	水榆花楸	*Sorbus alnifolia*	蔷薇科	花楸属	44
697	花楸树	*Sorbus pohuashanensis*	蔷薇科	花楸属	45
698	北京花楸	*Sorbus discolor*	蔷薇科	花楸属	36
699	湖北花楸	*Sorbus hupehensis*	蔷薇科	花楸属	26
700	河北梨	*Pyrus hopeiensis*	蔷薇科	梨属	2
701	崂山梨	*Pyrus trilocularis*	蔷薇科	梨属	1
702	杜梨	*Pyrus betulaefolia*	蔷薇科	梨属	118
703	褐梨	*Pyrus phaeocarpa*	蔷薇科	梨属	23
704	豆梨	*Pyrus calleryana*	蔷薇科	梨属	21
705	三叶海棠	*Malus sieboldii*	蔷薇科	苹果属	20
706	湖北海棠	*Malus hupehensis*	蔷薇科	苹果属	45
707	山荆子	*Malus baccata*	蔷薇科	苹果属	19
708	楸子	*Malus prunifolia*	蔷薇科	苹果属	36
709	西北栒子	*Cotoneaster zabelii*	蔷薇科	栒子属	37
710	山东栒子	*Cotoneaster schantungensis*	蔷薇科	栒子属	2
711	山楂	*Crataegus pinnatifida*	蔷薇科	山楂属	62
712	野山楂	*Crataegus cuneata*	蔷薇科	山楂属	3
713	山东山楂	*Crataegus shandongensis*	蔷薇科	山楂属	3
714	桃	*Amygdalus persica*	蔷薇科	桃属	119
715	山桃	*Amygdalus davidiana*	蔷薇科	桃属	118
716	榆叶梅	*Amygdalus triloba*	蔷薇科	桃属	118
717	杏	*Armeniaca vulgaris*	蔷薇科	杏属	119

续表

序号	中文名	学名	科名	属名	分布的县域单元数量
718	梅	*Armeniaca mume*	蔷薇科	杏属	118
719	山樱花	*Cerasus serrulata*	蔷薇科	樱属	6
720	毛樱桃	*Cerasus tomentosa*	蔷薇科	樱属	37
721	毛叶欧李	*Cerasus dictyoneura*	蔷薇科	樱属	2
722	欧李	*Cerasus humilis*	蔷薇科	樱属	45
723	麦李	*Cerasus glandulosa*	蔷薇科	樱属	45
724	郁李	*Cerasus japonica*	蔷薇科	樱属	45
725	稠李	*Padus racemosa*	蔷薇科	稠李属	20
726	山槐	*Albizia kalkora*	豆科	合欢属	26
727	野皂荚	*Gleditsia microphylla*	豆科	皂荚属	5
728	皂荚	*Gleditsia sinensis*	豆科	皂荚属	118
729	山皂荚	*Gleditsia japonica*	豆科	皂荚属	59
730	豆茶决明	*Cassia nomame*	豆科	决明属	62
731	朝鲜槐	*Maackia amurensis*	豆科	马鞍树属	20
732	槐树	*Sophora japonica*	豆科	槐属	117
733	苦参	*Sophora flavescens*	豆科	槐属	62
734	白刺花	*Sophora davidii*	豆科	槐属	25
735	黄檀	*Dalbergia hupeana*	豆科	黄檀属	24
736	田菁	*Sesbania cannabina*	豆科	田菁属	118
737	河北木蓝	*Indigofera bungeana*	豆科	木蓝属	14
738	花木蓝	*Indigofera kirilowii*	豆科	木蓝属	45
739	长柄山蚂蝗	*Podocarpium podocarpum*	豆科	长柄山蚂蝗属	8
740	羽叶长柄山蚂蝗	*Podocarpium oldhamii*	豆科	长柄山蚂蝗属	2
741	杭子梢	*Campylotropis macrocarpa*	豆科	杭子梢属	2
742	胡枝子	*Lespedeza bicolor*	豆科	胡枝子属	62
743	短梗胡枝子	*Lespedeza cyrtobotrya*	豆科	胡枝子属	8
744	兴安胡枝子	*Lespedeza daurica*	豆科	胡枝子属	63
745	绒毛胡枝子	*Lespedeza tomentosa*	豆科	胡枝子属	62
746	多花胡枝子	*Lespedeza floribunda*	豆科	胡枝子属	62

续表

序号	中文名	学名	科名	属名	分布的县域单元数量
747	细梗胡枝子	*Lespedeza virgata*	豆科	胡枝子属	10
748	长叶胡枝子	*Lespedeza caraganae*	豆科	胡枝子属	15
749	截叶铁扫帚	*Lespedeza cuneata*	豆科	胡枝子属	33
750	尖叶铁扫帚	*Lespedeza juncea*	豆科	胡枝子属	20
751	阴山胡枝子	*Lespedeza inschanica*	豆科	胡枝子属	62
752	鸡眼草	*Kummerowia striata*	豆科	鸡眼草属	118
753	长萼鸡眼草	*Kummerowia stipulacea*	豆科	鸡眼草属	118
754	土圞儿	*Apios fortunei*	豆科	土圞儿属	3
755	葛	*Pueraria lobata*	豆科	葛属	62
756	野大豆	*Glycine soja*	豆科	大豆属	118
757	两型豆	*Amphicarpaea edgeworthii*	豆科	两型豆属	44
758	贼小豆	*Vigna minima*	豆科	豇豆属	118
759	鹿藿	*Rhynchosia volubilis*	豆科	鹿藿属	2
760	渐尖叶鹿藿	*Rhynchosia acuminatifolia*	豆科	鹿藿属	2
761	紫穗槐	*Amorpha fruticosa*	豆科	紫穗槐属	118
762	合萌	*Aeschynomene indica*	豆科	合萌属	45
763	锦鸡儿	*Caragana sinica*	豆科	锦鸡儿属	37
764	小叶锦鸡儿	*Caragana microphylla*	豆科	锦鸡儿属	61
765	黄刺条	*Caragana frutex*	豆科	锦鸡儿属	27
766	红花锦鸡儿	*Caragana rosea*	豆科	锦鸡儿属	19
767	毛掌叶锦鸡儿	*Caragana leveillei*	豆科	锦鸡儿属	18
768	糙叶黄芪	*Astragalus scaberrimus*	豆科	黄芪属	118
769	鸡峰山黄芪	*Astragalus kifonsanicus*	豆科	黄芪属	4
770	斜茎黄芪	*Astragalus adsurgens*	豆科	黄芪属	1
771	草木樨状黄芪	*Astragalus melilotoides*	豆科	黄芪属	61
772	达乌里黄芪	*Astragalus dahuricus*	豆科	黄芪属	3
773	华黄芪	*Astragalus chinensis*	豆科	黄芪属	11
774	黄芪	*Astragalus membranaceus*	豆科	黄芪属	25
775	地角儿苗	*Oxytropis bicolor*	豆科	棘豆属	4

续表

序号	中文名	学名	科名	属名	分布的县域单元数量
776	硬毛棘豆	*Oxytropis hirta*	豆科	棘豆属	3
777	少花米口袋	*Gueldenstaedtia verna*	豆科	米口袋属	119
778	刺果甘草	*Glycyrrhiza pallidiflora*	豆科	甘草属	22
779	歪头菜	*Vicia unijuga*	豆科	野豌豆属	26
780	牯岭野豌豆	*Vicia kulingiana*	豆科	野豌豆属	2
781	千山野豌豆	*Vicia chianshanensis*	豆科	野豌豆属	2
782	北野豌豆	*Vicia ramuliflora*	豆科	野豌豆属	2
783	救荒野豌豆	*Vicia sativa*	豆科	野豌豆属	118
784	窄叶野豌豆	*Vicia angustifolia*	豆科	野豌豆属	62
785	大花野豌豆	*Vicia bungei*	豆科	野豌豆属	117
786	四籽野豌豆	*Vicia tetrasperma*	豆科	野豌豆属	61
787	小巢菜	*Vicia hirsuta*	豆科	野豌豆属	1
788	长柔毛野豌豆	*Vicia villosa*	豆科	野豌豆属	2
789	确山野豌豆	*Vicia kioshanica*	豆科	野豌豆属	3
790	山野豌豆	*Vicia amoena*	豆科	野豌豆属	62
791	香豌豆	*Lathyrus odoratus*	豆科	山黧豆属	7
792	大山黧豆	*Lathyrus davidii*	豆科	山黧豆属	25
793	山黧豆	*Lathyrus quinquenervius*	豆科	山黧豆属	4
794	中华山黧豆	*Lathyrus dielsianus*	豆科	山黧豆属	2
795	海滨山黧豆	*Lathyrus japonicus*	豆科	山黧豆属	17
796	草木犀	*Melilotus officinalis*	豆科	草木犀属	21
797	细齿草木犀	*Melilotus dentata*	豆科	草木犀属	19
798	印度草木犀	*Melilotus indica*	豆科	草木犀属	62
799	野苜蓿	*Medicago falcata*	豆科	苜蓿属	3
800	小苜蓿	*Medicago minima*	豆科	苜蓿属	19
801	花苜蓿	*Medicago ruthenica*	豆科	苜蓿属	2
802	天蓝苜蓿	*Medicago lupulina*	豆科	苜蓿属	62
803	酢浆草	*Oxalis corniculata*	酢浆草科	酢浆草属	118
804	牻牛儿苗	*Erodium stephanianum*	牻牛儿苗科	牻牛儿苗属	118

续表

序号	中文名	学名	科名	属名	分布的县域单元数量
805	芹叶牻牛儿苗	*Erodium cicutarium*	牻牛儿苗科	牻牛儿苗属	6
806	老鹳草	*Geranium wilfordii*	牻牛儿苗科	老鹳草属	61
807	鼠掌老鹳草	*Geranium sibiricum*	牻牛儿苗科	老鹳草属	62
808	灰背老鹳草	*Geranium wlassowianum*	牻牛儿苗科	老鹳草属	2
809	朝鲜老鹤草	*Geranium koreanum*	牻牛儿苗科	老鹳草属	27
810	野亚麻	*Linum stelleroides*	亚麻科	亚麻属	44
811	亚麻	*Linum usitatissimum*	亚麻科	亚麻属	6
812	小果白刺	*Nitraria sibirica*	蒺藜科	白刺属	8
813	蒺藜	*Tribulus terrester*	蒺藜科	蒺藜属	118
814	花椒	*Zanthoxylum bungeanum*	芸香科	花椒属	118
815	野花椒	*Zanthoxylum simulans*	芸香科	花椒属	45
816	竹叶花椒	*Zanthoxylum armatum*	芸香科	花椒属	45
817	青花椒	*Zanthoxylum schinifolium*	芸香科	花椒属	45
818	臭檀吴萸	*Evodia daniellii*	芸香科	吴茱萸属	45
819	白鲜	*Dictamnus dasycarpus*	芸香科	白鲜属	20
820	臭椿	*Ailanthus altissima*	苦木科	臭椿属	119
821	刺臭椿	*Ailanthus vilmoriniana*	苦木科	臭椿属	36
822	苦树	*Picrasma quassioides*	苦木科	苦树属	45
823	香椿	*Toona sinensis*	楝科	香椿属	117
824	楝	*Melia azedarach*	楝科	楝属	118
825	小扁豆	*Polygala tatarinowii*	远志科	远志属	6
826	远志	*Polygala tenuifolia*	远志科	远志属	62
827	瓜子金	*Polygala japonica*	远志科	远志属	62
828	西伯利亚远志	*Polygala sibirica*	远志科	远志属	62
829	雀儿舌头	*Leptopus chinensis*	大戟科	雀舌木属	62
830	一叶萩	*Flueggea suffruticosa*	大戟科	白饭树属	45
831	蜜甘草	*Phyllanthus ussuriensis*	大戟科	叶下珠属	44
832	叶下珠	*Phyllanthus urinaria*	大戟科	叶下珠属	5
833	算盘子	*Glochidion puberum*	大戟科	算盘子属	5

续表

序号	中文名	学名	科名	属名	分布的县域单元数量
834	地构叶	*Speranskia tuberculata*	大戟科	地构叶属	61
835	铁苋菜	*Acalypha australis*	大戟科	铁苋菜属	117
836	白背叶	*Mallotus apelta*	大戟科	野桐属	3
837	野梧桐	*Mallotus japonicus*	大戟科	野桐属	1
838	山麻杆	*Alchornea davidii*	大戟科	山麻杆属	8
839	油桐	*Vernicia fordii*	大戟科	油桐属	3
840	乌桕	*Sapium sebiferum*	大戟科	乌桕属	5
841	白木乌桕	*Sapium japonicum*	大戟科	乌桕属	1
842	乳浆大戟	*Euphorbia esula*	大戟科	大戟属	62
843	通奶草	*Euphorbia hypericifolia*	大戟科	大戟属	6
844	斑地锦	*Euphorbia maculata*	大戟科	大戟属	117
845	甘肃大戟	*Euphorbia kansuensis*	大戟科	大戟属	5
846	狼毒	*Euphorbia fischeriana*	大戟科	大戟属	3
847	泽漆	*Euphorbia helioscopia*	大戟科	大戟属	61
848	大戟	*Euphorbia pekinensis*	大戟科	大戟属	63
849	水马齿	*Callitriche stagnalis*	水马齿科	水马齿属	2
850	黄栌	*Cotinus coggygria*	漆树科	黄栌属	62
851	黄连木	*Pistacia chinensis*	漆树科	黄连木属	61
852	盐肤木	*Rhus chinensis*	漆树科	盐肤木属	62
853	泰山盐肤木	*Rhus taishanensis*	漆树科	盐肤木属	2
854	漆	*Toxicodendron vernicifluum*	漆树科	漆属	25
855	卫矛	*Euonymus alatus*	卫矛科	卫矛属	62
856	栓翅卫矛	*Euonymus phellomanus*	卫矛科	卫矛属	1
857	白杜	*Euonymus maackii*	卫矛科	卫矛属	45
858	西南卫矛	*Euonymus hamiltoninus*	卫矛科	卫矛属	1
859	垂丝卫矛	*Euonymus oxyphyllus*	卫矛科	卫矛属	26
860	胶州卫矛	*Euonymus kiautschovicus*	卫矛科	卫矛属	44
861	南蛇藤	*Celastrus orbiculatus*	卫矛科	南蛇藤属	63
862	苦皮藤	*Celastrus angulatus*	卫矛科	南蛇藤属	4

续表

序号	中文名	学名	科名	属名	分布的县域单元数量
863	刺苞南蛇藤	*Celastrus flagellaris*	卫矛科	南蛇藤属	2
864	元宝槭	*Acer truncatum*	槭树科	槭属	45
865	色木槭	*Acer mono*	槭树科	槭属	23
866	茶条槭	*Acer ginnala*	槭树科	槭属	2
867	青榨槭	*Acer davidii*	槭树科	槭属	3
868	长裂葛萝槭	*Acer grosseri*	槭树科	槭属	8
869	栾树	*Koelreuteria paniculata*	无患子科	栾树属	45
870	倒地铃	*Cardiospermum halicacabum*	无患子科	倒地铃属	4
871	多花泡花树	*Meliosma myriantha*	清风藤科	泡花树属	19
872	红枝柴	*Meliosma oldhamii*	清风藤科	泡花树属	2
873	水金凤	*Impatiens noli-tangere*	凤仙花科	凤仙花属	44
874	东北凤仙	*Impatiens furcillata*	凤仙花科	凤仙花属	1
875	野凤仙花	*Impatiens textori*	凤仙花科	凤仙花属	4
876	卵叶鼠李	*Rhamnus bungeana*	鼠李科	鼠李属	3
877	小叶鼠李	*Rhamnus parvifolia*	鼠李科	鼠李属	62
878	锐齿鼠李	*Rhamnus arguta*	鼠李科	鼠李属	62
879	圆叶鼠李	*Rhamnus globosa*	鼠李科	鼠李属	61
880	薄叶鼠李	*Rhamnus leptophylla*	鼠李科	鼠李属	3
881	甘青鼠李	*Rhamnus tangutica*	鼠李科	鼠李属	3
882	金刚鼠李	*Rhamnus diamantiaca*	鼠李科	鼠李属	2
883	乌苏里鼠李	*Rhamnus ussuriensis*	鼠李科	鼠李属	1
884	鼠李	*Rhamnus davurica*	鼠李科	鼠李属	4
885	冻绿	*Rhamnus utilis*	鼠李科	鼠李属	4
886	朝鲜鼠李	*Rhamnus koraiensis*	鼠李科	鼠李属	6
887	崂山鼠李	*Rhamnus laoshanensis*	鼠李科	鼠李属	2
888	东北鼠李	*Rhamnus schneideri*	鼠李科	鼠李属	3
889	北枳椇	*Hovenia dulcis*	鼠李科	枳椇属	18
890	猫乳	*Rhamnella franguloides*	鼠李科	猫乳属	9
891	枣	*Ziziphus jujuba*	鼠李科	枣属	63

续表

序号	中文名	学名	科名	属名	分布的县域单元数量
892	山葡萄	*Vitis amurensis*	葡萄科	葡萄属	62
893	葛藟葡萄	*Vitis flexuosa*	葡萄科	葡萄属	4
894	毛葡萄	*Vitis heyneana*	葡萄科	葡萄属	45
895	蘡薁	*Vitis bryoniaefolia*	葡萄科	葡萄属	62
896	葎叶蛇葡萄	*Ampelopsis humulifolia*	葡萄科	蛇葡萄属	63
897	异叶蛇葡萄	*Ampelopsis heterophylla*	葡萄科	蛇葡萄属	4
898	三裂叶蛇葡萄	*Ampelopsis delavayana*	葡萄科	蛇葡萄属	3
899	乌头叶蛇葡萄	*Ampelopsis aconitifolia*	葡萄科	蛇葡萄属	2
900	白蔹	*Ampelopsis japonica*	葡萄科	蛇葡萄属	63
901	地锦	*Parthenocissus tricuspidata*	葡萄科	地锦属	118
902	异叶爬山虎	*Parthenocissus dalzielii*	葡萄科	地锦属	3
903	乌蔹莓	*Cayratia japonica*	葡萄科	乌蔹莓属	61
904	辽椴	*Tilia mandshurica*	椴树科	椴树属	7
905	泰山椴	*Tilia taishanensis*	椴树科	椴树属	4
906	紫椴	*Tilia amurensis*	椴树科	椴树属	3
907	胶东椴	*Tilia jiaodongensis*	椴树科	椴树属	1
908	华东椴	*Tilia japonica*	椴树科	椴树属	5
909	小花扁担杆	*Grewia biloba*	椴树科	扁担杆属	63
910	甜麻	*Corchorus aestuans*	椴树科	黄麻属	2
911	光果田麻	*Corchoropsis psilocarpa*	椴树科	田麻属	62
912	圆叶锦葵	*Malva rotundifolia*	锦葵科	锦葵属	2
913	野葵	*Malva verticillata*	锦葵科	锦葵属	3
914	黄花稔	*Sida acuta*	锦葵科	黄花稔属	2
915	苘麻	*Abutilon theophrasti*	锦葵科	苘麻属	118
916	软枣猕猴桃	*Actinidia arguta*	猕猴桃科	猕猴桃属	5
917	狗枣猕猴桃	*Actinidia kolomikta*	猕猴桃科	猕猴桃属	3
918	葛枣猕猴桃	*Actinidia polygama*	猕猴桃科	猕猴桃属	5
919	山茶	*Camellia japonica*	山茶科	山茶属	1
920	贯叶连翘	*Hypericum perforatum*	藤黄科	金丝桃属	4

续表

序号	中文名	学名	科名	属名	分布的县域单元数量
921	地耳草	*Hypericum japonicum*	藤黄科	金丝桃属	2
922	黄海棠	*Hypericum ascyron*	藤黄科	金丝桃属	7
923	赶山鞭	*Hypericum attenuatum*	藤黄科	金丝桃属	44
924	柽柳	*Tamarix chinensis*	柽柳科	柽柳属	12
925	多枝柽柳	*Tamarix ramosissima*	柽柳科	柽柳属	22
926	维西堇菜	*Viola monbeigii*	堇菜科	堇菜属	26
927	双花堇菜	*Viola biflora*	堇菜科	堇菜属	2
928	东方堇菜	*Viola orientalis*	堇菜科	堇菜属	6
929	鸡腿堇菜	*Viola acuminata*	堇菜科	堇菜属	62
930	堇菜	*Viola verecunda*	堇菜科	堇菜属	2
931	南山堇菜	*Viola chaerophylloides*	堇菜科	堇菜属	5
932	裂叶堇菜	*Viola dissecta*	堇菜科	堇菜属	5
933	总裂叶堇菜	*Viola fissifolia*	堇菜科	堇菜属	2
934	菊叶堇菜	*Viola takahashii*	堇菜科	堇菜属	3
935	球果堇菜	*Viola collina*	堇菜科	堇菜属	61
936	辽宁堇菜	*Viola rossii*	堇菜科	堇菜属	19
937	东北堇菜	*Viola mandshurica*	堇菜科	堇菜属	1
938	紫花地丁	*Viola philippica*	堇菜科	堇菜属	118
939	早开堇菜	*Viola prionantha*	堇菜科	堇菜属	62
940	戟叶堇菜	*Viola betonicifolia*	堇菜科	堇菜属	2
941	斑叶堇菜	*Viola variegata*	堇菜科	堇菜属	5
942	长萼堇菜	*Viola inconspicua*	堇菜科	堇菜属	3
943	茜堇菜	*Viola phalacrocarpa*	堇菜科	堇菜属	5
944	深山堇菜	*Viola selkirkii*	堇菜科	堇菜属	3
945	细距堇菜	*Viola tenuicornis*	堇菜科	堇菜属	4
946	白花地丁	*Viola patrinii*	堇菜科	堇菜属	3
947	阴地堇菜	*Viola yezoensis*	堇菜科	堇菜属	5
948	西山堇菜	*Viola hancockii*	堇菜科	堇菜属	3
949	蒙古堇菜	*Viola mongolica*	堇菜科	堇菜属	62

续表

序号	中文名	学名	科名	属名	分布的县域单元数量
950	秋海棠	*Begonia grandis*	秋海棠科	秋海棠属	44
951	草瑞香	*Diarthron linifolium*	瑞香科	草瑞香属	62
952	河朔荛花	*Wikstroemia chamaedaphne*	瑞香科	荛花属	4
953	芫花	*Daphne genkwa*	瑞香科	瑞香属	62
954	牛奶子	*Elaeagnus umbellata*	胡颓子科	胡颓子属	25
955	木半夏	*Elaeagnus multiflora*	胡颓子科	胡颓子属	19
956	大叶胡颓子	*Elaeagnus macrophylla*	胡颓子科	胡颓子属	4
957	耳基水苋	*Ammannia arenaria*	千屈菜科	水苋菜属	2
958	多花水苋	*Ammannia multiflora*	千屈菜科	水苋菜属	2
959	节节菜	*Rotala indica*	千屈菜科	节节菜属	3
960	轮叶节节菜	*Rotala maxicana*	千屈菜科	节节菜属	3
961	千屈菜	*Lythrum salicaria*	千屈菜科	千屈菜属	45
962	瓜木	*Alangium platanifolium*	八角枫科	八角枫属	3
963	八角枫	*Alangium chinense*	八角枫科	八角枫属	5
964	欧菱	*Trapa natans*	菱科	菱属	2
965	细果野菱	*Trapa maximowiezii*	菱科	菱属	2
966	高山露珠草	*Circaea alpina*	柳叶菜科	露珠草属	2
967	露珠草	*Circaea cordata*	柳叶菜科	露珠草属	5
968	南方露珠草	*Circaea mollis*	柳叶菜科	露珠草属	5
969	水珠草	*Circaea lutetiana*	柳叶菜科	露珠草属	3
970	小花山桃草	*Gaura parviflora*	柳叶菜科	山桃草属	118
971	长毛月见草	*Oenothera villosa*	柳叶菜科	月见草属	1
972	黄花月见草	*Oenothera glazioviana*	柳叶菜科	月见草属	118
973	待霄草	*Oenothera stricta*	柳叶菜科	月见草属	2
974	柳叶菜	*Epilobium hirsutum*	柳叶菜科	柳叶菜属	61
975	小花柳叶菜	*Epilobium parviflorum*	柳叶菜科	柳叶菜属	4
976	多枝柳叶菜	*Epilobium fastigiatoramosum*	柳叶菜科	柳叶菜属	2
977	毛脉柳叶菜	*Epilobium amurense*	柳叶菜科	柳叶菜属	3
978	长籽柳叶菜	*Epilobium pyrricholophum*	柳叶菜科	柳叶菜属	2

续表

序号	中文名	学名	科名	属名	分布的县域单元数量
979	柳兰	*Epilobium angustifolium*	柳叶菜科	柳叶菜属	2
980	丁香蓼	*Ludwigia prostrata*	柳叶菜科	丁香蓼属	45
981	穗状狐尾藻	*Myriophyllum spicatum*	小二仙草科	狐尾藻属	118
982	狐尾藻	*Myriophyllum verticillatum*	小二仙草科	狐尾藻属	117
983	刺楸	*Kalopanax septemlobus*	五加科	刺楸属	62
984	无梗五加	*Eleutherococcus sessiliflorus*	五加科	五加属	3
985	黄毛楤木	*Aralia chinensis*	五加科	楤木属	4
986	辽东楤木	*Aralia elata*	五加科	楤木属	4
987	天胡荽	*Hydrocotyle sibthorpioides*	伞形科	天胡荽属	6
988	变豆菜	*Sanicula chinensis*	伞形科	变豆菜属	62
989	峨参	*Anthriscus sylvestris*	伞形科	峨参属	1
990	小窃衣	*Torilis japonica*	伞形科	窃衣属	118
991	窃衣	*Torilis scabra*	伞形科	窃衣属	2
992	红柴胡	*Bupleurum scorzonerifolium*	伞形科	柴胡属	62
993	线叶柴胡	*Bupleurum angustissimum*	伞形科	柴胡属	1
994	北柴胡	*Bupleurum chinense*	伞形科	柴胡属	61
995	大叶柴胡	*Bupleurum longiradiatum*	伞形科	柴胡属	2
996	毒芹	*Cicuta virosa*	伞形科	毒芹属	1
997	葛缕子	*Carum carvi*	伞形科	葛缕子属	61
998	田葛缕子	*Carum buriaticum*	伞形科	葛缕子属	5
999	羊红膻	*Pimpinella thellungiana*	伞形科	茴芹属	5
1000	山茴香	*Carlesia sinensis*	伞形科	山茴香属	8
1001	泽芹	*Sium suave*	伞形科	泽芹属	3
1002	香芹	*Libanotis seseloides*	伞形科	岩风属	61
1003	条叶岩风	*Libanotis lancifolia*	伞形科	岩风属	4
1004	济南岩风	*Libanotis jinanensis*	伞形科	岩风属	1
1005	水芹	*Oenanthe javanica*	伞形科	水芹属	99
1006	中华水芹	*Oenanthe sinensis*	伞形科	水芹属	6
1007	蛇床	*Cnidium monnieri*	伞形科	蛇床属	118

续表

序号	中文名	学名	科名	属名	分布的县域单元数量
1008	滨蛇床	*Cnidium japonicum*	伞形科	蛇床属	17
1009	辽藁本	*Ligusticum jeholens*	伞形科	藁本属	23
1010	黑水岩茴香	*Ligusticum ajanense*	伞形科	藁本属	6
1011	柳叶芹	*Czernaevia laevigata*	伞形科	柳叶芹属	62
1012	拐芹	*Angelica polymorpha*	伞形科	当归属	62
1013	东北长鞘当归	*Angelica cartilaginomarginata*	伞形科	当归属	19
1014	山芹	*Ostericum sieboldii*	伞形科	山芹属	26
1015	大齿山芹	*Ostericum grosseserratum*	伞形科	山芹属	2
1016	珊瑚菜	*Glehnia littoralis*	伞形科	珊瑚菜属	19
1017	铜山阿魏	*Ferula licentiana*	伞形科	阿魏属	2
1018	泰山前胡	*Peucedanum wawrae*	伞形科	前胡属	62
1019	滨海前胡	*Peucedanum japonicum*	伞形科	前胡属	1
1020	短毛独活	*Heracleum moellendorffii*	伞形科	独活属	26
1021	防风	*Saposhnikovia divaricata*	伞形科	防风属	5
1022	灯台树	*Bothrocaryum controversum*	山茱萸科	灯台树属	19
1023	毛梾	*Cornus walteri*	山茱萸科	山茱萸属	62
1024	梾木	*Cornus macrophylla*	山茱萸科	山茱萸属	15
1025	喜冬草	*Chimaphila japonica*	鹿蹄草科	喜冬草属	3
1026	鹿蹄草	*Pyrola calliantha*	鹿蹄草科	鹿蹄草属	3
1027	迎红杜鹃	*Rhododendron mucronulatum*	杜鹃花科	杜鹃属	44
1028	照山白	*Rhododendron micranthum*	杜鹃花科	杜鹃属	45
1029	杜鹃花	*Rhododendron simsii*	杜鹃花科	杜鹃属	2
1030	腺齿越橘	*Vaccinium oldhamii*	杜鹃花科	越桔属	3
1031	黄连花	*Lysimachia davurica*	报春花科	珍珠菜属	4
1032	轮叶过路黄	*Lysimachia klattiana*	报春花科	珍珠菜属	45
1033	狭叶珍珠菜	*Lysimachia pentapetala*	报春花科	珍珠菜属	62
1034	滨海珍珠菜	*Lysimachia mauritiana*	报春花科	珍珠菜属	18
1035	矮桃	*Lysimachia clethroides*	报春花科	珍珠菜属	4
1036	狼尾花	*Lysimachia barystachys*	报春花科	珍珠菜属	10

续表

序号	中文名	学名	科名	属名	分布的县域单元数量
1037	小叶珍珠菜	*Lysimachia parvifolia*	报春花科	珍珠菜属	3
1038	泽珍珠菜	*Lysimachia candida*	报春花科	珍珠菜属	2
1039	海乳草	*Glaux maritima*	报春花科	海乳草属	2
1040	点地梅	*Androsace umbellata*	报春花科	点地梅属	117
1041	大苞点地梅	*Androsace maxima*	报春花科	点地梅属	2
1042	肾叶报春	*Primula loeseneri*	报春花科	报春花属	2
1043	樱草	*Primula sieboldii*	报春花科	报春花属	2
1044	补血草	*Limonium sinense*	白花丹科	补血草属	57
1045	烟台补血草	*Limonium franchetii*	白花丹科	补血草属	20
1046	二色补血草	*Limonium bicolor*	白花丹科	补血草属	58
1047	君迁子	*Diospyros lotus*	柿树科	柿属	62
1048	柿树	*Diospyros kaki*	柿树科	柿属	61
1049	白檀	*Symplocos paniculata*	山矾科	山矾属	45
1050	玉铃花	*Styrax obassia*	安息香科	安息香属	6
1051	野茉莉	*Styrax japonicus*	安息香科	安息香属	7
1052	尖叶梣	*Fraxinus szaboana*	木犀科	梣属	1
1053	花曲柳	*Fraxinus rhynchophylla*	木犀科	梣属	26
1054	小叶梣	*Fraxinus bungeana*	木犀科	梣属	2
1055	雪柳	*Fontanesia phillyreoides*	木犀科	雪柳属	61
1056	连翘	*Forsythia suspensa*	木犀科	连翘属	61
1057	秦连翘	*Forsythia giraldiana*	木犀科	连翘属	4
1058	巧铃花	*Syringa pubescens*	木犀科	丁香属	2
1059	辽东水蜡树	*Ligustrum obtusifolium*	木犀科	女贞属	19
1060	迎春花	*Jasminum nudiflorum*	木犀科	素馨属	26
1061	尖帽草	*Mitrasacme indica*	马钱科	尖帽草属	2
1062	水田白	*Mitrasacme pygmaea*	马钱科	尖帽草属	2
1063	百金花	*Centaurium pulchellum*	龙胆科	百金花属	1
1064	鳞叶龙胆	*Gentiana squarrosa*	龙胆科	龙胆属	1
1065	笔龙胆	*Gentiana zollingeri*	龙胆科	龙胆属	2

续表

序号	中文名	学名	科名	属名	分布的县域单元数量
1066	条叶龙胆	*Gentiana manshurica*	龙胆科	龙胆属	4
1067	迴旋扁蕾	*Gentianopsis contorta*	龙胆科	扁蕾属	2
1068	北方獐牙菜	*Swertia diluta*	龙胆科	獐牙菜属	25
1069	瘤毛獐牙菜	*Swertia pseudochinensis*	龙胆科	獐牙菜属	25
1070	莕菜	*Nymphoides peltatum*	龙胆科	莕菜属	3
1071	金银莲花	*Nymphoides indica*	龙胆科	莕菜属	3
1072	络石	*Trachelospermum jasminoides*	夹竹桃科	络石属	22
1073	罗布麻	*Apocynum venetum*	夹竹桃科	罗布麻属	81
1074	杠柳	*Periploca sepium*	萝藦科	杠柳属	62
1075	萝藦	*Metaplexis japonica*	萝藦科	萝藦属	118
1076	徐长卿	*Cynanchum paniculatum*	萝藦科	鹅绒藤属	63
1077	合掌消	*Cynanchum amplexicaule*	萝藦科	鹅绒藤属	4
1078	竹灵消	*Cynanchum inamoenum*	萝藦科	鹅绒藤属	4
1079	华北白前	*Cynanchum mongolicum*	萝藦科	鹅绒藤属	62
1080	白薇	*Cynanchum atratum*	萝藦科	鹅绒藤属	61
1081	地梢瓜	*Cynanchum thesioides*	萝藦科	鹅绒藤属	118
1082	白首乌	*Cynanchum bungei*	萝藦科	鹅绒藤属	22
1083	牛皮消	*Cynanchum auriculatum*	萝藦科	鹅绒藤属	45
1084	隔山消	*Cynanchum wilfordii*	萝藦科	鹅绒藤属	62
1085	变色白前	*Cynanchum versicolor*	萝藦科	鹅绒藤属	45
1086	鹅绒藤	*Cynanchum chinense*	萝藦科	鹅绒藤属	119
1087	南方菟丝子	*Cuscuta australis*	旋花科	菟丝子属	118
1088	菟丝子	*Cuscuta chinensis*	旋花科	菟丝子属	118
1089	金灯藤	*Cuscuta japonica*	旋花科	菟丝子属	6
1090	啤酒花菟丝子	*Cuscuta lupuliformis*	旋花科	菟丝子属	2
1091	打碗花	*Calystegia hederacea*	旋花科	打碗花属	117
1092	旋花	*Calystegia sepium*	旋花科	打碗花属	2
1093	藤长苗	*Calystegia pellita*	旋花科	打碗花属	10
1094	肾叶打碗花	*Calystegia soldanella*	旋花科	打碗花属	28

续表

序号	中文名	学名	科名	属名	分布的县域单元数量
1095	田旋花	*Convolvulus arvensis*	旋花科	旋花属	117
1096	三裂叶薯	*Ipomoea triloba*	旋花科	番薯属	1
1097	野番薯	*Ipomoealacunnosa*	旋花科	番薯属	2
1098	北鱼黄草	*Merremia sibirica*	旋花科	鱼黄草属	2
1099	厚壳树	*Ehretia thyrsiflora*	紫草科	厚壳树属	3
1100	砂引草	*Messerschmidia sibirica*	紫草科	砂引草属	29
1101	紫筒草	*Stenosolenium saxatiles*	紫草科	紫筒草属	3
1102	紫草	*Lithospermumerythrorhizon*	紫草科	紫草属	5
1103	田紫草	*Lithospermum arvense*	紫草科	紫草属	117
1104	鹤虱	*Lappula myosotis*	紫草科	鹤虱属	4
1105	弯齿盾果草	*Thyrocarpus glochidiatus*	紫草科	盾果草属	2
1106	斑种草	*Bothriospermum chinense*	紫草科	斑种草属	62
1107	柔弱斑种草	*Bothriospermum tenellum*	紫草科	斑种草属	62
1108	多苞斑种草	*Bothriospermum secundum*	紫草科	斑种草属	61
1109	朝鲜附地菜	*Trigonotis coreana*	紫草科	附地菜属	3
1110	蒙山附地菜	*Trigonotis tenera*	紫草科	附地菜属	3
1111	附地菜	*Trigonotis peduncularis*	紫草科	附地菜属	117
1112	钝萼附地菜	*Trigonotis peduncularis* var. *amblyosepala*	紫草科	附地菜属	2
1113	马鞭草	*Verbena officinalis*	马鞭草科	马鞭草属	2
1114	黄荆	*Vitex negundo*	马鞭草科	牡荆属	63
1115	单叶蔓荆	*Vitex trifolia*	马鞭草科	牡荆属	19
1116	白棠子树	*Callicarpa dichotoma*	马鞭草科	紫珠属	25
1117	日本紫珠	*Callicarpa japonica*	马鞭草科	紫珠属	6
1118	老鸦糊	*Callicarpa giraldii*	马鞭草科	紫珠属	5
1119	臭牡丹	*Clerodendrum bungei*	马鞭草科	大青属	61
1120	海州常山	*Clerodendrum trichotomum*	马鞭草科	大青属	61
1121	裂苞香科科	*Teucrium veronicoides*	唇形科	香科科属	2
1122	黑龙江香科科	*Teucrium ussuriense*	唇形科	香科科属	2
1123	血见愁	*Teucrium viscidum*	唇形科	香科科属	3

续表

序号	中文名	学名	科名	属名	分布的县域单元数量
1124	筋骨草	*Ajuga ciliata*	唇形科	筋骨草属	5
1125	多花筋骨草	*Ajuga multiflora*	唇形科	筋骨草属	4
1126	金疮小草	*Ajuga decumbens*	唇形科	筋骨草属	2
1127	线叶筋骨草	*Ajuga linearifolia*	唇形科	筋骨草属	9
1128	水棘针	*Amethystea caerulea*	唇形科	水棘针属	28
1129	韩信草	*Scutellaria indica*	唇形科	黄芩属	4
1130	京黄芩	*Scutellaria pekinensis*	唇形科	黄芩属	45
1131	大叶黄芩	*Scutellaria megaphylla*	唇形科	黄芩属	1
1132	黄芩	*Scutellaria baicalensis*	唇形科	黄芩属	63
1133	粘毛黄芩	*Scutellaria viscidula*	唇形科	黄芩属	1
1134	喜荫黄芩	*Scutellaria sciaphila*	唇形科	黄芩属	19
1135	半枝莲	*Scutellaria barbata*	唇形科	黄芩属	6
1136	纤弱黄芩	*Scutellaria dependens*	唇形科	黄芩属	5
1137	沙滩黄芩	*Scutellaria strigillosa*	唇形科	黄芩属	5
1138	并头黄芩	*Scutellaria scordifolia*	唇形科	黄芩属	3
1139	夏至草	*Lagopsis supina*	唇形科	夏至草属	117
1140	藿香	*Agastache rugosa*	唇形科	藿香属	62
1141	裂叶荆芥	*Schizonepeta tenuifolia*	唇形科	荆芥属	8
1142	荆芥	*Nepeta cataria*	唇形科	荆芥属	5
1143	活血丹	*Glechoma longituba*	唇形科	活血丹属	24
1144	夏枯草	*Prunella vulgaris*	唇形科	夏枯草属	6
1145	山菠菜	*Prunella asiatica*	唇形科	夏枯草属	2
1146	糙苏	*Phlomis umbrosa*	唇形科	糙苏属	62
1147	内折香茶菜	*Rabdosia inflexa*	唇形科	香茶菜属	62
1148	辽宁香茶菜	*Rabdosia websteri*	唇形科	香茶菜属	22
1149	蓝萼香茶菜	*Rabdosia japonica*	唇形科	香茶菜属	61
1150	宝盖草	*Lamium amplexicaule*	唇形科	野芝麻属	48
1151	野芝麻	*Lamium barbatum*	唇形科	野芝麻属	6
1152	益母草	*Leonurus japonicus*	唇形科	益母草属	117

续表

序号	中文名	学名	科名	属名	分布的县域单元数量
1153	錾菜	*Leonurus pseudomacranthus*	唇形科	益母草属	62
1154	甘露子	*Stachys sieboldi*	唇形科	水苏属	4
1155	水苏	*Stachys japonica*	唇形科	水苏属	7
1156	毛水苏	*Stachys baicalensis*	唇形科	水苏属	5
1157	丹参	*Salvia miltiorrhiza*	唇形科	鼠尾草属	61
1158	荔枝草	*Salvia plebeia*	唇形科	鼠尾草属	61
1159	威海鼠尾草	*Salvia weihaiensis*	唇形科	鼠尾草属	2
1160	华鼠尾草	*Salvia chinensis*	唇形科	鼠尾草属	2
1161	风轮菜	*Clinopodium chinense*	唇形科	风轮菜属	62
1162	麻叶风轮菜	*Clinopodium urticifolium*	唇形科	风轮菜属	62
1163	地椒	*Thymus quinquecostatus*	唇形科	百里香属	63
1164	紫苏	*Perilla frutescens*	唇形科	紫苏属	62
1165	薄荷	*Mentha haplocalyx*	唇形科	薄荷属	117
1166	地笋	*Lycopus lucidus*	唇形科	地笋属	62
1167	石香薷	*Mosla chinensis*	唇形科	石荠苎属	2
1168	石荠苧	*Mosla scabra*	唇形科	石荠苎属	49
1169	小鱼仙草	*Mosla dianthera*	唇形科	石荠苎属	49
1170	香薷	*Elsholtzia ciliata*	唇形科	香薷属	61
1171	海州香薷	*Elsholtzia splendens*	唇形科	香薷属	62
1172	岩生香薷	*Elsholtzia saxatilis*	唇形科	香薷属	3
1173	挂金灯	*Physalis alkekengi*	茄科	酸浆属	118
1174	小酸浆	*Physalis minima*	茄科	酸浆属	61
1175	苦蘵	*Physalis angulata*	茄科	酸浆属	62
1176	华北散血丹	*Physaliastrum sinicum*	茄科	散血丹属	3
1177	日本散血丹	*Physaliastrum japonicum*	茄科	散血丹属	26
1178	枸杞	*Lycium chinense*	茄科	枸杞属	119
1179	白英	*Solanum lyratum*	茄科	茄属	62
1180	龙葵	*Solanum nigrum*	茄科	茄属	119
1181	青杞	*Solanum septemlobum*	茄科	茄属	118

续表

序号	中文名	学名	科名	属名	分布的县域单元数量
1182	海桐叶白英	*Solanum pittosporifolium*	茄科	茄属	3
1183	野海茄	*Solanum japonense*	茄科	茄属	62
1184	曼陀罗	*Datura stramonium*	茄科	曼陀罗属	118
1185	毛曼陀罗	*Datura innoxia*	茄科	曼陀罗属	118
1186	楸叶泡桐	*Paulownia catalpifolia*	玄参科	泡桐属	23
1187	柳穿鱼	*Linaria vulgaris*	玄参科	柳穿鱼属	6
1188	细叶婆婆纳	*Veronica ilnariifolia*	玄参科	婆婆纳属	63
1189	婆婆纳	*Veronica polita*	玄参科	婆婆纳属	3
1190	北水苦荬	*Veronica anagallis-aquatica*	玄参科	婆婆纳属	45
1191	水苦荬	*Veronica undulata*	玄参科	婆婆纳属	45
1192	草本威灵仙	*Veronicastrum sibiricum*	玄参科	腹水草属	61
1193	阴行草	*Siphonostegia chinensis*	玄参科	阴行草属	62
1194	鹿茸草	*Monochasma sheareri*	玄参科	鹿茸草属	1
1195	山罗花	*Melampyrum roseum*	玄参科	山罗花属	20
1196	脐草	*Omphalotrix longipes*	玄参科	脐草属	3
1197	小米草	*Euphrasia pectinata*	玄参科	小米草属	20
1198	返顾马先蒿	*Pedicularis resupinata*	玄参科	马先蒿属	61
1199	松蒿	*Phtheirospermum japonicum*	玄参科	松蒿属	62
1200	沟酸浆	*Mimulus tenellus*	玄参科	沟酸浆属	22
1201	北玄参	*Scrophularia buergeriana*	玄参科	玄参属	25
1202	地黄	*Rehmannia glutinosa*	玄参科	地黄属	119
1203	弹刀子菜	*Mazus stachydifolius*	玄参科	通泉草属	44
1204	通泉草	*Mazus japonicus*	玄参科	通泉草属	61
1205	母草	*Lindernia crustacea*	玄参科	母草属	3
1206	泰山母草	*Lindernia taishanensis*	玄参科	母草属	2
1207	陌上菜	*Lindernia procumbens*	玄参科	母草属	117
1208	梓树	*Catalpa ovata*	紫葳科	梓属	62
1209	灰楸	*Catalpa fargesii*	紫葳科	梓属	3
1210	角蒿	*Incarvillea sinensis*	紫葳科	角蒿属	61

续表

序号	中文名	学名	科名	属名	分布的县域单元数量
1211	茶菱	*Trapella sinensis*	胡麻科	茶菱属	3
1212	中华列当	*Orobanche mongolica*	列当科	列当属	2
1213	列当	*Orobanche coerulescens*	列当科	列当属	63
1214	旋蒴苣苔	*Boea hygrometrica*	苦苣苔科	旋蒴苣苔属	61
1215	挖耳草	*Utricularia bifida*	狸藻科	狸藻属	1
1216	短梗耳挖草	*Utricularia caerulea*	狸藻科	狸藻属	4
1217	狸藻	*Utricularia vulgaris*	狸藻科	狸藻属	3
1218	黄花狸藻	*Utricularia aurea*	狸藻科	狸藻属	5
1219	爵床	*Rostellularia procumbens*	爵床科	爵床属	4
1220	透骨草	*Phryma leptostachya*	透骨草科	透骨草属	25
1221	平车前	*Plantago depressa*	车前科	车前属	117
1222	车前	*Plantago asiatica*	车前科	车前属	118
1223	大车前	*Plantago major*	车前科	车前属	118
1224	鸡矢藤	*Paederia scandens*	茜草科	鸡矢藤属	61
1225	茜草	*Rubia cordifolia*	茜草科	茜草属	119
1226	卵叶茜草	*Rubia ovatifolia*	茜草科	茜草属	5
1227	山东茜草	*Rubia truppeliana*	茜草科	茜草属	118
1228	拉拉藤	*Galium aparine*	茜草科	拉拉藤属	45
1229	六叶葎	*Galium asperuloides*	茜草科	拉拉藤属	2
1230	蓬子菜	*Galium verum*	茜草科	拉拉藤属	62
1231	四叶葎	*Galium bungei*	茜草科	拉拉藤属	61
1232	异叶轮草	*Galium maximowiczii*	茜草科	拉拉藤属	8
1233	山东丰花草	*Borreria shandongensis*	茜草科	丰花草属	8
1234	接骨木	*Sambucus williamsii*	忍冬科	接骨木属	7
1235	陕西荚蒾	*Viburnum schensianum*	忍冬科	荚蒾属	10
1236	宜昌荚蒾	*Viburnum erosum*	忍冬科	荚蒾属	4
1237	荚蒾	*Viburnum dilatatum*	忍冬科	荚蒾属	3
1238	欧洲荚蒾	*Viburnum opulus*	忍冬科	荚蒾属	26
1239	忍冬	*Lonicera japonica*	忍冬科	忍冬属	62

续表

序号	中文名	学名	科名	属名	分布的县域单元数量
1240	金花忍冬	*Lonicera chrysantha*	忍冬科	忍冬属	26
1241	金银忍冬	*Lonicera maackii*	忍冬科	忍冬属	5
1242	华北忍冬	*Lonicera tatarinowii*	忍冬科	忍冬属	2
1243	郁香忍冬	*Lonicera fragrantissima*	忍冬科	忍冬属	61
1244	长白忍冬	*Lonicera ruprechtiana*	忍冬科	忍冬属	2
1245	长花忍冬	*Lonicera longiflora*	忍冬科	忍冬属	2
1246	锦带花	*Weigela florida*	忍冬科	锦带花属	16
1247	败酱	*Patrinia scabiosaefolia*	败酱科	败酱属	7
1248	岩败酱	*Patrinia rupestris*	败酱科	败酱属	6
1249	少蕊败酱	*Patrinia monandra*	败酱科	败酱属	4
1250	墓头回	*Patrinia heterophylla*	败酱科	败酱属	62
1251	攀倒甑	*Patrinia villosa*	败酱科	败酱属	3
1252	缬草	*Valeriana officinalis*	败酱科	缬草属	8
1253	黑水缬草	*Valeriana amurensis*	败酱科	缬草属	17
1254	日本续断	*Dipsacus japonicus*	川续断科	川续断属	7
1255	赤瓟	*Thladiantha dubia*	葫芦科	赤瓟属	26
1256	盒子草	*Actinostemma tenerum*	葫芦科	盒子草属	87
1257	假贝母	*Bolbostemma paniculatum*	葫芦科	假贝母属	4
1258	栝楼	*Trichosanthes kirilowii*	葫芦科	栝楼属	62
1259	羊乳	*Codonopsis lanceolata*	桔梗科	党参属	4
1260	桔梗	*Platycodon grandiflorus*	桔梗科	桔梗属	62
1261	细叶沙参	*Adenophora capillaria* subsp. *paniculata*	桔梗科	沙参属	8
1262	轮叶沙参	*Adenophora tetraphylla*	桔梗科	沙参属	20
1263	展枝沙参	*Adenophora divaricata*	桔梗科	沙参属	19
1264	荠苨	*Adenophora trachelioides*	桔梗科	沙参属	62
1265	薄叶荠苨	*Adenophora remotiflora*	桔梗科	沙参属	1
1266	石沙参	*Adenophora polyantha*	桔梗科	沙参属	62
1267	沙参	*Adenophora stricta*	桔梗科	沙参属	12
1268	狭叶沙参	*Adenophora gmelinii*	桔梗科	沙参属	1

续表

序号	中文名	学名	科名	属名	分布的县域单元数量
1269	山梗菜	*Lobelia sessilifolia*	桔梗科	半边莲属	3
1270	半边莲	*Lobelia chinensis*	桔梗科	半边莲属	6
1271	佩兰	*Eupatorium fortunei*	菊科	泽兰属	118
1272	林泽兰	*Eupatorium lindleyanum*	菊科	泽兰属	62
1273	白头婆	*Eupatorium japonicum*	菊科	泽兰属	7
1274	全叶马兰	*Kalimeris integrifolia*	菊科	马兰属	63
1275	马兰	*Kalimeris indica*	菊科	马兰属	117
1276	山马兰	*Kalimeris lautureana*	菊科	马兰属	45
1277	蒙古马兰	*Kalimeris mongolica*	菊科	马兰属	3
1278	东风菜	*Doellingeria scaber*	菊科	东风菜属	26
1279	女菀	*Turczaninowia fastigiata*	菊科	女菀属	62
1280	碱菀	*Tripolium vulgare*	菊科	碱菀属	50
1281	阿尔泰狗娃花	*Heteropappus altaicus*	菊科	狗娃花属	118
1282	狗娃花	*Heteropappus hispidus*	菊科	狗娃花属	61
1283	紫菀	*Aster tataricus*	菊科	紫菀属	2
1284	三脉紫菀	*Aster ageratoides*	菊科	紫菀属	61
1285	飞蓬	*Erigeron acer*	菊科	飞蓬属	2
1286	火绒草	*Leontopodium leontopodioides*	菊科	火绒草属	45
1287	香青	*Anaphalis sinica*	菊科	香青属	61
1288	鼠麹草	*Gnaphalium affine*	菊科	鼠麹草属	62
1289	东北鼠麹草	*Gnaphalium mandshuricum*	菊科	鼠麹草属	1
1290	旋覆花	*Inula japonica*	菊科	旋覆花属	118
1291	蓼子朴	*Inula salsoloides*	菊科	旋覆花属	2
1292	柳叶旋覆花	*Inula salicina*	菊科	旋覆花属	2
1293	线叶旋覆花	*Inula lineariifolia*	菊科	旋覆花属	119
1294	欧亚旋覆花	*Inula britanica*	菊科	旋覆花属	118
1295	烟管头草	*Carpesium cernuum*	菊科	天名精属	61
1296	苍耳	*Xanthium sibiricum*	菊科	苍耳属	118
1297	蒙古苍耳	*Xanthium mongolicum*	菊科	苍耳属	8

续表

序号	中文名	学名	科名	属名	分布的县域单元数量
1298	豨莶	*Siegesbeckia orientalis*	菊科	豨莶属	62
1299	腺梗豨莶	*Siegesbeckia pubescens*	菊科	豨莶属	62
1300	鳢肠	*Eclipta prostrata*	菊科	鳢肠属	117
1301	鬼针草	*Bidens pilosa*	菊科	鬼针草属	4
1302	金盏银盘	*Bidens biternata*	菊科	鬼针草属	28
1303	小花鬼针草	*Bidens parviflora*	菊科	鬼针草属	119
1304	婆婆针	*Bidens bipinnata*	菊科	鬼针草属	62
1305	狼杷草	*Bidens tripartita*	菊科	鬼针草属	60
1306	紫花野菊	*Dendranthema zawadskii*	菊科	菊属	6
1307	野菊	*Dendranthema indicum*	菊科	菊属	6
1308	小红菊	*Dendranthema chanetii*	菊科	菊属	7
1309	楔叶菊	*Dendranthema naktongense*	菊科	菊属	2
1310	委陵菊	*Dendranthema potentilloides*	菊科	菊属	2
1311	甘菊	*Dendranthema lavandulifolium*	菊科	菊属	61
1312	石胡荽	*Centipeda minima*	菊科	石胡荽属	118
1313	莳萝蒿	*Artemisia anethoides*	菊科	蒿属	5
1314	海州蒿	*Artemisia fauriei*	菊科	蒿属	47
1315	大籽蒿	*Artemisia sieversiana*	菊科	蒿属	5
1316	茵陈蒿	*Artemisia capillaris*	菊科	蒿属	119
1317	猪毛蒿	*Artemisia scoparia*	菊科	蒿属	63
1318	南牡蒿	*Artemisia eriopoda*	菊科	蒿属	63
1319	牡蒿	*Artemisia aponica*	菊科	蒿属	26
1320	狭叶牡蒿	*Artemisia angustissima*	菊科	蒿属	13
1321	黄花蒿	*Artemisia annua*	菊科	蒿属	118
1322	青蒿	*Artemisia carvifolia*	菊科	蒿属	118
1323	白莲蒿	*Artemisia sacrorum*	菊科	蒿属	63
1324	菴闾	*Artemisia keiskeana*	菊科	蒿属	20
1325	歧茎蒿	*Artemisia igniaria*	菊科	蒿属	61
1326	蒙古蒿	*Artemisia mongolica*	菊科	蒿属	62

续表

序号	中文名	学名	科名	属名	分布的县域单元数量
1327	辽东蒿	*Artemisia verbenacea*	菊科	蒿属	2
1328	蒌蒿	*Artemisia selengensis*	菊科	蒿属	61
1329	红足蒿	*Artemisia rubripes*	菊科	蒿属	62
1330	魁蒿	*Artemisia princeps*	菊科	蒿属	4
1331	五月艾	*Artemisia indica*	菊科	蒿属	62
1332	阴地蒿	*Artemisia sylvatica*	菊科	蒿属	62
1333	艾	*Artemisia argyi*	菊科	蒿属	119
1334	野艾蒿	*Artemisia lavandulaefolia*	菊科	蒿属	26
1335	矮蒿	*Artemisia lancea*	菊科	蒿属	61
1336	宽叶山蒿	*Artemisia stolonifera*	菊科	蒿属	3
1337	蜂斗菜	*Petasites japonicus*	菊科	蜂斗菜属	5
1338	兔儿伞	*Syneilesaconitifolia*	菊科	兔儿伞属	62
1339	山尖子	*Parasenecio hastata*	菊科	蟹甲草属	4
1340	狗舌草	*Tephroseris kirilowii*	菊科	狗舌草属	62
1341	琥珀千里光	*Senecio ambraceus*	菊科	千里光属	19
1342	林荫千里光	*Senecio nemorensis*	菊科	千里光属	62
1343	窄头橐吾	*Ligularia stenocephala*	菊科	橐吾属	2
1344	华东蓝刺头	*Echinops grijsii*	菊科	蓝刺头属	63
1345	朝鲜苍术	*Atractylodes coreana*	菊科	苍术属	9
1346	苍术	*Atractylodes lancea*	菊科	苍术属	61
1347	牛蒡	*Arctium lappa*	菊科	牛蒡属	3
1348	刺疙瘩	*Olgaea tangutica*	菊科	蝟菊属	4
1349	丝毛飞廉	*Carduus crispus*	菊科	飞廉属	62
1350	绿蓟	*Cirsium chinense*	菊科	蓟属	62
1351	蓟	*Cirsium japonicum*	菊科	蓟属	62
1352	野蓟	*Cirsium maackii*	菊科	蓟属	62
1353	刺儿菜	*Cirsium segetum*	菊科	蓟属	119
1354	泥胡菜	*Hemistepta lyrata*	菊科	泥胡菜属	118
1355	风毛菊	*Saussurea japonica*	菊科	风毛菊属	27

续表

序号	中文名	学名	科名	属名	分布的县域单元数量
1356	篦苞风毛菊	*Saussurea pectinata*	菊科	风毛菊属	1
1357	乌苏里风毛菊	*Saussurea ussuriensis*	菊科	风毛菊属	62
1358	华北风毛菊	*Saussurea mongolica*	菊科	风毛菊属	62
1359	麻花头	*Serratula centauroides*	菊科	麻花头属	62
1360	伪泥胡菜	*Serratula coronata*	菊科	麻花头属	3
1361	山牛蒡	*Synurus deltoides*	菊科	山牛蒡属	2
1362	漏芦	*Stemmacantha uniflora*	菊科	漏芦属	26
1363	大丁草	*Gerbera anandria*	菊科	大丁草属	62
1364	猫儿菊	*Hypochaeris ciliatus*	菊科	猫儿菊属	15
1365	日本毛连菜	*Picris japonica*	菊科	毛连菜属	61
1366	鸦葱	*Scorzonera austriaca*	菊科	鸦葱属	4
1367	桃叶鸦葱	*Scorzonera sinensis*	菊科	鸦葱属	9
1368	华北鸦葱	*Scorzonera albicaulis*	菊科	鸦葱属	8
1369	蒙古鸦葱	*Scorzonera mongolica*	菊科	鸦葱属	31
1370	苣荬菜	*Sonchus arvensis*	菊科	苦苣菜属	47
1371	长裂苦苣菜	*Sonchus brachyotus*	菊科	苦苣菜属	47
1372	山柳菊	*Hieracium umbellatum*	菊科	山柳菊属	4
1373	黄鹌菜	*Youngia japonica*	菊科	黄鹌菜属	62
1374	福王草	*Prenanthes tatarinowii*	菊科	福王草属	6
1375	乳苣	*Mulgedium tataricum*	菊科	乳苣属	10
1376	毛脉翅果菊	*Pterocypsela raddeana*	菊科	翅果菊属	19
1377	翅果菊	*Pterocypsela indica*	菊科	翅果菊属	62
1378	多裂翅果菊	*Pterocypsela laciniata*	菊科	翅果菊属	62
1379	苦荬菜	*Ixeris polycephala*	菊科	苦荬菜属	5
1380	抱茎小苦荬	*Ixeridium sonchifolium*	菊科	小苦荬属	118
1381	中华小苦荬	*Ixeridium chinense*	菊科	小苦荬属	118
1382	窄叶小苦荬	*Ixeridium gramineum*	菊科	小苦荬属	2
1383	并齿小苦荬	*Ixeridium biparum*	菊科	小苦荬属	3
1384	沙苦荬菜	*Chorisis repens*	菊科	沙苦荬菜属	18

续表

序号	中文名	学名	科名	属名	分布的县域单元数量
1385	黄瓜菜	*Paraixeris denticulata*	菊科	黄瓜菜属	61
1386	羽裂黄瓜菜	*Paraixeris pinnatipartita*	菊科	黄瓜菜属	2
1387	尖裂黄瓜菜	*Paraixeris serotina*	菊科	黄瓜菜属	1
1388	白缘蒲公英	*Taraxacum platypecidum*	菊科	蒲公英属	2
1389	东北蒲公英	*Taraxacum ohwianum*	菊科	蒲公英属	3
1390	蒲公英	*Taraxacum mongolicum*	菊科	蒲公英属	119
1391	华蒲公英	*Taraxacum borealisinense*	菊科	蒲公英属	2
1392	芦竹	*Arundo donax*	禾本科	芦竹属	8
1393	杂配藜	*Chenopodium hybridum*	藜科	藜属	4
1394	野胡萝卜	*Daucus carota*	伞形科	胡萝卜属	31
1395	芒车前	*Plantago aristata*	车前科	车前属	2
1396	大薸	*Pistia stratiotes*	天南星科	大薸属	4
1397	杂种车轴草	*Trifolium hybridum*	豆科	车轴草属	119
1398	蜀葵	*Althaea rosea*	锦葵科	蜀葵属	119

山东省被子植物分布范围宽窄不一(见表 3-3-2)。藜(*Chenopodium album*)、猪毛菜(*Salsola collina*)、马齿苋(*Portulaca oleracea*)等 31 种被子植物在 119 个县域单元均有分布,大狗尾草(*Setaria faberii*)、荻(*Triarrhena sacchariflora*)、白茅(*Imperata cylindrica*)等 159 种被子植物分布范围为 100～118 个县域评价单元,绶草(*Spiranthes sinensis*)、槲树(*Quercus dentata*)、水蓼(*Polygonum hydropiper*)等 311 种被子植物分布范围为 50～99 个县域单元,蛇莓(*Duchesneaindica*)、郁李(*Cerasus japonica*)、一叶萩(*Flueggea suffruticosa*)等 94 种被子植物分布范围为 30～49 个县域单元,楝木(*Cornus macrophylla*)、羊茅(*Festuca ovina*)、锦带花(*Weigela florida*)等 198 种被子植物分布范围为 10～29 个县域单元,半边莲(*Lobelia chinensis*)、紫花野菊(*Dendranthema zawadskii*)、福王草(*Prenanthes tatarinowii*)等 605 种被子植物分布范围狭窄,其分布范围均小于 10 个县域单元。

山东省县域被子植物丰富度差异明显(见图 3-3-3)。崂山区被子植物最为丰富,为 956 种;泰安市区、文登市和牟平区被子植物种类分别为 858 种、899 种和 924 种;济南市区、安丘市、山亭区等 31 个县域单元被子植物种类为 601～800 种;青岛市区、淄川区、滕州市等 28 个县域评价单元被子植物种类为 301～600 种;金乡县、郓城县、宁津县等 56 个县域评价单元被子植物种类为 100～300 种,长岛县被子植物种类最少,为 141 种。

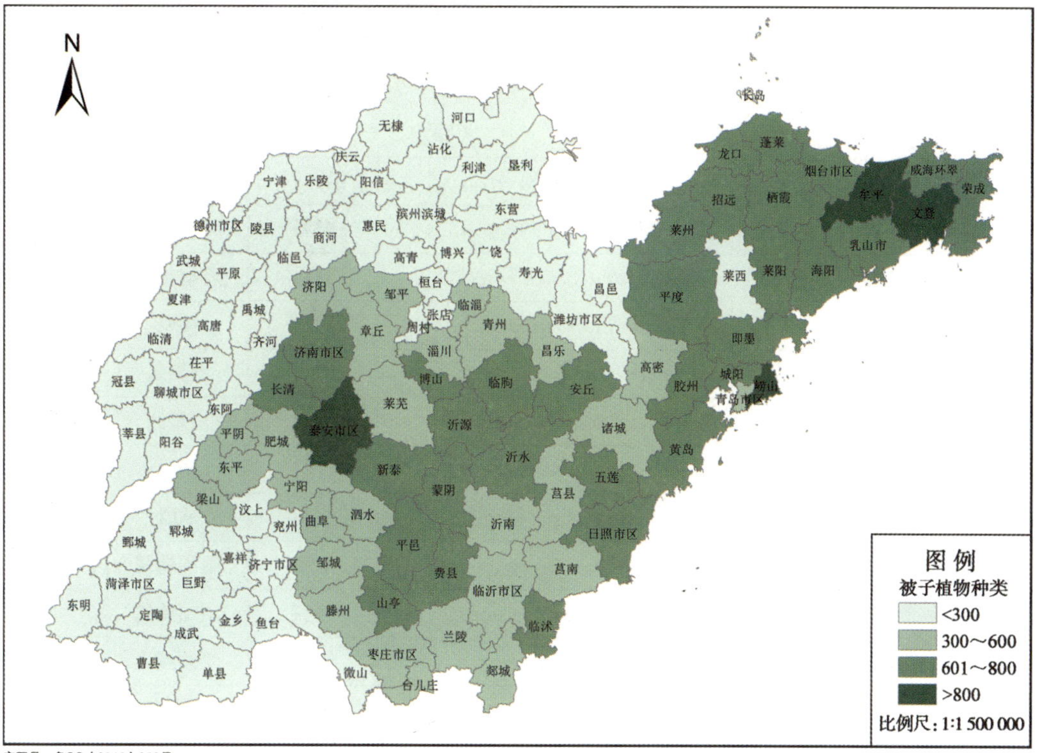

审图号：鲁SG（2018）069号

图 3-3-3　山东省被子植物丰富度县域分布

第四节　中国特有物种

一、中国特有野生高等动物

山东省分布有中国特有野生高等动物 44 种。其中，淡水鱼类 30 种，包括短吻间银鱼、团头鲂、湖北圆吻鲴等；两栖类 1 种，为无斑雨蛙；爬行类 9 种，包括黄纹石龙子、无蹼壁虎、北草蜥等；哺乳类 2 种，为麝鼹（华北亚种）和中华鼢鼠；鸟类 2 种，分别为宝兴歌鸫和黄腹山雀。山东省中国特有野生高等动物物种组成状况如表 3-4-1。

山东省中国特有野生高等动物分布范围差异较大（表 3-4-1）。巨口鱊（*Acheilognathus tabira*）、多鳞鱊（*Acheilognathus polylepis*）、短须颌须鮈（*Gnathopogon imberbis*）等 16 个物种分布范围仅 1～2 个县域单元，须鱊（*Acheilognathus barbatus*）、长蛇鮈（*Saurogobio dumerili*）、宜昌鳅鮀（*Gobiobotia ichangensis*）等 9 物种分布范围为 3～10 个县域单元，短吻鳅鮀（*Gobiobotia brevirostris*）、大眼鳜、黄纹石龙子等 9 物种分布范围为 10～50 个县域单元，短吻鳅鮀、大眼鳜、黄纹石龙子等 8 物种分布范围为 50～100 个县域单元，无蹼壁虎和黄腹山雀分布范围最广，在 119 个县域单元均有分布。

表 3-4-1　　山东省中国特有野生高等动物种类与分布情况

序号	中文名	学名	科名	属名	分布的县域单元数量
1	短吻间银鱼	*Hemisalanx brachyrostralis*	银鱼科	间银鱼属	6
2	团头鲂	*Megalobrama amblycephala*	鲤科	鲂属	82
3	湖北圆吻鲴	*Distoechodon hupeinensis*	鲤科	圆吻鲴属	2
4	须鱊	*Acheilognathus barbatus*	鲤科	鱊属	3
5	彩副鱊	*Paracheilognathus imberbis*	鲤科	副鱊属	2
6	须拟鱊	*Paracheilognathus shibatuea*	鲤科	副鱊属	1
7	巨口鱊	*Acheilognathus tabiro*	鲤科	鱊属	1
8	多鳞鱊	*Acheilognathus polylepis*	鲤科	鱊属	1
9	短须颌须鮈	*Gnathopogon imberbis*	鲤科	颌须鮈属	1
10	点纹颌须鮈	*Gnathopogon wolterstorffi*	鲤科	颌须鮈属	1
11	多纹颌须鮈	*Gnathopogon polytaenia*	鲤科	颌须鮈属	1
12	西湖颌须鮈	*Gnathopogon sihuensis*	鲤科	颌须鮈属	2
13	似铜鮈	*Gobio coriparoides*	鲤科	鮈属	1
14	黄河鮈	*Gobio huanghensis*	鲤科	鮈属	1
15	长蛇鮈	*Saurogobio dumerili*	鲤科	蛇鮈属	3
16	光唇蛇鮈	*Saurogobio gymnocheilus*	鲤科	蛇鮈属	2
17	多鳞铲颌鱼	*Varicorhinus macolepis*	鲤科	白甲鱼属	7
18	铜鱼	*Coreius heterodon*	鲤科	铜鱼属	8
19	北方铜鱼	*Coreius septentrionalis*	鲤科	铜鱼属	2
20	中间鳅鮀	*Gobiobotia intermedia*	鲤科	鳅鮀属	6
21	平鳍鳅鮀	*Gobiobotia homalopteroidea*	鲤科	鳅鮀属	1
22	宜昌鳅鮀	*Gobiobotia ichangensis*	鲤科	鳅鮀属	3
23	短吻鳅鮀	*Gobiobotia brevirostris*	鲤科	鳅鮀属	12
24	鳠	*Leiocassis longirostris*	鮠科	鳠属	5
25	中华青鳉	*Oryzias latipes sinensis*	大颌鳉科	青鳉属	34
26	大眼鳜	*Siniperca kneri*	鮨科	鳜属	16
27	斑鳜	*Siniperca scherzeri*	鮨科	鳜属	7
28	圆尾斗鱼	*Macropodus chinensis*	斗鱼科	斗鱼属	44
29	乌鳢	*Channa argus*	鳢科	鳢属	95

续表

序号	中文名	学名	科名	属名	分布的县域单元数量
30	刺鳅	*Mastacembelus aculeatus*	刺鳅科	刺鳅属	33
31	无斑雨蛙	*Hyla immaculata*	雨蛙科	雨蛙属	65
32	黄纹石龙子	*Eumeces capito*	石龙子科	石龙子属	29
33	蓝尾石龙子	*Eumeces elegans*	石龙子科	石龙子属	29
34	中国石龙子（*formosensis* 亚种）	*Eumeces chinensis formosensis*	石龙子科	石龙子属	29
35	无蹼壁虎	*Gekko swinhonis*	壁虎科	壁虎属	119
36	北草蜥	*Takydromus septentrionalis*	蜥蜴科	草蜥属	64
37	北滑蜥(*septentrionalis* 亚种)	*Scincella modesta septentrionalis*	石龙子科	滑蜥属	1
38	团花锦蛇	*Elaphe davidi*	游蛇科	锦蛇属	64
39	双斑锦蛇	*Elaphe bimaculata*	游蛇科	锦蛇属	64
40	乌梢蛇	*Zaocys dhumnades*	游蛇科	乌梢蛇属	1
41	麝鼹	*Scaptochirus moschatus*	鼹科	麝鼹属	72
42	中华鼢鼠	*Myospalax fontanieri*	鼹形鼠科	凸颅鼠属	64
43	宝兴歌鸫	*Turdus mupinensis*	鸫科	鸫属	29
44	黄腹山雀	*Parus venustulus*	山雀科	山雀属	119

山东省县域中国特有野生高等动物种类为 3～22 种。利津县和东平县分别有 22 种和 20 种，诸城市、高密市、五莲县等 6 个县域单元中国特有野生高等动物种类数为 15～19 种，莱芜市区、枣庄市区、山亭区等 58 个县域单元中国特有野生高等动物种类数为 10～14种，东营市区、垦利县、广饶县等 31 个县域单元中国特有野生高等动物种类数为 5～9种，滨城区、惠民县、阳信县等 22 个县域单元中国特有野生高等动物种类数均低于 5 种。山东省中国特有野生高等动物分布状况如图 3-4-1 所示。

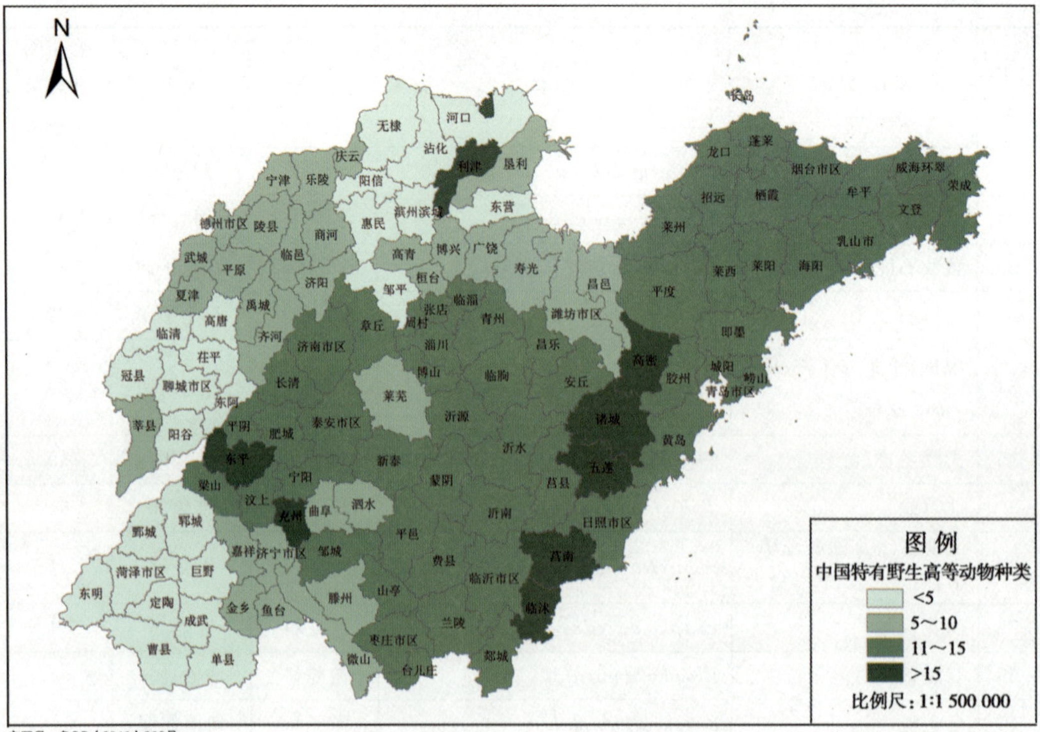

审图号：鲁SG（2018）069号

图 3-4-1　山东省中国特有野生高等动物种类县域分布

二、中国特有野生维管束植物

山东省分布有中国特有野生维管束植物 229 种。蕨类植物有 3 种，分别为蒙山粉背蕨、山东鳞毛蕨和假中华鳞毛蕨。裸子植物有 1 种，为油松。单子叶植物 30 种，以禾本科、莎草科、百合科植物为主，分别为 8 种、6 种和 7 种。禾本科植物有细叶臭草（*Melica radula*）、山东剪股颖（*Agrostis shandongensis*）、獐毛（*Aeluropus sinensis*）等，莎草科植物有荣成藨草（*Scirpus rongchengensis*）、山东白鳞莎草（*Cyperus shandongense*）、青岛薹草（*Carex qingdaoensis*）等，百合科植物有热河黄精（*Polygonatum macropodium*）、长花天门冬（*Asparagus longiflorus*）、泰山韭等；鸢尾科、兰科、黑三棱科、灯心草科植物较少，均为 1 种，包括有矮鸢尾、北火烧兰（*Epipactis xanthophaea*）、黑三棱（*Sparganium stoloniferum*）、洮南灯心草（*Juncus taonanensis*）等。双子叶植物 195 种，隶属于 49 科 118 属，以蔷薇科、豆科、菊科、杨柳科植物为主，分别为 23 种、15 种、15 种和 13 种。蔷薇科植物有绢毛匍匐委陵菜（*Potentilla reptans*）、宽蕊地榆（*Sanguisorba applanata*）、花楸树（*Sorbus pohuashanensis*）等；豆科植物包括皂荚（*Gleditsia sinensis*）、白刺花（*Sophora davidii*）、河北木蓝（*Indigofera bungeana*）等；菊科植物有腺梗豨莶（*Siegesbeckia pubescens*）、委陵菊（*Chrysanthemum potentilloides*）、辽东蒿（*Artemisia verbenacea*）等；杨柳科植物包括小钻杨（*Populus xiaozhuanica*）、旱柳（*Salix matsudana*）、黄龙柳（*Salix liouana*）等。另有毛茛

科、鼠李科、葡萄科等 45 科 129 种植物。山东省中国特有野生维管束植物物种组成状况如表 3-4-2 所示。

表 3-4-2　　山东省中国特有野生维管束植物种类与分布情况

序号	中文名	学名	科名	属名	分布的县域单元数量
1	蒙山粉背蕨	*Aleuritopteris mengshanensis*	中国蕨科	粉背蕨属	3
2	山东鳞毛蕨	*Dryopteris shandongensis*	鳞毛蕨科	鳞毛蕨属	2
3	假中华鳞毛蕨	*Dryopteris parachinensis*	鳞毛蕨科	鳞毛蕨属	3
4	油松	*Pinus tabulaeformis*	松科	松属	6
5	黑三棱	*Sparganium stoloniferum*	黑三棱科	黑三棱属	118
6	细叶臭草	*Melica radula*	禾本科	臭草属	63
7	法氏早熟禾	*Poa faberi*	禾本科	早熟禾属	64
8	山东剪股颖	*Agrostis shandongensis*	禾本科	剪股颖属	2
9	獐毛	*Aeluropus sinensis*	禾本科	獐毛属	10
10	秋画眉草	*Eragrostis autumnalis*	禾本科	画眉草属	61
11	多叶隐子草	*Cleistogenes polyphylla*	禾本科	隐子草属	2
12	丛生隐子草	*Cleistogenes caespitosa*	禾本科	隐子草属	45
13	金色狗尾草	*Setaria glauca*	禾本科	狗尾草属	117
14	荣成藨草	*Scirpus rongchengensis*	莎草科	藨草属	3
15	山东白鳞莎草	*Cyperus shandongense*	莎草科	莎草属	2
16	江苏薹草	*Carex kiangsuensis*	莎草科	薹草属	2
17	青岛薹草	*Carex qingdaoensis*	莎草科	薹草属	2
18	唐进薹草	*Carex tangiana*	莎草科	薹草属	3
19	胶东薹草	*Carex jiaodongensis*	莎草科	薹草属	1
20	虎掌	*Pinellia pedatisecta*	天南星科	半夏属	61
21	独角莲	*Typhonium giganteum*	天南星科	犁头尖属	5
22	玉龙山谷精草	*Eriocaulon rockianum*	谷精草科	谷精草属	1
23	泰山谷精草	*Eriocaulon taishanense*	谷精草科	谷精草属	2
24	洮南灯心草	*Juncus taonanensis*	灯心草科	灯心草属	2
25	山东百部	*Stemona shandongensis*	百部科	百部属	2
26	长花天门冬	*Asparagus longiflorus*	百合科	天门冬属	4
27	禾叶山麦冬	*Liriope graminifolia*	百合科	山麦冬属	7
28	热河黄精	*Polygonatum macropodium*	百合科	黄精属	66
29	矮齿韭	*Allium brevidentatum*	百合科	葱属	3

续表

序号	中文名	学名	科名	属名	分布的县域单元数量
30	泰山韭	*Allium taishanense*	百合科	葱属	62
31	狭叶藜芦	*Veratrum stenophyllum*	百合科	藜芦属	2
32	野百合	*Lilium brownii*	百合科	百合属	49
33	矮鸢尾	*Iris kobayashii*	鸢尾科	鸢尾属	2
34	北火烧兰	*Epipactis xanthophaea*	兰科	火烧兰属	6
35	丝穗金粟兰	*Chloranthus fortunei*	金粟兰科	金粟兰属	4
36	河北杨	*Populus hopeiensis*	杨柳科	杨属	2
37	毛白杨	*Populus tomentosa*	杨柳科	杨属	118
38	五莲杨	*Populus wulianensis*	杨柳科	杨属	3
39	响毛杨	*Populus pseudo-tomentosa*	杨柳科	杨属	2
40	小钻杨	*Populus xiaozhuanica*	杨柳科	杨属	118
41	旱柳	*Salix matsudana*	杨柳科	柳属	118
42	垂柳	*Salix babylonica*	杨柳科	柳属	117
43	簸箕柳	*Salix suchowensis*	杨柳科	柳属	20
44	黄龙柳	*Salix liouana*	杨柳科	柳属	4
45	小叶山毛柳	*Salix pseudopermollis*	杨柳科	柳属	3
46	鲁中柳	*Salix luzhongensis*	杨柳科	柳属	5
47	泰山柳	*Salix taishanensis*	杨柳科	柳属	2
48	中国黄花柳	*Salix sinica*	杨柳科	柳属	2
49	蒙山鹅耳枥	*Carpinus mengshanensis*	桦木科	鹅耳枥属	2
50	房山栎	*Quercus fangshanensis*	壳斗科	栎属	2
51	河北栎	*Quercus hopeiensis*	壳斗科	栎属	5
52	旱榆	*Ulmus glaucescens*	榆科	榆属	3
53	大叶榉	*Zelkova schneideriana*	榆科	榉属	4
54	青檀	*Pteroceltis tatarinowii*	榆科	青檀属	5
55	华北百蕊草	*Thesium cathaicum*	檀香科	百蕊草属	61
56	寻骨风	*Aristolochia mollissima*	马兜铃科	马兜铃属	61
57	愉悦蓼	*Polygonum jucundum*	蓼科	蓼属	3
58	木藤蓼	*Fallopia aubertii*	蓼科	何首乌属	2

续表

序号	中文名	学名	科名	属名	分布的县域单元数量
59	细穗藜	*Chenopodium gracilispicum*	藜科	藜属	2
60	东亚市藜	*Chenopodium urbicum* subsp. *sinicum*	藜科	藜属	3
61	软毛虫实	*Corispermum puberulum*	藜科	虫实属	2
62	细苞虫实	*Corispermum stenolepis*	藜科	虫实属	1
63	烛台虫实	*Corispermum candelabrum*	藜科	虫实属	3
64	中国繁缕	*Stellaria chinensis*	石竹科	繁缕属	49
65	鹤草	*Silene fortunei*	石竹科	蝇子草属	61
66	拟两色乌头	*Aconitum loczyonum*	毛茛科	乌头属	2
67	烟台翠雀花	*Delphinium chefoense*	毛茛科	翠雀属	23
68	华北耧斗菜	*Aquilegia yabeana*	毛茛科	耧斗菜属	5
69	长冬草	*Clematis haxapetala* var. *tohefoueusis*	毛茛科	铁线莲属	61
70	太行铁线莲	*Clematis kirilowii*	毛茛科	铁线莲属	9
71	毛果扬子铁线莲	*Clematis ganpiniana*	毛茛科	铁线莲属	9
72	丝叶唐松草	*Thalictrum foeniculaceum*	毛茛科	唐松草属	2
73	盾叶唐松草	*Thalictrum ichangense*	毛茛科	唐松草属	3
74	阜平黄堇	*Corydalis chanetii*	罂粟科	紫堇属	2
75	多花景天	*Sedum floriferum*	景天科	景天属	10
76	胶东景天	*Sedum jiaodongense*	景天科	景天属	2
77	火焰草	*Sedum stellariifolium*	景天科	景天属	45
78	大花溲疏	*Deutzia grandiflora*	虎耳草科	溲疏属	44
79	华北绣线菊	*Spiraea fritschiana*	蔷薇科	绣线菊属	3
80	金州绣线菊	*Spiraea nishimurae*	蔷薇科	绣线菊属	3
81	疏毛绣线菊	*Spiraea hirsula*	蔷薇科	绣线菊属	3
82	中华绣线菊	*Spiraea chinensis*	蔷薇科	绣线菊属	2
83	刺毛白叶莓	*Rubus spinulosoides*	蔷薇科	悬钩子属	2
84	柔毛路边青	*Geum japonicum*	蔷薇科	路边青属	45
85	绢毛匍匐委陵菜	*Potentilla reptans*	蔷薇科	委陵菜属	2
86	宽蕊地榆	*Sanguisorba applanata*	蔷薇科	地榆属	20
87	花楸树	*Sorbus pohuashanensis*	蔷薇科	花楸属	45

续表

序号	中文名	学名	科名	属名	分布的县域单元数量
88	北京花楸	*Sorbus discolor*	蔷薇科	花楸属	36
89	湖北花楸	*Sorbus hupehensis*	蔷薇科	花楸属	26
90	河北梨	*Pyrus hopeiensis*	蔷薇科	梨属	2
91	崂山梨	*Pyrus trilocularis*	蔷薇科	梨属	1
92	褐梨	*Pyrus phaeocarpa*	蔷薇科	梨属	23
93	湖北海棠	*Malus hupehensis*	蔷薇科	苹果属	45
94	楸子	*Malus prunifolia*	蔷薇科	苹果属	36
95	西北栒子	*Cotoneaster zabelii*	蔷薇科	栒子属	37
96	山东栒子	*Cotoneaster schantungensis*	蔷薇科	栒子属	2
97	山东山楂	*Crataegus shandongensis*	蔷薇科	山楂属	3
98	山桃	*Amygdalus davidiana*	蔷薇科	桃属	118
99	毛樱桃	*Cerasus tomentosa*	蔷薇科	樱属	37
100	毛叶欧李	*Cerasus dictyoneura*	蔷薇科	樱属	2
101	欧李	*Cerasus humilis*	蔷薇科	樱属	45
102	野皂荚	*Gleditsia microphylla*	豆科	皂荚属	5
103	皂荚	*Gleditsia sinensis*	豆科	皂荚属	118
104	白刺花	*Sophora davidii*	豆科	槐属	25
105	河北木蓝	*Indigofera bungeana*	豆科	木蓝属	14
106	多花胡枝子	*Lespedeza floribunda*	豆科	胡枝子属	62
107	长叶胡枝子	*Lespedeza caraganae*	豆科	胡枝子属	15
108	锦鸡儿	*Caragana sinica*	豆科	锦鸡儿属	37
109	红花锦鸡儿	*Caragana rosea*	豆科	锦鸡儿属	19
110	毛掌叶锦鸡儿	*Caragana leveillei*	豆科	锦鸡儿属	18
111	鸡峰山黄芪	*Astragalus kifonsanicus*	豆科	黄芪属	4
112	华黄芪	*Astragalus chinensis*	豆科	黄芪属	11
113	牯岭野豌豆	*Vicia kulingiana*	豆科	野豌豆属	2
114	千山野豌豆	*Vicia chianshanensis*	豆科	野豌豆属	2
115	确山野豌豆	*Vicia kioshanica*	豆科	野豌豆属	3
116	中华山黧豆	*Lathyrus dielsianus*	豆科	山黧豆属	2

续表

序号	中文名	学名	科名	属名	分布的县域单元数量
117	花椒	*Zanthoxylum bungeanum*	芸香科	花椒属	118
118	野花椒	*Zanthoxylum simulans*	芸香科	花椒属	45
119	臭椿	*Ailanthus altissima*	苦木科	臭椿属	119
120	刺臭椿	*Ailanthus vilmoriniana*	苦木科	臭椿属	36
121	地构叶	*Speranskia tuberculata*	大戟科	地构叶属	61
122	山麻杆	*Alchornea davidii*	大戟科	山麻杆属	8
123	甘肃大戟	*Euphorbia kansuensis*	大戟科	大戟属	5
124	泰山盐肤木	*Rhus taishanensis*	漆树科	盐肤木属	2
125	栓翅卫矛	*Euonymus phellomanus*	卫矛科	卫矛属	1
126	胶州卫矛	*Euonymus kiautschovicus*	卫矛科	卫矛属	44
127	苦皮藤	*Celastrus angulatus*	卫矛科	南蛇藤属	4
128	元宝槭	*Acer truncatum*	槭树科	槭属	45
129	茶条槭	*Acer ginnala*	槭树科	槭属	2
130	青榨槭	*Acer davidii*	槭树科	槭属	3
131	长裂葛萝槭	*Acer grosseri*	槭树科	槭属	8
132	卵叶鼠李	*Rhamnus bungeana*	鼠李科	鼠李属	3
133	小叶鼠李	*Rhamnus parvifolia*	鼠李科	鼠李属	62
134	锐齿鼠李	*Rhamnus arguta*	鼠李科	鼠李属	62
135	圆叶鼠李	*Rhamnus globosa*	鼠李科	鼠李属	61
136	薄叶鼠李	*Rhamnus leptophylla*	鼠李科	鼠李属	3
137	甘青鼠李	*Rhamnus tangutica*	鼠李科	鼠李属	3
138	崂山鼠李	*Rhamnus laoshanensis*	鼠李科	鼠李属	2
139	山葡萄	*Vitis amurensis*	葡萄科	葡萄属	62
140	蘡薁	*Vitis bryoniaefolia*	葡萄科	葡萄属	62
141	葎叶蛇葡萄	*Ampelopsis humulifolia*	葡萄科	蛇葡萄属	63
142	三裂叶蛇葡萄	*Ampelopsis delavayana*	葡萄科	蛇葡萄属	3
143	乌头叶蛇葡萄	*Ampelopsis aconitifolia*	葡萄科	蛇葡萄属	2
144	异叶爬山虎	*Parthenocissus dalzielii*	葡萄科	地锦属	3
145	泰山椴	*Tilia taishanensis*	椴树科	椴树属	4

续表

序号	中文名	学名	科名	属名	分布的县域单元数量
146	胶东椴	*Tilia jiaodongensis*	椴树科	椴树属	1
147	小花扁担杆	*Grewia biloba*	椴树科	扁担杆属	63
148	柽柳	*Tamarix chinensis*	柽柳科	柽柳属	12
149	维西堇菜	*Viola monbeigii*	堇菜科	堇菜属	26
150	总裂叶堇菜	*Viola fissifolia*	堇菜科	堇菜属	2
151	西山堇菜	*Viola hancockii*	堇菜科	堇菜属	3
152	蒙古堇菜	*Viola mongolica*	堇菜科	堇菜属	62
153	黄毛楤木	*Aralia chinensis*	五加科	楤木属	4
154	北柴胡	*Bupleurum chinense*	伞形科	柴胡属	61
155	条叶岩风	*Libanotis lancifolia*	伞形科	岩风属	4
156	济南岩风	*Libanotis jinanensis*	伞形科	岩风属	1
157	中华水芹	*Oenanthe sinensis*	伞形科	水芹属	6
158	辽藁本	*Ligusticum jeholens*	伞形科	藁本属	23
159	铜山阿魏	*Ferula licentiana*	伞形科	阿魏属	2
160	泰山前胡	*Peucedanum wawrae*	伞形科	前胡属	62
161	毛梾	*Cornus walteri*	山茱萸科	山茱萸属	62
162	鹿蹄草	*Pyrola calliantha*	鹿蹄草科	鹿蹄草属	3
163	轮叶过路黄	*Lysimachia klattiana*	报春花科	珍珠菜属	45
164	狭叶珍珠菜	*Lysimachia pentapetala*	报春花科	珍珠菜属	62
165	小叶珍珠菜	*Lysimachia parvifolia*	报春花科	珍珠菜属	3
166	烟台补血草	*Limonium franchetii*	白花丹科	补血草属	20
167	尖叶梣	*Fraxinus szaboana*	木犀科	梣属	1
168	小叶梣	*Fraxinus bungeana*	木犀科	梣属	2
169	雪柳	*Fontanesia phillyreoides* subsp. *fortunei*	木犀科	雪柳属	61
170	连翘	*Forsythia suspensa*	木犀科	连翘属	61
171	秦连翘	*Forsythia giraldiana*	木犀科	连翘属	4
172	辽东水蜡树	*Ligustrum obtusifolium*	木犀科	女贞属	19
173	迎春花	*Jasminum nudiflorum*	木犀科	素馨属	26
174	杠柳	*Periploca sepium*	萝藦科	杠柳属	62

续表

序号	中文名	学名	科名	属名	分布的县域单元数量
175	华北白前	*Cynanchum mongolicum*	萝藦科	鹅绒藤属	62
176	变色白前	*Cynanchum versicolor*	萝藦科	鹅绒藤属	45
177	弯齿盾果草	*Thyrocarpus glochidiatus*	紫草科	盾果草属	2
178	斑种草	*Bothriospermum chinense*	紫草科	斑种草属	62
179	多苞斑种草	*Bothriospermum secundum*	紫草科	斑种草属	61
180	蒙山附地菜	*Trigonotis tenera*	紫草科	附地菜属	3
181	钝萼附地菜	*Trigonotis peduncularis* var. *amblyosepala*	紫草科	附地菜属	2
182	老鸦糊	*Callicarpa giraldii*	马鞭草科	紫珠属	5
183	筋骨草	*Ajuga ciliata*	唇形科	筋骨草属	5
184	线叶筋骨草	*Ajuga linearifolia*	唇形科	筋骨草属	9
185	大叶黄芩	*Scutellaria megaphylla*	唇形科	黄芩属	1
186	粘毛黄芩	*Scutellaria viscidula*	唇形科	黄芩属	1
187	喜荫黄芩	*Scutellaria sciaphila*	唇形科	黄芩属	19
188	糙苏	*Phlomis umbrosa*	唇形科	糙苏属	62
189	辽宁香茶菜	*Rabdosia websteri*	唇形科	香茶菜属	22
190	錾菜	*Leonurus pseudomacranthus*	唇形科	益母草属	62
191	威海鼠尾草	*Salvia weihaiensis*	唇形科	鼠尾草属	2
192	华鼠尾草	*Salvia chinensis*	唇形科	鼠尾草属	2
193	华北散血丹	*Physaliastrum sinicum*	茄科	散血丹属	3
194	楸叶泡桐	*Paulownia catalpifolia*	玄参科	泡桐属	23
195	地黄	*Rehmannia glutinosa*	玄参科	地黄属	119
196	泰山母草	*Lindernia taishanensis*	玄参科	母草属	2
197	灰楸	*Catalpa fargesii*	紫葳科	梓属	3
198	角蒿	*Incarvillea sinensis*	紫葳科	角蒿属	61
199	中华列当	*Orobanche mongolica*	列当科	列当属	2
200	旋蒴苣苔	*Boea hygrometrica*	苦苣苔科	旋蒴苣苔属	61
201	卵叶茜草	*Rubia ovatifolia*	茜草科	茜草属	5
202	山东茜草	*Rubia truppeliana*	茜草科	茜草属	118
203	山东丰花草	*Borreria shandongensis*	茜草科	丰花草属	8

续表

序号	中文名	学名	科名	属名	分布的县域单元数量
204	接骨木	*Sambucus williamsii*	忍冬科	接骨木属	7
205	陕西荚蒾	*Viburnum schensianum*	忍冬科	荚蒾属	10
206	华北忍冬	*Lonicera tatarinowii*	忍冬科	忍冬属	2
207	郁香忍冬	*Lonicera fragrantissima*	忍冬科	忍冬属	61
208	长花忍冬	*Lonicera longiflora*	忍冬科	忍冬属	2
209	岩败酱	*Patrinia rupestris*	败酱科	败酱属	6
210	少蕊败酱	*Patrinia monandra*	败酱科	败酱属	4
211	墓头回	*Patrinia heterophylla*	败酱科	败酱属	62
212	假贝母	*Bolbostemma paniculatum*	葫芦科	假贝母属	4
213	细叶沙参	*Adenophora capillaria* subsp. *paniculata*	桔梗科	沙参属	8
214	荠苨	*Adenophora trachelioides*	桔梗科	沙参属	62
215	山马兰	*Kalimeris lautureana*	菊科	马兰属	45
216	蒙古马兰	*Kalimeris mongolica*	菊科	马兰属	3
217	碱菀	*Tripolium vulgare*	菊科	碱菀属	50
218	蒙古苍耳	*Xanthium mongolicum*	菊科	苍耳属	8
219	腺梗豨莶	*Siegesbeckia pubescens*	菊科	豨莶属	62
220	委陵菊	*Dendranthema potentilloides*	菊科	菊属	2
221	甘菊	*Dendranthema lavandulifolium*	菊科	菊属	61
222	歧茎蒿	*Artemisia igniaria*	菊科	蒿属	61
223	辽东蒿	*Artemisia verbenacea*	菊科	蒿属	2
224	华东蓝刺头	*Echinops grijsii*	菊科	蓝刺头属	63
225	刺疙瘩	*Olgaea tangutica*	菊科	蝟菊属	4
226	绿蓟	*Cirsium chinense*	菊科	蓟属	62
227	篦苞风毛菊	*Saussurea pectinata*	菊科	风毛菊属	1
228	桃叶鸦葱	*Scorzonera sinensis*	菊科	鸦葱属	9
229	并齿小苦荬	*Ixeridium biparum*	菊科	小苦荬属	3

山东省中国特有野生维管束植物分布范围宽窄不一(见表 3-4-2)。金色狗尾草(*Setaria glauca*)、垂柳(*Salix babylonica*)、黑三棱等 12 种中国特有野生维管束植物在山东省广泛分布,分布范围均在 100 个县域单元以上,秋画眉草(*Eragrostis autumnalis*)、

华北百蕊草、寻骨风(*Aristolochia mollissima*)等 43 种中国特有野生维管束植物分布范围在 50～100 个县域单元,多花景天(*Sedum floriferum*)、陕西荚蒾(*Viburnum schensianum*)、柽柳(*Tamarix chinensis*)等 44 种中国特有野生维管束植物分布范围为 10～49 个县域单元,假贝母(*Bolbostemma paniculatum*)、刺疙瘩(*Olgaea tangutica*)、独角莲(*Typhonium giganteum*)等 130 种中国特有野生维管束植物分布范围均低于 10 个县域评价单元。

山东省县域中国特有野生维管束植物种类数为 10～156 种(见图 3-4-2)。其中,牟平区中国特有野生维管束植物种类最多,为 156 种;文登市、崂山区和泰安市区中国特有野生维管束植物种类分别为 111 种、130 种和 133 种;邹城市、台儿庄区和诸城市等 38 个县域单元中国特有野生维管束植物种类数为 71～100 种;青岛市区、济阳县和梁山县等 22 个县域单元中国特有野生维管束植物种类数为 30～70 种;高唐县、临清市和惠民县等 56 个县域单元中国特有野生维管束植物种类数均低于 30 种。

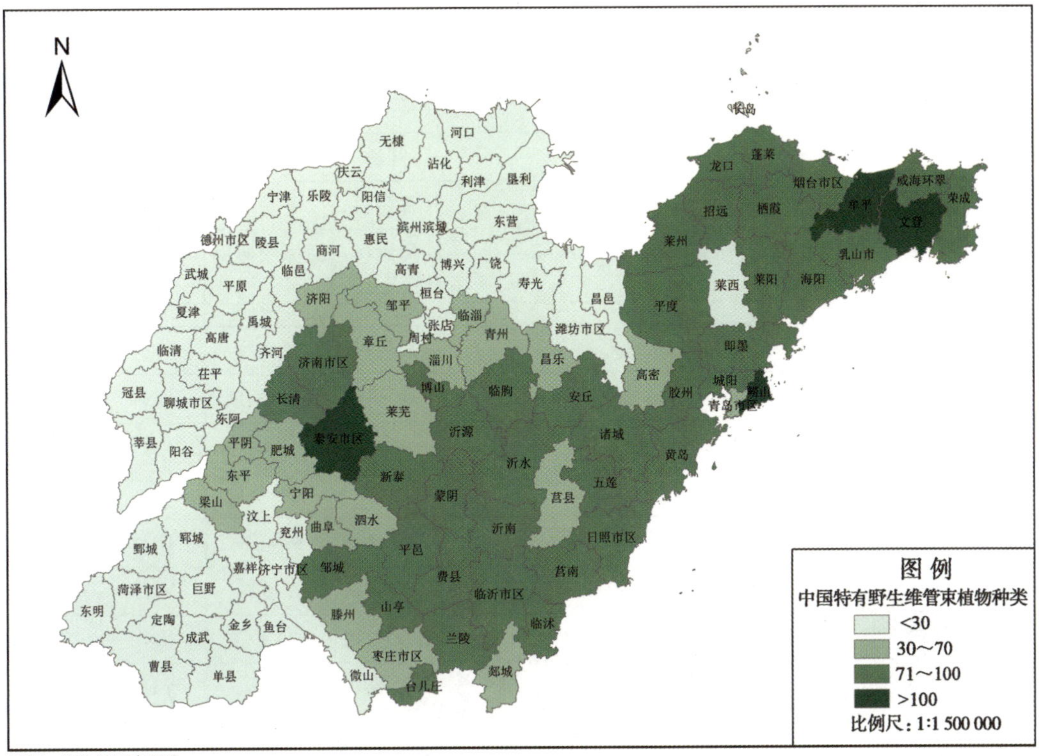

审图号：鲁SG(2018)069号

图 3-4-2 山东省中国特有野生维管束植物丰富度县域分布

第五节　受威胁物种

一、受威胁野生高等动物

根据《世界自然保护联盟(IUCN)物种红色名录濒危等级和标准》，山东省分布有受威胁野生高等动物45种，隶属于鲻形目、龟鳖目、鹈形目等15目。其中，极危物种(CR)3种，分别为青头潜鸭、白鹤和中华端凤头燕鸥，濒危物种(EN)13种，包括湖北圆吻鲴、松江鲈、中华秋沙鸭等；易危物种(VU)29种，包括中华青鳉、团花锦蛇、黄嘴白鹭(*Egretta eulophotes*)等。山东省受威胁野生高等动物物种组成状况如表3-5-1所示。

表3-5-1　　山东省受威胁野生高等动物种类与分布情况

序号	中文名	学名	科名	属名	受威胁程度	分布的县域单元数量
1	细鳞鲑	*Brachymystax lenok*	鲑科	细鳞鲑属	VU	1
2	香鱼	*Plecoglossus altivelis*	香鱼科	香鱼属	VU	1
3	拟原银鱼	*Paraprotosalanx andersoni*	爬鳅科	似原吸鳅属	VU	1
4	尖头银鱼	*Salanx acuticeps*	银鱼科	银鱼属	VU	1
5	长鳍银鱼	*Salanx longianalis*	银鱼科	银鱼属	VU	2
6	湖北圆吻鲴	*Distoechodon hupeinensis*	鲤科	圆吻鲴属	EN	2
7	黄河鮈	*Gobio huanghensis*	鲤科	鮈属	VU	1
8	多鳞铲颌鱼	*Varicorhinus macolepis*	鲤科	白甲鱼属	EN	7
9	平鳍鳅鮀	*Gobiobotia homalopteroidea*	鲤科	鳅鮀属	EN	1
10	中华青鳉	*Oryzias latipes sinensis*	大颌鳉科	青鳉属	VU	34
11	松江鲈	*Trachidermus fasciatus*	杜父鱼科	松江鲈属	EN	3
12	鳖(中华鳖)	*Trionyx sinensis*	鳖科	鳖属	VU	113
13	乌龟	*Chinemys reevesii*	龟科	乌龟属	EN	113
14	团花锦蛇	*Elaphe davidi*	游蛇科	锦蛇属	VU	60
15	棕黑锦蛇	*Elaphe schrenckii*	游蛇科	锦蛇属	VU	60
16	黑眉锦蛇	*Elaphe taeniura*	游蛇科	锦蛇属	VU	45
17	王锦蛇	*Elaphe carinata*	游蛇科	锦蛇属	VU	1
18	乌梢蛇	*Zaocys dhumnades*	游蛇科	乌梢蛇属	VU	1

续表

序号	中文名	学名	科名	属名	受威胁程度	分布的县域单元数量
19	貉	*Nyctereutes procyonoides*	犬科	貉属	VU	60
20	猪獾	*Arctonyx collaris*	鼬科	猪獾属	VU	39
21	豹猫(北方亚种)	*Prionailurus bengalensis euptilurua*	猫科	豹猫属	VU	113
22	短尾信天翁	*Phoebastria albatrus*	信天翁科	信天翁属	VU	29
23	黄嘴白鹭	*Egretta eulophotes*	鹭科	白鹭属	VU	29
24	黑脸琵鹭	*Platalea minor*	鹮科	琵鹭属	EN	37
25	鸿雁	*Anser cygnoides*	鸭科	雁属	VU	37
26	小白额雁	*Anser erythropus*	鸭科	雁属	VU	76
27	青头潜鸭	*Aythya baeri*	鸭科	潜鸭属	CR	37
28	小绒鸭	*Polysticta stelleri*	鸭科	小绒鸭属	VU	29
29	中华秋沙鸭	*Mergus squamatus*	鸭科	秋沙鸭属	EN	37
30	长尾鸭	*Clangula hyemalis*	鸭科	长尾鸭属	VU	29
31	白肩雕	*Aquila heliaca*	鹰科	雕属	VU	29
32	乌雕	*Clanga clanga*	鹰科	乌雕属	VU	29
33	猎隼	*Falco cherrug*	隼科	隼属	EN	29
34	白头鹤	*Grus monacha*	鹤科	鹤属	VU	8
35	丹顶鹤	*Grus japonensis*	鹤科	鹤属	EN	37
36	白枕鹤	*Grus vipio*	鹤科	鹤属	VU	8
37	白鹤	*Grus leucogeranus*	鹤科	鹤属	CR	29
38	花田鸡	*Coturnicops exquisitus*	秧鸡科	田鸡属	VU	29
39	小青脚鹬	*Tringa guttifer*	鹬科	鹬属	EN	8
40	林沙锥	*Gallinago nemoricola*	鹬科	沙锥属	VU	29
41	黑嘴鸥	*Chroicocephalus saundersi*	鸥科	彩头鸥属	VU	8
42	中华端凤头燕鸥	*Thalasseus bernsteini*	鸥科	凤头燕鸥属	CR	8
43	黄胸鹀(指名亚种)	*Emberiza aureola aureola*	鹀科	鹀属	EN	113
44	黄胸鹀(*ornate* 亚种)	*Emberiza aureola ornate*	鹀科	鹀属	EN	113
45	黄喉鹀(*ticehursti* 亚种)	*Emberiza elegans ticehursti*	鹀科	鹀属	EN	113

注:“CR”“EN”“VU”指在《IUCN》中的“极危”“濒危”“易危”三种物种濒危等级。

山东省受威胁野生高等动物县域分布范围差异较大（见表 3-5-1）。乌龟、黄胸鹀（指名亚种）（*Emberiza aureola aureola*）、鳖（中华鳖）等 6 种动物分布范围超过 100 个县域单元，黑眉锦蛇、团花锦蛇、棕黑锦蛇、貉和小白额雁（*Anser erythropus*）5 种动物分布范围为 40～100 个县域单元，猎隼、短尾信天翁、小绒鸭等 17 种动物分布范围为 10～39 个县域单元，尖头银鱼、王锦蛇、中华端凤头燕鸥等 17 种动物分布范围低于 10 个县域单元。

山东省县域受威胁野生高等动物种类数为 8～23 种（见图 3-5-1）。高密市、日照市区、五莲县等 30 个县域单元受威胁野生高等动物种类在 20 种以上；安丘市、泰安市区、莒县等 42 个县域单元受威胁野生高等动物种类为 10～20 种；47 个县域单元受威胁野生高等动物种类均低于 10 种。

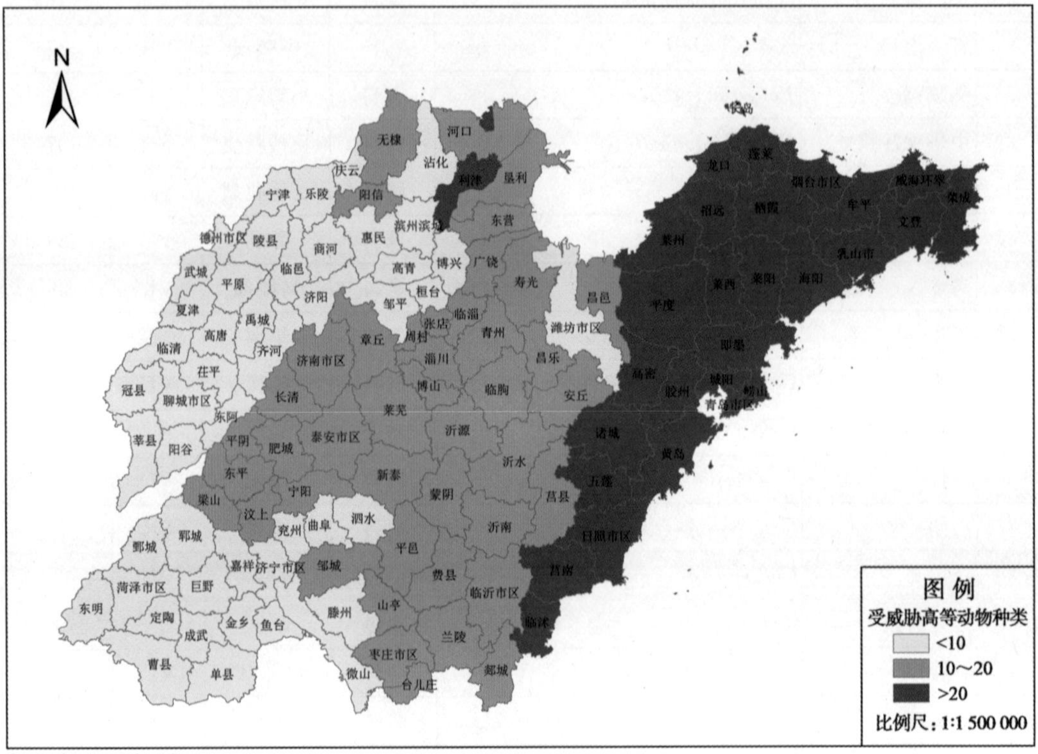

审图号：鲁SG（2018）069号

图 3-5-1　山东省受威胁野生高等动物丰富度县域分布

二、受威胁野生维管束植物

根据《世界自然保护联盟(IUCN)物种红色名录濒危等级和标准》,山东省分布有受威胁野生维管束植物 7 种,包括极危植物 1 种,为矮鸢尾,易危植物6 种,分别为泰山韭、山东万寿竹 、天麻、玫瑰 、黄芪 和珊瑚菜。泰山韭分布范围最广,分布范围涉及 62 个县域单元,黄芪和珊瑚菜分布范围分别为 25 个县域单元和 19 个县域单元,山东万寿竹、天麻、玫瑰、矮鸢尾等4 种植物分布范围为 1～2 个县域单元。山东省受威胁野生维管束植物种类及其分布情况如表 3-5-2 所示。

表 3-5-2　　山东省受威胁野生维管束植物种类及其县域分布情况

序号	中文名	学名	科名	属名	分布的县域单元数量
1	矮鸢尾	*Iris kobayashii*	鸢尾科	鸢尾属	2
2	泰山韭	*Allium taishanense*	百合科	葱属	62
3	山东万寿竹	*Disporum smilacinum*	百合科	万寿竹属	3
4	天麻	*Gastrodia elata*	兰科	天麻属	1
5	玫瑰	*Rosa rugosa*	蔷薇科	蔷薇属	2
6	黄芪	*Astragalus membranaceus*	豆科	黄芪属	25
7	珊瑚菜	*Glehnia littoralis*	伞形科	珊瑚菜属	19

山东省县域受威胁野生维管束植物种类为 0～5 种。荣成市受威胁野生维管束植物种类最多,为 5 种,崂山区、牟平区和文登市受威胁野生维管束植物种类均为 4 种,章丘市、青岛市区、城阳区等 30 个县域单元受威胁野生维管束植物种类为 2～3 种,平阴县、李沧区、莱西市等 34 个县域单元受威胁野生维管束植物种类为 1 种, 51 个县域单元中无受威胁野生维管束植物分布。

第六节　外来入侵物种

山东省分布有外来入侵维管束植物 43 种,外来入侵高等动物 3 种。外来入侵维管束植物以禾本科、菊科、苋科植物为主,均为草本植物,如梯牧草(*Phleum pratense*)、刺苋(*Amaranthus spinosus*)、欧洲千里光(*Senecio vulgaris*)等;3 种外来入侵动物分别为褐家鼠(*Rattus novegicus*)、小家鼠(*Mus musculus*)和屋顶鼠(*Rattus rattus*)。山东省外来入侵物种组成见表 3-6-1。

表 3-6-1 山东省外来入侵物种及其分布情况

序号	中文名	学名	分布的县域单元数量
1	梯牧草	*Phleum pratense*	3
2	大米草	*Spartina anglica*	8
3	凤眼蓝	*Eichhornia crassipes*	5
4	刺苋	*Amaranthus spinosus*	10
5	垂序商陆	*Phylolacca americana*	61
6	剑叶金鸡菊	*Coreopsis lanceolata*	7
7	欧洲千里光	*Senecio vulgaris*	3
8	喜旱莲子草	*Alternanthera philoxeroides*	7
9	白车轴草	*Trifolium repens*	118
10	红车轴草	*Trifolium pratense*	118
11	豚草	*Ambrosia artemisiifolia*	22
12	毒麦	*Lonium temulentum*	1
13	加拿大早熟禾	*Poa compressa*	19
14	石茅	*Sorghum halepense*	3
15	大麻	*Cannabis sativa*	118
16	土荆芥	*Chenopodium ambrosioides*	5
17	反枝苋	*Amaranthus retroflexus*	117
18	皱果苋	*Amaranthus viridis*	118
19	北美苋	*Amaranthus blitoides*	4
20	麦蓝菜	*Vaccaria segetalis*	118
21	臭荠	*Coronopus didymus*	33
22	北美独行菜	*Lepidium virginicum*	67
23	白花草木犀	*Melilotus alba*	117
24	南苜蓿	*Medicago polymorpha*	20
25	野西瓜苗	*Hibiscus trionum*	117
26	月见草	*Oenothera biennis*	62
27	牵牛	*Pharbitis hederacea*	118
28	裂叶牵牛	*Pharbitis nil*	117
29	毛酸浆	*Physalis pubescens*	23

续表

序号	中文名	学名	分布的县域单元数量
30	洋金花	*Datura metel*	117
31	阿拉伯婆婆纳	*Veronica persica*	9
32	长叶车前	*Plantago lanceolata*	7
33	小马泡	*Cucumis bisexualis*	118
34	钻叶紫菀	*Aster subulatus*	117
35	一年蓬	*Erigeron annuus*	22
36	小蓬草	*Conyza canadensis*	117
37	香丝草	*Conyza bonariensis*	118
38	菊芋	*Helianthus tuberosus*	117
39	大花金鸡菊	*Coreopsis grandiflora*	1
40	大狼杷草	*Bidens frondosa*	24
41	牛膝菊	*Galinsoga parviflora*	34
42	花叶滇苦菜	*Sonchus asper*	117
43	苦苣菜	*Sonchus oleraceus*	119
44	褐家鼠	*Rattus novegicus*	119
45	屋顶鼠	*Rattus rattus*	29
46	小家鼠	*Mus musculus*	119

46 种外来入侵物种中的大部分物种已在全省广泛分布(见表 3-6-1)。3 种外来入侵动物在全省 119 个县域单元均有发现。白车轴草(*Trifolium repens*)、红车轴草(*Trifolium pratense*)、蜀葵(*Althaea rosea*)等 17 种外来入侵植物的分布范围为 117～118 个县域单元，刺苋、加拿大早熟禾(*Poa compressa*)、南苜蓿(*Medicago polymorpha*)等 13 种外来入侵植物分布范围为 10～70 个县域单元，石茅(*Sorghum halepense*)、北美苋(*Amaranthus blitoides*)、凤眼蓝(*Eichhornia crassipes*)等 13 种外来入侵植物分布范围狭窄，尚未大面积侵入全省各地，其分布范围均低于 10 个县域单元。

山东省外来入侵高等动植物物种丰富度县域分布状况如图 3-6-1 所示。在 119 个县域单元中，外来入侵物种种类为 10～38 种，其中，37 个县域单元外来入侵物种数为 10～20，65 个县域单元外来入侵物种数为 21～30，17 个县域单元外来入侵物种数为31～38。

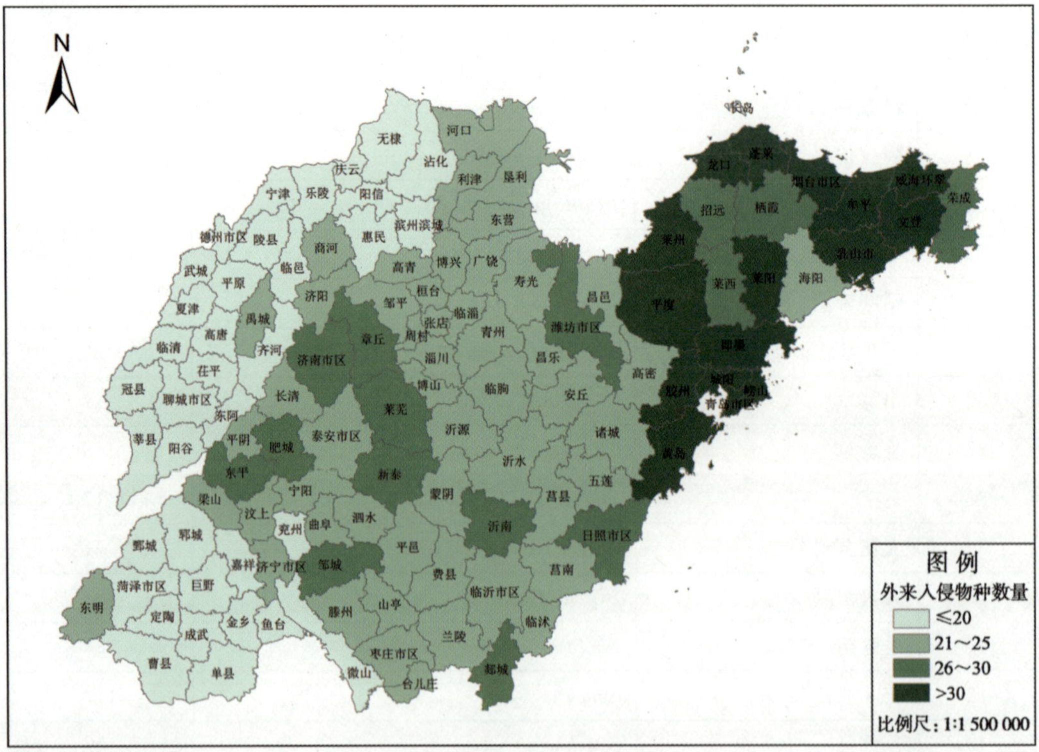

审图号：鲁SG（2018）069号

图 3-6-1　山东省外来入侵物种丰富度县域分布

第七节　植被群系类型

山东省植被类型包括针叶林、阔叶林、竹林、灌丛、灌草丛、草甸、砂生植被、水生植被和沼泽植被等 9 种植被型。每种植被型又可划分为若干个群系类型，共计 80 个群系类型，如表 3-7-1 所示。

山东省植被群系类型县域分布差异较大（见表 3-7-1）。刺槐林、欧美杨林、狗牙根草甸等 27 种群系类型分布范围较广，在全省 119 个县域单元内均有分布；侧柏林、赤松林、麻栎林、胡枝子灌丛等 12 种群系类型的分布范围为 51～81 个县域单元；水杉林、榆林、旱柳林等 20 种群系类型的分布范围为 11～50 个县域单元；落叶松林、毛竹林、鹅耳枥灌丛等 18 种群系类型的分布范围为 5～10 个县域单元；山茶灌丛、白桦林和节节菜群落等 3 种群系类型分布比较狭窄，仅在 1～2 个县域单元内有分布。

表 3-7-1 山东省植被群系类型及其分布状况

植被型	序号	群系类型	分布的县域单元数量
针叶林	1	赤松林	50
	2	油松林	12
	3	黑松林	17
	4	侧柏林	79
	5	落叶松林	9
	6	白皮松林	11
	7	华山松林	11
	8	水杉林	16
	9	杉木林	5
	10	红松林	6
	11	樟子松林	6
	12	日本花柏林	5
	13	马尾松林	5
阔叶林	1	麻栎林	59
	2	栓皮栎林	59
	3	落叶阔叶杂木林	79
	4	刺槐林	119
	5	毛白杨林	81
	6	旱柳林	21
	7	枫杨林	63
	8	赤杨林	7
	9	榆林	40
	10	欧美杨林	119
	11	蒙古栎林	59
	12	短柄枹林	59
	13	槲树林	59
	14	白桦林	1
	15	泡桐林	117
竹林	1	刚竹林	46
	2	毛竹林	9

续表

植被型	序号	群系类型	分布的县域单元数量
灌丛	1	山茶灌丛	2
	2	大叶胡颓子灌丛	3
	3	盐肤木灌丛	4
	4	白檀灌丛	11
	5	胡枝子灌丛	64
	6	绣线菊灌丛	64
	7	黄栌灌丛	10
	8	鹅耳枥灌丛	10
	9	柽柳灌丛	20
	10	白刺灌丛	4
	11	其他灌丛	119
灌草丛	1	荆条、酸枣、黄背草灌草丛	119
	2	荆条、酸枣、白羊草灌草丛	119
	3	白茅灌草丛	40
	4	黄背草、细柄草灌草丛	119
草甸	1	结缕草草甸	119
	2	狗牙根草甸	119
	3	野青茅草甸	119
	4	芦苇草甸	119
	5	星星草草甸	119
	6	白茅草甸	119
	7	獐毛草甸	119
	8	盐地碱蓬草甸	15
	9	罗布麻草甸	45
	10	茵陈蒿草甸	10
	11	含有耐盐植物的芦苇草甸	119
	12	飘拂草、肾叶打碗花草甸	17
	13	马蔺草甸	119
	14	盐角草草甸	6
	15	其他草甸	119
砂生植被	1	砂生植被	118

续表

植被型	序号	群系类型	分布的县域单元数量
水生植被	1	金鱼藻、黑藻、狐尾藻群落	119
	2	浮萍、品藻群落	119
	3	紫萍、浮萍群落	119
	4	野菱、芡实群落	7
	5	莲群落	119
	6	沮草、苦草、茨藻群落	119
	7	竹叶眼子菜群落	3
	8	满江红、槐叶萍群落	119
	9	荇菜、水鳖群落	7
	10	菱群落	6
	11	萍蓬草、睡莲群落	119
	12	眼子菜、浮叶眼子菜群落	119
	13	空心莲子草群落	5
	14	节节菜群落	1
	15	大米草群落	6
沼泽植被	1	芦苇沼泽	119
	2	菰沼泽	119
	3	水葱沼泽	7
	4	香蒲沼泽	119

山东省县域植被群系类型为31～60种(见图3-7-1)。62个县域单元植被群系类型为31～39种,49个县域单元植被群系类型变化范围为41～49种,8个县域单元植被群系类型为50～60种。山东省植被群系类型以鲁中南山地丘陵区和鲁东丘陵区分布较为丰富,鲁西北平原区分布较少。

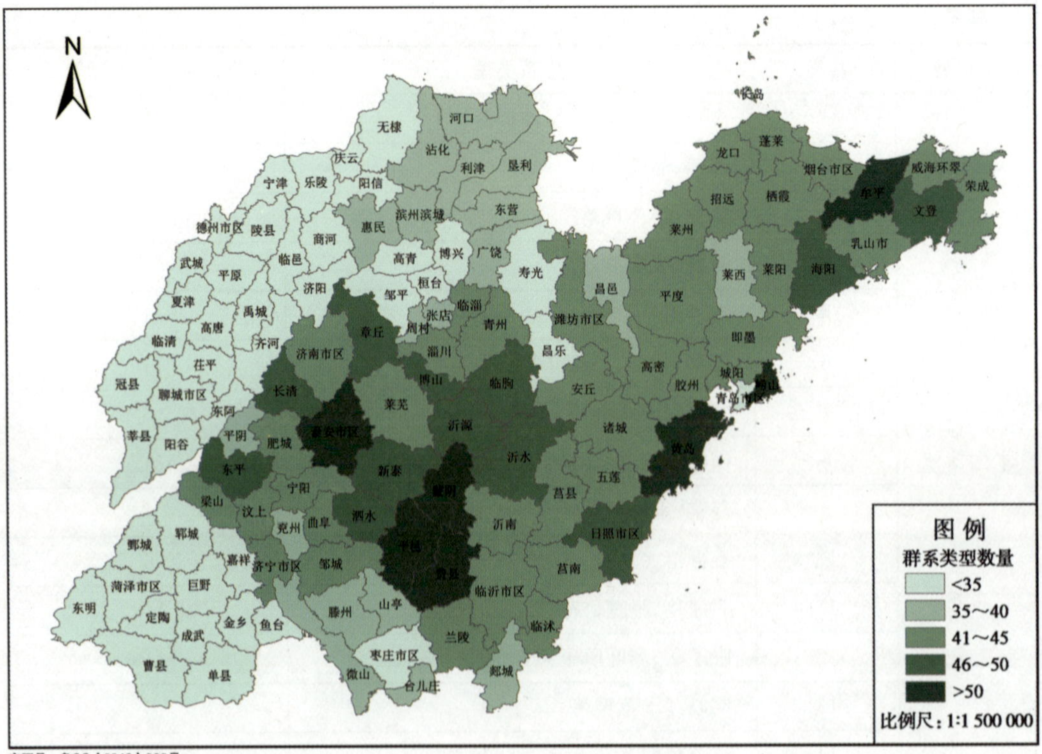

审图号：鲁SG（2018）069号

图 3-7-1 山东省植被群系类型县域分布

第四章　生物多样性评价

生物多样性评价是生物多样性保护与管理的一项基础工作。本章在物种多样性调查的基础上，选用野生高等动物丰富度、野生维管束植物丰富度、植被群系类型多样性、物种特有性、受威胁物种的丰富度和外来物种入侵度 6 项评价指标，应用层次分析法，评价了山东省县域生物多样性状况，分析了生物多样性状况空间分布规律。

第一节　生物多样性评价方法

一、生物多样性评价指标

1. 野生高等动物丰富度

野生高等动物丰富度是指评价区域内已记录的野生高等动物的物种数(若存在亚种，则以亚种为分类单位，野生高等动物的特有性和受威胁程度同此)，用于表征野生动物的多样性。

统计范围包括陆生野生高等动物和淡水鱼类，陆生野生动物包括哺乳类、鸟类、爬行类和两栖类。迁徙鸟类和洄游鱼类，只要出现在本地，不论其是否在本地繁殖，均纳入统计范围；在江(河)、海之间洄游的鱼类、生活在咸淡水交汇处的河口性鱼类视为淡水鱼类。仅在人工生境生长的家养动物不在统计范围，如鱼塘中的养殖鱼类、养殖场的动物、动物园中的动物等。

2. 野生维管束植物丰富度

野生维管束植物丰富度是指评价区域内已记录的野生维管束植物的物种数(若存在亚种、变种和变型等种下单位，则以这些种下单位为分类单位，野生高等植物的特有性和受威胁程度同此)，用于表征野生植物的多样性。

统计范围包括陆生野生维管束植物和淡水维管束植物。人工种植或栽培植物不在统计范围内，如在各类人工林、农田、果园、菜地、植物园、种植园等种植或栽培的植物等。

3. 植被群系类型多样性

植被群系类型多样性是指评价区域内基于植被类型的自然或半自然生态系统的类型数，用于表征自然生态系统类型多样性。

4. 物种特有性

物种特有性是指评价区域内中国特有的野生高等动物和野生维管束植物的相对数量,用于表征物种的特殊价值。其计算方法:

物种特有性=(中国特有的野生高等动物种数/635 + 中国特有的野生维管束植物种数/3 662)/2

其中,635 和 3 662 分别是我国县级行政区域中野生高等动物和野生维管束植物的最大物种数。

5. 受威胁物种的丰富度

受威胁物种是指《世界自然保护联盟(IUCN)物种红色名录濒危等级和标准》中收录的属于极危、濒危和易危的物种。不同濒危等级定义如下:极危:野外状态下 1 个生物分类单元面临即将灭绝概率很高时,列为极危。濒危:1 个生物分类单元虽未达到极危,但在可预见的不久将来,其野生状态下灭绝的概率高,列为濒危。易危:1 个生物分类单元虽未达到极危或濒危的标准,但在未来一段时间中其在野生状态下灭绝的概率较高,列为易危。受威胁物种的丰富度计算方法:

受威胁物种的丰富度=(受威胁的野生高等动物种数/635 + 受威胁的野生维管束植物种数/3 662)/2

6. 外来物种入侵度

外来物种入侵度是指评价区域内外来入侵高等动植物物种数与本地野生高等动物和野生维管束植物物种数的和之比,用于表征生态系统受到外来物种干扰的程度。

二、生物多样性评价指标的归一化处理

生物多样性评价指标的归一化方法为:

归一化后的评价指标=归一化前的评价指标×归一化系数

归一化系数=100/$A_{最大值}$。$A_{最大值}$为归一化处理前的评价指标最大值。

各项评价指标的 $A_{最大值}$ 采用全国最大值(见表 4-1-1),各项评价指标的权重如表 4-1-2所示。

表 4-1-1 生物多样性评价指标的最大值

评价指标	$A_{最大值}$
野生维管束植物丰富度	3 662
野生高等动物丰富度	635
植被群系类型多样性	124
物种特有性	0.3070
受威胁物种的丰富度	0.1572
外来物种入侵度	0.1441

表 4-1-2　　生物多样性评价指标的权重

评价指标	权重
野生维管束植物丰富度	0.20
野生高等动物丰富度	0.20
植被群系类型多样性	0.20
物种特有性	0.20
外来物种入侵度	0.10
物种受威胁程度	0.10

三、生物多样性指数及其分级标准

生物多样性指数(BI)是野生高等动物丰富度、野生维管束植物丰富度、植被群系类型多样性、物种特有性、外来物种入侵度和物种受威胁程度 6 项评价指标的加权求和。

生物多样性指数计算方法：

BI＝归一化后的野生高等动物丰富度×0.2 ＋归一化后的野生维管束植物丰富度×0.2 ＋归一化后的植被群系类型多样性×0.2 ＋ 归一化后的物种特有性×0.20 ＋归一化后的受威胁物种的丰富度×0.10 ＋ (100－归一化后的外来物种入侵度)×0.10

根据生物多样性指数(BI)的大小，将生物多样性状况分为四个等级，即：高、中、一般和低。每个等级的分级标准见表 4-1-3。

表 4-1-3　　生物多样性状况分级标准

生物多样性等级	生物多样性指数	生物多样性状况
高	BI≥60	物种高度丰富，特有属、种多，植被群系类型丰富多样
中	30≤BI＜60	物种较丰富，特有属、种较多，植被群系类型较多，局部地区生物多样性高度丰富
一般	20≤BI＜30	物种较少，特有属、种不多，局部地区生物多样性较丰富，但生物多样性总体水平一般
低	BI＜20	物种贫乏，生态系统类型单一、脆弱，生物多样性极低

第二节　生物多样性评价

一、生物多样性评价结果

根据生物多样性调查成果，统计汇总山东省 119 个县域单元的野生高等动物丰富度、野生维管束植物丰富度、植被群系类型多样性、物种特有性、受威胁物种的丰富度和外来物种入侵度等 6 项评价指标数据，结果如表 4-2-1 所示。根据归一化处理生物多样性评价指标数据，计算山东省 119 个县域单元的生物多样性指数，结果如表 4-2-2 所示。

表 4-2-1　　山东省生物多样性评价指标数据统计表

县域单元	野生高等动物丰富度	野生维管束植物丰富度	植被群系类型多样性	物种特有性	受威胁物种的丰富度	外来物种入侵度
济南市区	327	629	44	0.023	0.009	0.031
长清区	327	657	47	0.023	0.009	0.025
章丘区	327	572	47	0.020	0.009	0.029
平阴县	327	532	39	0.018	0.009	0.027
济阳县	277	453	33	0.013	0.006	0.032
商河县	277	204	33	0.008	0.006	0.044
青岛市区	400	362	35	0.014	0.018	0.042
黄岛区	407	796	51	0.023	0.018	0.028
崂山区	401	1009	60	0.028	0.018	0.027
城阳区	408	651	43	0.020	0.018	0.031
胶州市	407	693	45	0.021	0.018	0.028
即墨市	407	713	44	0.021	0.018	0.028
平度市	407	727	44	0.022	0.018	0.027
莱西市	408	309	37	0.013	0.017	0.040
淄川区	330	523	43	0.019	0.010	0.027
张店区	330	245	36	0.013	0.010	0.037
博山区	330	666	49	0.023	0.010	0.025
临淄区	330	520	44	0.019	0.010	0.027
周村区	330	241	36	0.013	0.010	0.037
桓台县	280	237	31	0.007	0.007	0.041
高青县	280	237	32	0.008	0.007	0.041
沂源县	330	662	48	0.022	0.010	0.025
枣庄市区	326	527	32	0.017	0.009	0.027
台儿庄区	333	586	38	0.020	0.009	0.025
山亭区	317	638	38	0.019	0.009	0.024
滕州市	279	525	36	0.013	0.007	0.029
东营区	317	240	37	0.006	0.012	0.038
河口区	317	240	37	0.006	0.012	0.038
垦利县	309	228	37	0.007	0.012	0.039
利津县	369	231	37	0.020	0.017	0.035

续表

县域单元	野生高等动物丰富度	野生维管束植物丰富度	植被群系类型多样性	物种特有性	受威胁物种的丰富度	外来物种入侵度
广饶县	309	237	36	0.007	0.012	0.038
烟台市区	404	762	45	0.022	0.018	0.027
牟平区	405	967	56	0.031	0.018	0.023
长岛县	400	151	43	0.011	0.017	0.018
龙口市	403	724	43	0.021	0.018	0.028
莱阳市	408	750	42	0.022	0.018	0.027
莱州市	405	727	42	0.021	0.018	0.027
蓬莱市	403	794	44	0.022	0.018	0.026
招远市	406	725	43	0.021	0.018	0.027
栖霞市	408	757	43	0.022	0.018	0.026
海阳市	406	721	47	0.022	0.018	0.021
潍坊市区	282	288	44	0.008	0.007	0.046
临朐县	332	670	47	0.021	0.010	0.024
昌乐县	332	518	33	0.017	0.010	0.028
青州市	332	565	44	0.019	0.010	0.028
诸城市	433	595	43	0.023	0.018	0.023
寿光市	326	259	35	0.008	0.013	0.043
安丘市	332	621	43	0.020	0.010	0.025
高密市	433	528	42	0.021	0.018	0.024
昌邑市	326	263	36	0.008	0.013	0.037
济宁市区	268	229	41	0.006	0.006	0.044
微山县	311	258	39	0.016	0.007	0.035
鱼台县	268	212	37	0.006	0.006	0.042
金乡县	271	210	33	0.006	0.006	0.042
嘉祥县	271	212	32	0.006	0.006	0.041
汶上县	268	223	33	0.007	0.006	0.041
泗水县	321	230	42	0.011	0.009	0.040
梁山县	271	472	46	0.012	0.006	0.031
曲阜市	318	570	43	0.019	0.009	0.026
兖州市	271	567	43	0.014	0.006	0.027

续表

县域单元	野生高等动物丰富度	野生维管束植物丰富度	植被群系类型多样性	物种特有性	受威胁物种的丰富度	外来物种入侵度
邹城市	321	594	43	0.019	0.009	0.031
泰安市区	323	908	54	0.027	0.010	0.019
宁阳县	322	526	43	0.017	0.009	0.029
东平县	353	554	48	0.024	0.009	0.029
新泰市	322	750	47	0.022	0.009	0.024
肥城市	322	541	45	0.017	0.009	0.034
环翠区	419	738	45	0.022	0.018	0.027
文登市	417	938	50	0.025	0.018	0.024
荣成市	420	813	45	0.023	0.018	0.024
乳山市	419	726	45	0.021	0.018	0.027
日照市区	419	659	46	0.022	0.018	0.024
五莲县	424	640	43	0.024	0.018	0.023
莒县	325	588	43	0.018	0.010	0.026
莱芜市区	321	599	43	0.017	0.009	0.028
临沂市区	331	615	44	0.021	0.009	0.026
沂南县	331	604	42	0.021	0.009	0.028
郯城县	334	543	38	0.019	0.009	0.030
沂水县	331	667	48	0.020	0.009	0.025
兰陵县	334	594	41	0.020	0.009	0.026
费县	334	726	52	0.020	0.009	0.024
平邑县	331	746	53	0.021	0.009	0.023
莒南县	432	607	42	0.024	0.017	0.024
蒙阴县	331	731	51	0.021	0.009	0.024
临沭县	432	633	41	0.024	0.018	0.020
德城区	279	222	32	0.007	0.007	0.040
陵城区	289	217	32	0.006	0.007	0.040
宁津县	275	217	32	0.006	0.007	0.041
庆云县	282	217	32	0.006	0.007	0.040
临邑县	274	217	32	0.006	0.007	0.041
齐河县	278	221	33	0.007	0.007	0.040

续表

县域单元	野生高等动物丰富度	野生维管束植物丰富度	植被群系类型多样性	物种特有性	受威胁物种的丰富度	外来物种入侵度
平原县	275	217	32	0.006	0.007	0.041
夏津县	275	217	32	0.006	0.007	0.041
武城县	274	217	32	0.006	0.007	0.041
乐陵市	274	217	32	0.006	0.007	0.041
禹城市	276	218	32	0.006	0.007	0.045
东昌府区	276	223	33	0.005	0.006	0.040
阳谷县	276	219	33	0.005	0.006	0.040
莘县	276	219	33	0.007	0.007	0.040
茌平县	276	219	33	0.005	0.006	0.040
东阿县	276	219	33	0.005	0.006	0.040
冠县	276	218	33	0.005	0.006	0.040
高唐县	276	220	33	0.005	0.006	0.040
临清市	276	217	33	0.005	0.006	0.041
滨城区	269	218	36	0.005	0.006	0.041
惠民县	269	216	36	0.004	0.006	0.041
阳信县	269	216	36	0.004	0.006	0.041
无棣县	313	225	35	0.005	0.012	0.037
沾化县	313	230	35	0.005	0.012	0.037
博兴县	279	213	34	0.007	0.006	0.045
邹平县	269	486	34	0.010	0.006	0.028
牡丹区	276	210	31	0.005	0.006	0.041
曹县	275	210	31	0.005	0.006	0.041
单县	275	210	31	0.005	0.006	0.041
成武县	274	210	31	0.005	0.006	0.041
巨野县	275	210	32	0.005	0.006	0.041
郓城县	276	210	31	0.005	0.006	0.041
鄄城县	277	210	31	0.005	0.006	0.041
定陶县	275	210	32	0.005	0.006	0.041
东明县	276	212	31	0.005	0.006	0.043

表 4-2-2　　山东省生物多样性评价结果

县域单元	野生高等动物丰富度	野生维管束植物丰富度	植被群系类型多样性	物种特有性	受威胁物种的丰富度	外来物种入侵度	生物多样性指数
济南市区	51.5	17.2	35.5	7.34	5.68	21.8	30.7
长清区	51.5	17.9	37.9	7.34	5.68	17.6	31.7
章丘区	51.5	15.6	37.9	6.40	5.68	20.1	30.9
平阴县	51.5	14.5	31.5	6.00	5.60	18.6	29.4
济阳县	43.6	12.4	26.6	4.11	4.01	21.9	25.6
商河县	43.6	5.57	26.6	2.51	4.01	30.3	23.0
青岛市区	63.0	9.89	28.2	4.46	11.19	29.1	29.3
黄岛区	64.1	21.7	41.1	7.44	11.28	19.6	36.1
崂山区	63.2	27.6	48.4	9.12	11.37	18.7	38.9
城阳区	64.3	17.8	34.7	6.50	11.19	21.6	33.6
胶州市	64.1	18.9	36.3	6.81	11.19	19.6	34.4
即墨市	64.1	19.5	35.5	6.95	11.19	19.2	34.4
平度市	64.1	19.9	35.5	7.08	11.19	19.0	34.5
莱西市	64.3	8.44	29.8	4.15	11.11	28.1	29.6
淄川区	52.0	14.3	34.7	6.05	6.10	18.7	30.1
张店区	52.0	6.69	29.0	4.31	6.10	25.3	26.5
博山区	52.0	18.2	39.5	7.34	6.18	17.4	32.3
临淄区	52.0	14.2	35.5	6.05	6.10	18.8	30.3
周村区	52.0	6.58	29.0	4.09	6.10	25.5	26.4
桓台县	44.1	6.47	25.0	2.42	4.59	28.2	23.2
高青县	44.1	6.47	25.8	2.46	4.59	28.2	23.4
沂源县	52.0	18.1	38.7	7.29	6.18	17.5	32.1
枣庄市区	51.3	14.4	25.8	5.45	5.60	18.7	28.1
台儿庄区	52.4	16.0	30.7	6.58	5.60	17.4	30.0
山亭区	49.9	17.4	30.7	6.25	5.68	16.7	29.7
滕州市	43.9	14.3	29.0	4.37	4.59	19.9	26.8
东营区	49.9	6.55	29.8	1.99	7.51	26.1	25.8
河口区	49.9	6.55	29.8	1.99	7.51	26.1	25.8
垦利县	48.7	6.23	29.8	2.21	7.51	27.1	25.4

续表

县域单元	野生高等动物丰富度	野生维管束植物丰富度	植被群系类型多样性	物种特有性	受威胁物种的丰富度	外来物种入侵度	生物多样性指数
利津县	58.1	6.31	29.8	6.35	11.02	24.2	28.8
广饶县	48.7	6.47	29.0	2.29	7.51	26.7	25.4
烟台市区	63.6	20.8	36.3	7.04	11.19	19.1	34.8
牟平区	63.8	26.4	45.2	10.02	11.37	15.7	38.6
长岛县	63.0	4.12	34.7	3.52	11.11	12.6	30.9
龙口市	63.5	19.8	34.7	6.86	11.19	19.1	34.2
莱阳市	64.3	20.5	33.9	7.16	11.28	18.6	34.4
莱州市	63.8	19.9	33.9	6.81	11.19	19.0	34.1
蓬莱市	63.5	21.7	35.5	7.17	11.28	18.0	34.9
招远市	63.9	19.8	34.7	6.81	11.19	18.4	34.3
栖霞市	64.3	20.7	34.7	7.29	11.69	17.9	34.8
海阳市	63.9	19.7	37.9	7.11	11.19	14.8	35.4
潍坊市区	44.4	7.86	35.5	2.65	4.59	31.7	25.4
临朐县	52.3	18.3	37.9	6.72	6.18	16.6	32.0
昌乐县	52.3	14.2	26.6	5.66	6.10	19.6	28.4
青州市	52.3	15.4	35.5	6.06	6.18	19.3	30.5
诸城市	68.2	16.3	34.7	7.35	11.61	16.2	34.8
寿光市	51.3	7.07	28.2	2.64	8.10	29.7	25.7
安丘市	52.3	17.0	34.7	6.41	6.18	17.5	30.9
高密市	68.2	14.4	33.9	6.82	11.61	16.6	34.2
昌邑市	51.3	7.18	29.0	2.73	8.10	25.9	26.3
济宁市区	42.2	6.25	33.1	2.12	4.01	30.7	24.1
微山县	49.0	7.05	31.5	5.19	4.51	24.4	26.6
鱼台县	42.2	5.79	29.8	2.12	4.01	28.9	23.5
金乡县	42.7	5.73	26.6	2.12	4.01	28.9	22.9
嘉祥县	42.7	5.79	25.8	2.12	4.01	28.7	22.8
汶上县	42.2	6.09	26.6	2.21	4.01	28.3	23.0
泗水县	50.6	6.28	33.9	3.74	5.51	27.7	26.7
梁山县	42.7	12.9	37.1	3.85	4.01	21.5	27.6

续表

县域单元	野生高等动物丰富度	野生维管束植物丰富度	植被群系类型多样性	物种特有性	受威胁物种的丰富度	外来物种入侵度	生物多样性指数
曲阜市	50.1	15.6	34.7	6.10	5.51	18.0	30.0
兖州市	42.7	15.5	34.7	4.61	4.01	19.1	28.0
邹城市	50.6	16.2	34.7	6.24	5.60	21.2	30.0
泰安市区	50.9	24.8	43.6	8.74	6.18	13.5	34.9
宁阳县	50.7	14.4	34.7	5.53	5.60	20.5	29.6
东平县	55.6	15.1	38.7	7.80	5.60	19.9	32.0
新泰市	50.7	20.5	37.9	7.09	5.68	16.8	32.1
肥城市	50.7	14.8	36.3	5.53	5.60	23.3	29.7
环翠区	66.0	20.2	36.3	7.03	11.19	18.6	35.2
文登市	65.7	25.6	40.3	8.01	11.37	16.9	37.4
荣成市	66.1	22.2	36.3	7.51	11.45	16.9	35.9
乳山市	66.0	19.8	36.3	6.94	11.19	18.8	35.1
日照市区	66.0	18.0	37.1	7.06	11.61	16.7	35.1
五莲县	66.8	17.5	34.7	7.78	11.69	16.3	34.9
莒县	51.2	16.1	34.7	5.89	6.10	18.2	30.4
莱芜市区	50.6	16.4	34.7	5.59	5.60	19.6	30.0
临沂市区	52.1	16.8	35.5	6.88	5.60	18.3	31.0
沂南县	52.1	16.5	33.9	6.84	5.60	19.3	30.5
郯城县	52.6	14.8	30.7	6.09	5.60	20.6	29.3
沂水县	52.1	18.2	38.7	6.38	5.60	17.4	31.9
兰陵县	52.6	16.2	33.1	6.63	5.60	18.0	30.5
费县	52.6	19.8	41.9	6.65	5.60	16.4	33.1
平邑县	52.1	20.4	42.7	6.91	5.68	16.1	33.4
莒南县	68.0	16.6	33.9	7.91	11.11	16.7	34.7
蒙阴县	52.1	20.0	41.1	6.78	5.60	16.3	32.9
临沭县	68.0	17.3	33.1	7.91	11.19	13.7	35.0
德城区	43.9	6.06	25.8	2.37	4.51	27.7	23.3
陵城区	45.5	5.93	25.8	2.12	4.51	27.4	23.6
宁津县	43.3	5.93	25.8	2.12	4.51	28.2	23.1

续表

县域单元	野生高等动物丰富度	野生维管束植物丰富度	植被群系类型多样性	物种特有性	受威胁物种的丰富度	外来物种入侵度	生物多样性指数
庆云县	44.4	5.93	25.8	2.12	4.51	27.8	23.3
临邑县	43.2	5.93	25.8	2.12	4.51	28.3	23.0
齐河县	43.8	6.03	26.6	2.16	4.51	27.8	23.4
平原县	43.3	5.93	25.8	2.12	4.51	28.2	23.1
夏津县	43.3	5.93	25.8	2.12	4.51	28.2	23.1
武城县	43.2	5.93	25.8	2.12	4.51	28.3	23.0
乐陵市	43.2	5.93	25.8	2.12	4.51	28.3	23.0
禹城市	43.5	5.95	25.8	2.12	4.51	30.9	22.8
东昌府区	43.5	6.09	26.6	1.65	4.01	27.8	23.2
阳谷县	43.5	5.98	26.6	1.65	4.01	28.0	23.1
莘县	43.5	5.98	26.6	2.42	4.51	28.0	23.3
茌平县	43.5	5.98	26.6	1.65	4.01	28.0	23.1
东阿县	43.5	5.98	26.6	1.65	4.01	28.0	23.1
冠县	43.5	5.95	26.6	1.65	4.01	28.1	23.1
高唐县	43.5	6.01	26.6	1.65	4.01	28.0	23.2
临清市	43.5	5.93	26.6	1.65	4.01	28.2	23.1
滨城区	42.4	5.95	29.0	1.48	4.01	28.5	23.3
惠民县	42.4	5.90	29.0	1.39	4.01	28.6	23.3
阳信县	42.4	5.90	29.0	1.39	4.01	28.6	23.3
无棣县	49.3	6.14	28.2	1.69	7.51	25.8	25.2
沾化县	49.3	6.28	28.2	1.74	7.51	25.6	25.3
博兴县	43.9	5.82	27.4	2.16	4.01	31.0	23.2
邹平县	42.4	13.3	27.4	3.35	4.01	19.3	25.8
牡丹区	43.5	5.73	25.0	1.60	4.01	28.6	22.7
曹县	43.3	5.73	25.0	1.60	4.01	28.6	22.7
单县	43.3	5.73	25.0	1.60	4.01	28.6	22.7
成武县	43.2	5.73	25.0	1.60	4.01	28.7	22.6
巨野县	43.3	5.73	25.8	1.60	4.01	28.6	22.8
郓城县	43.5	5.73	25.0	1.60	4.01	28.6	22.7

续表

县域单元	野生高等动物丰富度	野生维管束植物丰富度	植被群系类型多样性	物种特有性	受威胁物种的丰富度	外来物种入侵度	生物多样性指数
鄄城县	43.6	5.73	25.0	1.60	4.01	28.5	22.7
定陶县	43.3	5.73	25.8	1.60	4.01	28.6	22.8
东明县	43.5	5.79	25.0	1.60	4.01	29.9	22.6

山东省 119 个县域单元生物多样性指数为 22.6～38.9，生物多样性等级分为“中”和“一般”2 个级别。50 个县域单元生物多样性指数为 30.0～38.9，生物多样性等级为“中”；69 个县域单元生物多样性指数为 22.6～30.0，生物多样性等级为“一般”。

山东省生物多样性县域分布差异比较明显（见图 4-2-1）。在 50 个生物多样性状况为“中”的县域单元中，23 个县域单元分布在鲁东丘陵区，其生物多样性指数平均值为 34.8；27 个县域单元分布在鲁中南山地丘陵区，其生物多样性指数平均值为 32.0，鲁东丘陵区生物多样性好于鲁中南山地丘陵区。生物多样性状况为“一般”的县域单元主要分布在黄河三角洲、鲁西北和鲁西南平原区。

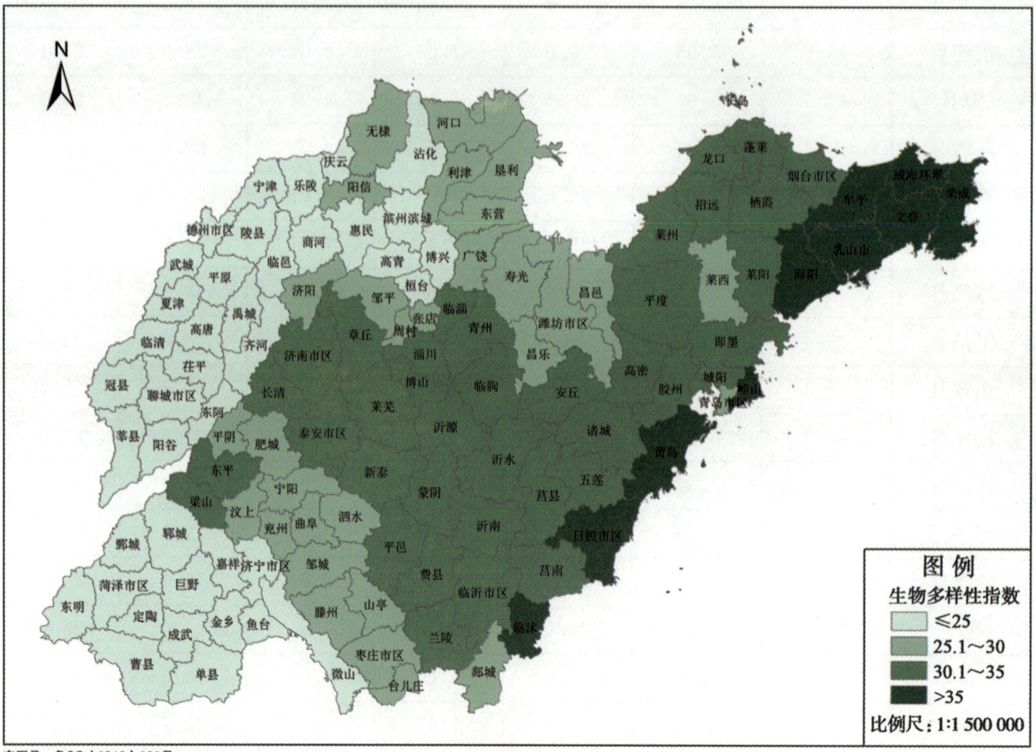

审图号：鲁SG（2018）069号

图 4-2-1　山东省生物多样性县域分布状况

二、生物多样性评价结果分析

山东省生物多样性状况和土地覆盖与土地利用状况关系密切。森林与湿地是野生动植物的主要分布区。森林与湿地面积的多少与生物多样性状况有直接关系。2015 年遥感监测结果表明，山东省林地面积仅占全省土地总面积的 7.47%，草地和水域面积也较小，分别占全省土地总面积的 6.70%和 4.77%；山东省经济发展水平较高，自然资源开发利用强度大。耕地与城乡居民点工矿用地面积占全省土地总面积的比例分别达 59.3%和 22.0%，二者占全省土地总面积的 81.3%。山东省人口基数大，人口密度高。2015 年全省常住人口9 847.2万人，占我国人口的比重为 7.20%，人口密度为 624 人/平方千米。由于人类的开发活动，山东省土地覆盖与土地利用状况呈现以耕地、城乡居民点及工矿用地为主，林地、草地、水域和未利用土地面积较少的特点，导致森林、湿地等物种栖息地面积少，森林质量不高，生物多样性分布受到影响。

山东省生物多样性状况与生态环境保护状况关系密切。山东省生物多样性相对较好的县域主要分布在鲁东低山丘陵区和鲁中南山地丘陵区。鲁东低山丘陵区包括青岛、烟台、威海、日照、潍坊东部、临沂东部等地，涉及 36 个县域，分布有昆嵛山、崂山、艾山、之莱山、牙山、大泽山等 19 处自然保护区。鲁中南山地丘陵区包括济南、淄博、泰安、临沂、枣庄、莱芜、潍坊、济宁等城市的 47 个县域，分布有泰山、仰天山、抱犊崮、大青山、徂徕山、鲁山等 31 处自然保护区。鲁西北和鲁西南平原生物多样性相对贫乏。黄河三角洲和南四湖湿地是淡水鱼类和鸟类重要分布区。

综合分析上述影响因素，山东省生物多样性评价结果符合山东省实际情况。

第五章　生物多样性保护优先区域划分

划分生物多样性保护优先区域是实现生物多样性保护效益最大化的有效途径，并已成为生物多样性保护研究的热点。本章基于"3S"技术和卫星遥感影像(Landsat TM)，划分了15个陆地生物多样性保护优先区域和15个海洋与海岸带生物多样性保护优先区域。针对每一个生物多样性保护优先区域，确定了优先区域的范围和面积，评价了优先区域生物多样性状况，确定了重点保护对象。

第一节　陆地生物多样性保护优先区域划分

一、陆地生物多样性保护优先区域概述

划分陆地生物多样性保护优先区域是有效保护生物多样性的重要措施，也是当前生态学和保护生物学研究的一个热点问题。关于陆地生物多样性保护优先区域的概念、划分标准与方法，目前尚未有统一的认识。

约翰逊(Johnson)[①]认为，确定优先保护地的生物学标准应包括丰富度、稀有性、独特性、代表性、受胁性、生态作用或功能，评估优先的方法可选用基于遗传分析的方法、基于物种分析的方法和基于生态系统分析的方法。1988～2000年，迈尔斯(Myers)先后提出了25个生物多样性保护热点地区，其中1个热点地区位于我国中南—西南地区。这些地区总面积只占陆地总面积的1.4%，88%的原生植被已丧失，但包含了全球44%的植物种类和35%脊椎动物种类(鱼类除外)。1997年，世界自然基金会(World Wide Fund for Nature，WWF)以生态区为保护单元，按主要生境类型将具有代表性的生物多样性丰富地区划分成238个热点地区。1999年，保护国际(Conservation International, CI)在全球范围内进行了生物多样性热点地区评估，并于2004年确定了34个物种最丰富且受到威胁最大的热点地区。

李迪强等认为，陆地的保护优先区域是指珍稀濒危物种分布集中的地区，物种多样性丰富的地区和人为活动相对较少，天然林集中分布的地区。[②] 1998年，我国在《中国生物多样性国情研究报告》中提出了与热点地区含义相近的关键区域的概念，并基于物种

---

① N. C. Johnson. *Biodiversity in the balance: approaches to setting geographic conservation priorities*[R]. Biodiversity Support Program. Washington, D. C. 1995.

② 李迪强，林英华，陆军. 尤溪县生物多样性保护优先地区分析[J]. 生态学报，2002，22(8)：1309-1316.

分析方法，采用物种丰富度和特有种的数量，确定了17个有全球意义的关键区域，但是每个区域都有广阔的面积（5 000～150 000平方千米），在这些区域内如何确定保护的优先性仍需要开展进一步研究。2008年，我国在《全国生态功能区划》中划定了50个重点生态功能区，其中生物多样性保护重点功能区16个。2010年，国务院颁布了《中国生物多样性保护战略与行动计划（2011～2030年）》，并认为：生物多样性保护优先区域是指具有全球和全国生物多样性保护意义，并在生物多样性保护方面具有不可替代性和急需采取保护行动的地区。综合考虑生态系统类型的代表性、特有程度、特殊生态功能，以及物种丰富程度、受威胁程度、受威胁因素、地区代表性、经济用途、科学研究价值、分布数据的可获得性等因素，应用系统规划方法，在全国范围内划定了32个陆地生物多样性的优先保护区域，优先保护区域的面积为8.8～4 349平方千米。

笔者认为，陆地生物多样性保护优先区域应是生态系统类型多样、物种多样性丰富、物种特有性高、外来物种入侵度低和受威胁物种分布集中的地区，以及重要生态功能区。表征陆地生物多样性保护优先区域可采用野生高等动物丰富度、野生维管束植物丰富度、植被群系类型多样性、物种特有性、受威胁物种丰富度、外来物种入侵度和重要生态功能区等指标。

二、陆地生物多样性保护优先区域划分方法

陆地生物多样性保护优先区域的划分方法采用叠加分析法。第一，定量评估县域生物多样性状况。生物多样性保护优先区域就是生物多样性丰富的地区。生物多样性丰富程度可以用生物多样性指数定量评估。统计计算山东省县级行政区域的野生高等动物丰富度、野生维管束植物丰富度、植被群系类型多样性、物种特有性、受威胁物种丰富度、外来物种入侵度和生物多样性指数（见表4-2-2），评估山东省县域生物多样性等级，编制山东省生物多样性县域分布图（见图4-2-1）。山东省50个县域单元生物多样性指数为30.0～38.9，生物多样性等级为“中”。其中，23个县域单元分布在鲁东丘陵区，27个县域单元分布在鲁中南山地丘陵区，其生物多样性指数平均值分别为34.8和32.0。第二，编制林地、草地与水域湿地生态系统分布图。林地、草地与水域湿地生态系统是生物多样性分布比较集中的地区，具有重要的生态功能。以2015年美国陆地卫星影像（Landsat TM）为基本数据源，利用遥感与GIS技术，解译山东省林地、草地与水域湿地生态系统的面积与分布情况，编制山东省林地、草地与水域湿地生态系统分布图（见图5-1-1）。林地、草地、水域湿地面积分别占全省生态系统总面积的7.5%、6.7%和4.8%。森林和草地生态系统主要集中在鲁中南和鲁东丘陵区，水域湿地生态系统主要分布于南四湖、东平湖和黄河三角洲区域。第三，编制数字高程分布图。地形是影响生物多样性分布的重要因素。应用分辨率为100米的山东省数字高程（DEM）数据，编制山东省数字高程图（见图5-1-2）。山东省海拔高度在1 000米以上的土地面积为1 620公顷，海拔高度为500～1 000米的土地面积为92万公顷，海拔高度为150～500米的土地面积为199万公顷，海拔高度低于150米的土地面积为1 280万公顷。第四，确定陆地生物多样性保护优先区域。运用GIS软件，将山东省生物多样性指数县域分布图，森林、草地与水域湿地生态系统分布图与数字高程图进行叠加分析，选择重叠较多的区域拟作为生物多样性保护优先区域。

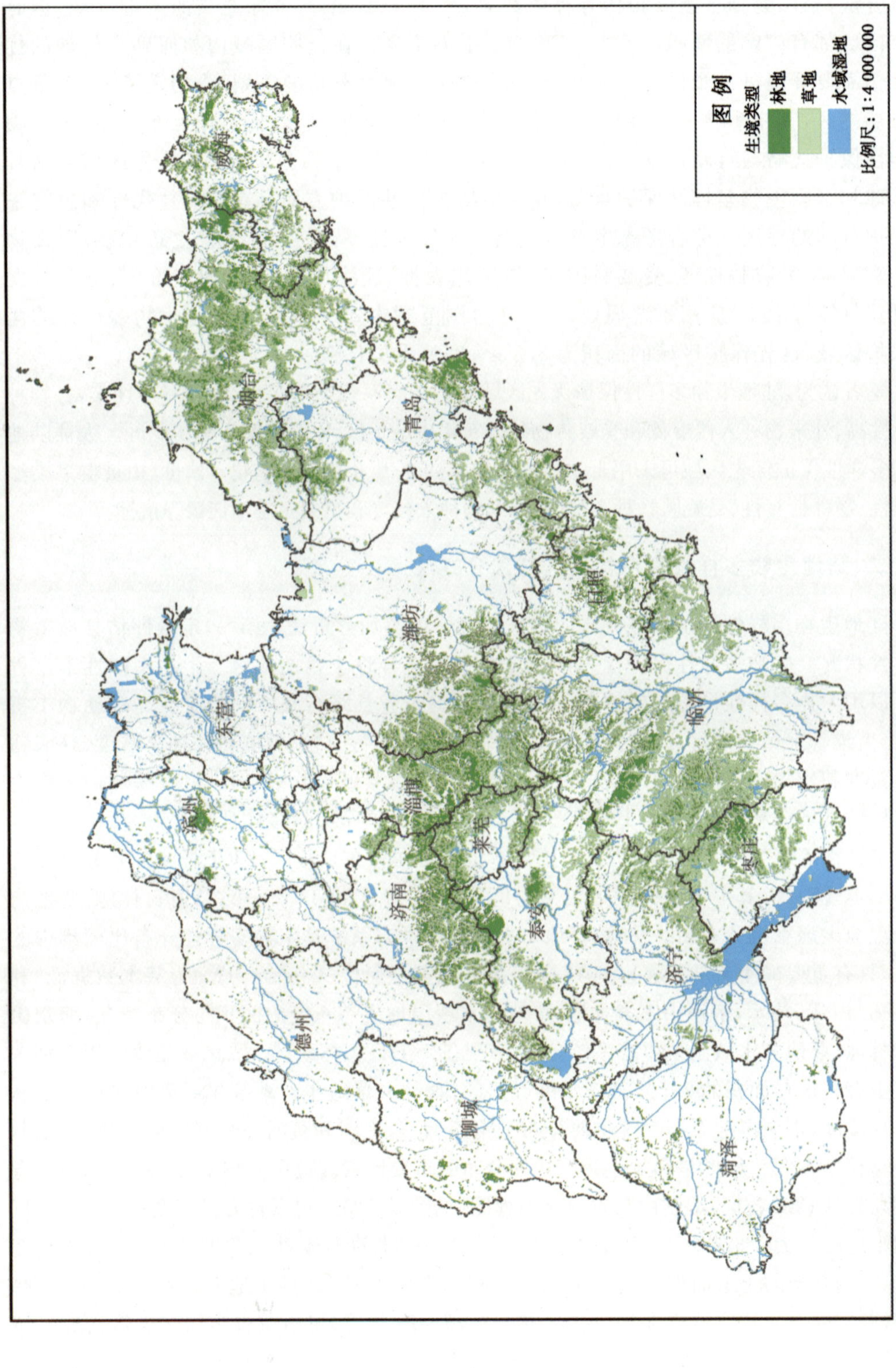

审图号：鲁SG（2018）069号

图5-1-1 山东省林地、草地和湿地生态系统分布图

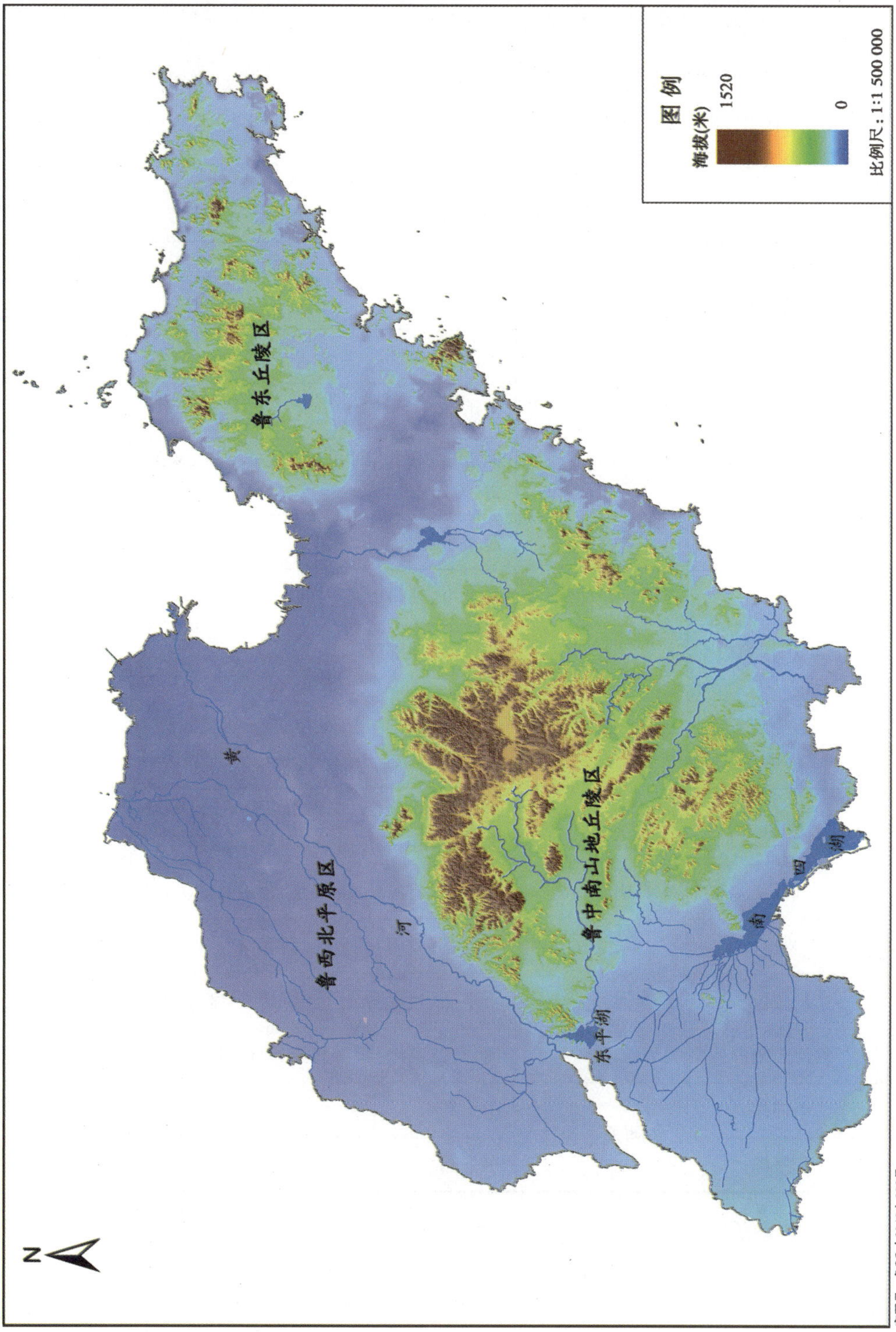

审图号：鲁SG（2018）069号

图5-1-2　山东省数字高程图

三、陆地生物多样性保护优先区域划分方案

根据山东省自然条件、社会经济状况与主要保护对象分布特点，将山东省划分为鲁东丘陵区、鲁中南山地丘陵区和鲁西北平原区 3 个自然地理区和 15 个生物多样性保护优先区域(见表 5-1-1 和图 5-1-3)。

表 5-1-1　　山东省陆地生物多样性保护优先区域划分方案

序号	生物多样性保护优先区域	地理分区	涉及县域	面积（万公顷）
1	昆嵛山	鲁东丘陵区	牟平区、文登区	4.9
2	崂山		崂山区	4.7
3	大沽夹河-招虎山		栖霞市、福山区、莱山区、牟平区、莱阳市、海阳市	35.5
4	艾山-之莱山		蓬莱市、招远市、龙口市、栖霞市	14.8
5	大泽山		平度市、莱州市	5.5
6	正棋山-伟德山		荣成市、环翠区	5.7
7	五莲山		五莲县、莒县	10.1
8	泰山	鲁中南山地丘陵区	泰山区、历城区、章丘市、长清区、莱城区	34.9
9	鲁山		博山区、沂源县、临朐县、莱城区、钢城区、沂水县、蒙阴县	50.6
10	沂山		临朐县、沂源县、沂水县、蒙阴县	67.1
11	蒙山		平邑县、蒙阴县、费县、新泰市	17.2
12	抱犊崮		山亭区、兰陵县、平邑县、费县、邹城市	44.0
13	黄河三角洲		河口区、利津县、垦利县、无棣县	41.9
14	南四湖	鲁西北平原区	微山县	13.5
15	东平湖		东平县	3.0

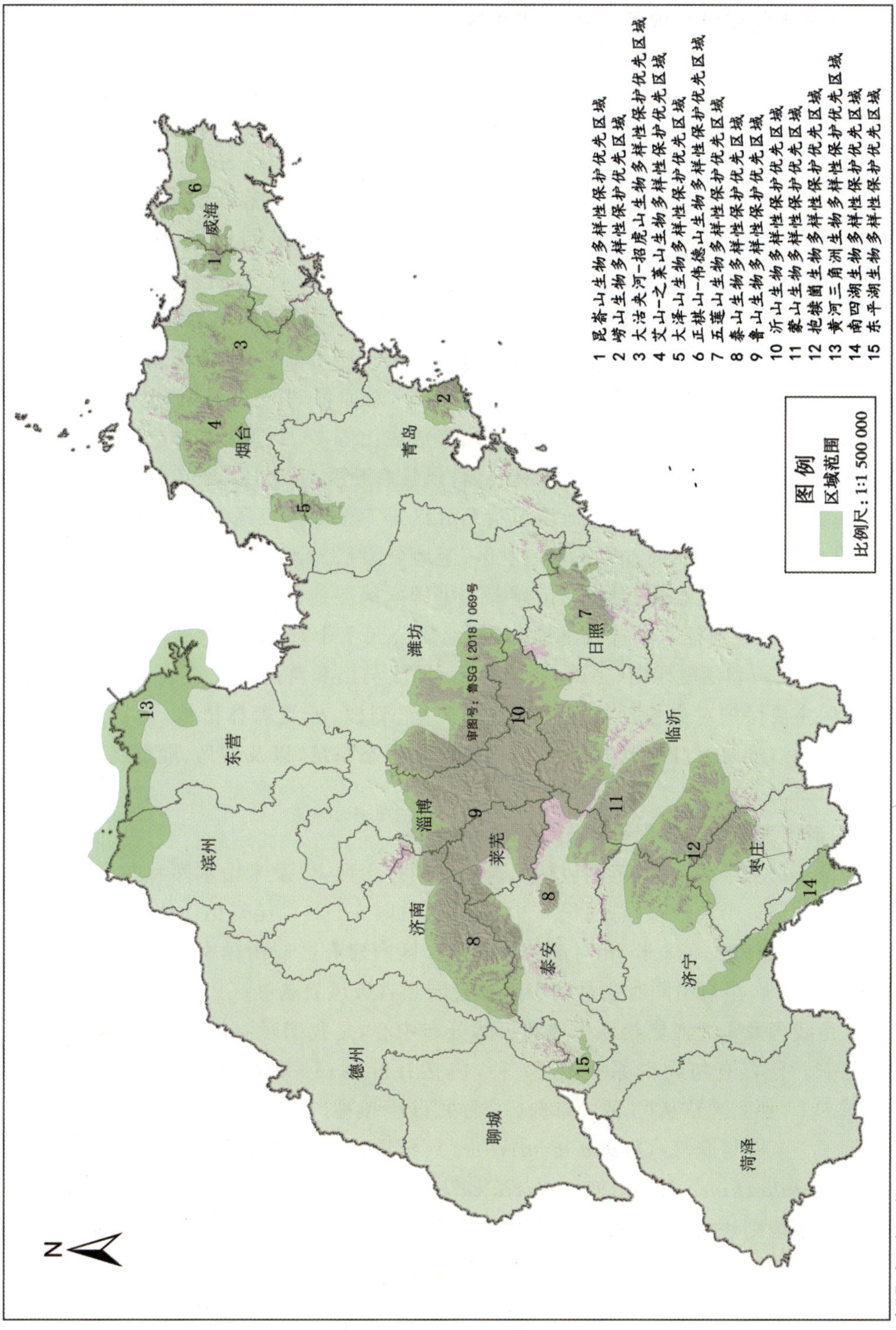

图5-1-3　山东省陆地生物多样性保护优先区域分布图

审图号：鲁SG（2018）069号

四、陆地生物多样性保护优先区域介绍

1. 鲁东丘陵区

本区位于潍河与沭河以东，北、东、南三面临海，范围涉及青岛、烟台、威海、日照、临沂5市的31个县(市、区)。地貌以丘陵为主，海拔高度多在200～300米，崂山、昆嵛山、牙山、艾山等山峰海拔高度均在800米以上。主要植被类型为落叶阔叶林和赤松针叶林，代表树种主要有麻栎、栓皮栎、黄连木、蒙古栎、槲树、枹栎、短柄枹、赤松、日本落叶松、黑松等，森林覆盖率为22%。区内已建立自然保护区34个，总面积46.2万公顷，包括山东长岛、山东荣成大天鹅、马山和山东昆嵛山等4个国家级自然保护区，青岛崂山、蓬莱艾山、海阳招虎山等25个省级自然保护区，以及日照市前三岛、栖霞崮山、烟台市大沽夹河湿地等5个市级自然保护区；森林公园70个，总面积11.2万公顷，包括崂山、昆嵛山、罗山等17个国家森林公园，文峰山、龙口、荣成成山等16个省级森林公园，以及莱西湖滨、龙口北海、养马岛等37个市级森林公园；风景名胜区15个，总面积11.8万公顷，包括青岛崂山风景名胜区、胶东半岛海滨风景名胜区等5个国家级风景名胜区，以及艾山、大泽山、文登昆嵛山等10个省级风景名胜区；湿地公园13个，总面积2.4万公顷，包括青岛少海、王屋湖、莱州湾金仓、潍坊峡山湖等4个国家级湿地公园，以及海阳小孩儿口、牟平养马岛、莱阳五龙河等9个省级湿地公园；地质公园7个，分别为青岛崂山、长山列岛2个国家地质公园和栖霞牙山、磁山、荣成槎山、即墨马山和莒南恐龙遗迹5个省级地质公园。本区主要保护对象包括特殊生境下的黑松、刺槐、栎类森林植被，赤松天然次生林，针阔混交林，滨海河口湿地生态系统，内陆湿地生态系统，以及候鸟、濒危鸟类等野生动物资源。

(1)昆嵛山生物多样性保护优先区域

本区位于山东半岛东部，范围包括昆嵛山及周边山区，以及米山水库和龙泉水库等，涉及牟平和文登2个市辖区，总面积4.9万公顷(见图5-1-4)。昆嵛山山体呈东南—西北走向，主峰泰礴顶海拔922米，相对高差800米。区内建有昆嵛山国家级自然保护区，面积15 416.5公顷，昆嵛山同时又是国家森林公园和省级风景名胜区。

本区是我国及东北亚赤松原生地和天然分布中心，是我国暖温带生物多样性最丰富的地区之一。分布有植物群系类型57种，包括针叶林(12种)、阔叶林(12种)、竹林(1种)、灌丛(5种)、灌草丛(3种)、草甸(12种)、砂生植被(1种)、水生植被(8种)和沼泽植被(3种)。赤松与麻栎(*Quercus acutissima*)、栓皮栎(*Q. variabilis*)、槲栎(*Q. aliena*)、坚桦(*Betula chinensis*)、山槐(*Albizia kalkora*)、白檀(*Chamaecereus sylvestri*)等树种各自形成不规则块状混交、株间混交林。由混交林形成的典型生境是中国特有植物、山东省特有植物的集中分布区，是多种植物模式标本的集中采集地。阔叶林主要有麻栎林、栓皮栎林、刺槐林和杂木林等，以各种栎林为典型代表。灌丛以胡枝子灌丛、白檀灌丛和绣线菊灌丛为主，草本层则以黄背草(*Themeda japonica*)为主，在土壤瘠薄的干旱土壤上则以白羊草(*Bothriochloa ischaemum*)占优势。

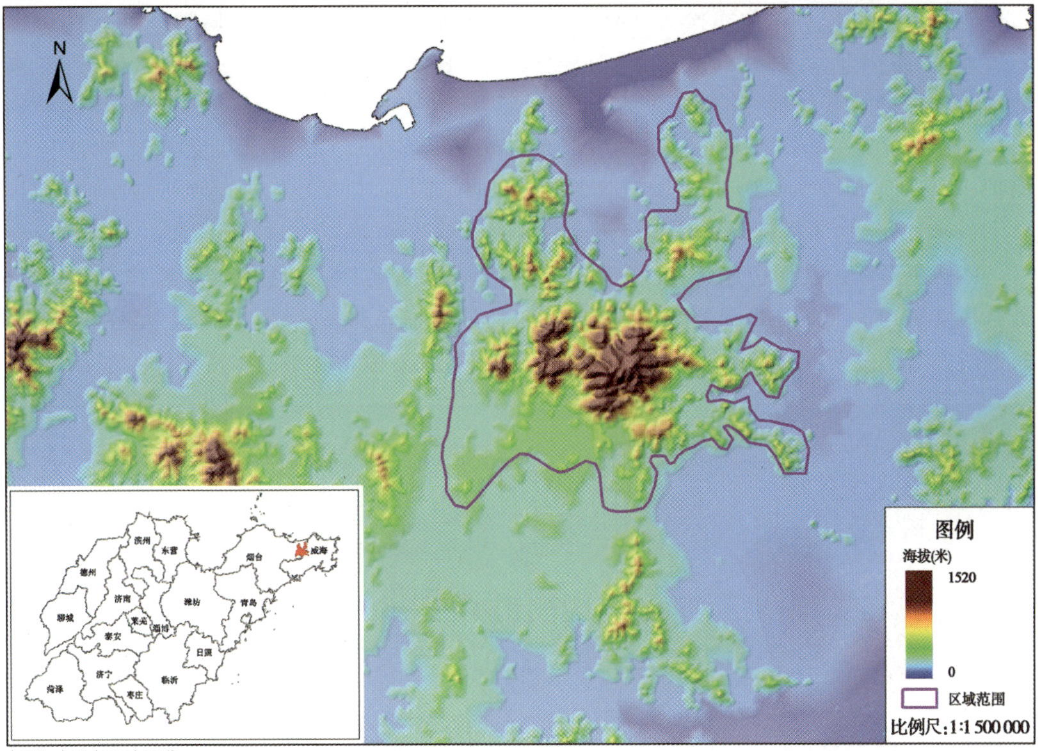

审图号：鲁SG（2018）069号

图 5-1-4　昆嵛山生物多样性保护优先区域

本区分布有维管束植物 849 种，其中，蕨类植物 35 种，裸子植物 6 种，被子植物 808 种。受威胁植物有 19 种，包括银杏（*Ginkgo biloba*）、胡桃（*Juglans regia*）、人参（*Panax ginseng*）3 种濒危物种，山东万寿竹、泰山韭、天麻、黄芪、黄檗（*Phellodendron amurense*）、水曲柳（*Fraxinus mandshurica*）6 种易危物种，以及二叶舌唇兰（*Platanthera chlorantha*）、细距舌唇兰（*Platanthera metabifolia*）等 10 种近危物种。国家级重点保护植物有 6 种，包括国家一级重点保护植物银杏及国家二级重点保护植物中华结缕草、水曲柳、黄檗、野大豆和紫椴。省级重点保护植物有 29 种，包括二苞黄精（*Polygonatum involucratum*）、青岛百合、老鸦瓣（*Tulipa edulis*）、北火烧兰等。中国特有植物 108 种，包括泰山岩蕨（*Woodsia taishanensis*）、细叶臭草、法氏早熟禾（*Poa faberi*）、山东剪股颖等。

本区分布有野生脊椎动物 338 种，包括鱼类 29 种，两栖类 7 种，爬行类 14 种，哺乳类 29 种，鸟类 259 种。受威胁动物有 27 种，包括极危 1 种，为白鹤，濒危 2 种，为乌龟和丹顶鹤（*Grus japonensis*）；易危 9 种，包括鳖（*Pelodiscus sinensis*）、棕黑锦蛇、鸿雁（*Anser cygnoides*）等；近危 15 种，包括大菊头蝠（*Rhinolophus luctus*）、赤狐（华北亚种）（*Vulpes vulpes tschiliensis*）、黄嘴白鹭等。国家级重点保护动物有 45 种。其中，国家一级 8 种，如白鹳（*asiatica* 亚种）（*Ciconia ciconia asiatica*）、黑鹳、中华秋沙鸭等；国家二级 37 种，如黄嘴白鹭、白额雁（*Anser albifrons*）、鸳鸯等。省级重点保护动物 49 种，如东方铃蟾、黑斑蛙（*Rana nigromaculatta*）、北草蜥等。中国特有动物 9 种，包括团头鲂 、无蹼壁虎、黄腹山雀等。

本区主要保护对象为赤松天然林等森林生态系统和濒危野生动植物。重点保护山东万寿竹、泰山韭、天麻、黄芪、鸿雁、中华秋沙鸭、白肩雕、大鸨(*dybowskii* 亚种)等受威胁动植物种群及其生境,并加强对银杏、中华结缕草、野大豆、紫椴、白鹳(*asiatica* 亚种)、黑鹳、金雕(*daphanea* 亚种)(*Aquila chrysaetos daphanea*)等国家级重点保护物种的保护。

(2)崂山生物多样性保护优先区域

本区包括崂山及周边地区,面积为 4.7 万公顷(见图 5-1-5)。主峰崂顶海拔 1132.7m,森林覆盖率 68%。崂山既是省级自然保护区,又是国家森林公园、国家级风景名胜区和国家地质公园。复杂的地形和适宜的气候条件,决定了其动植物类型的丰富多样。

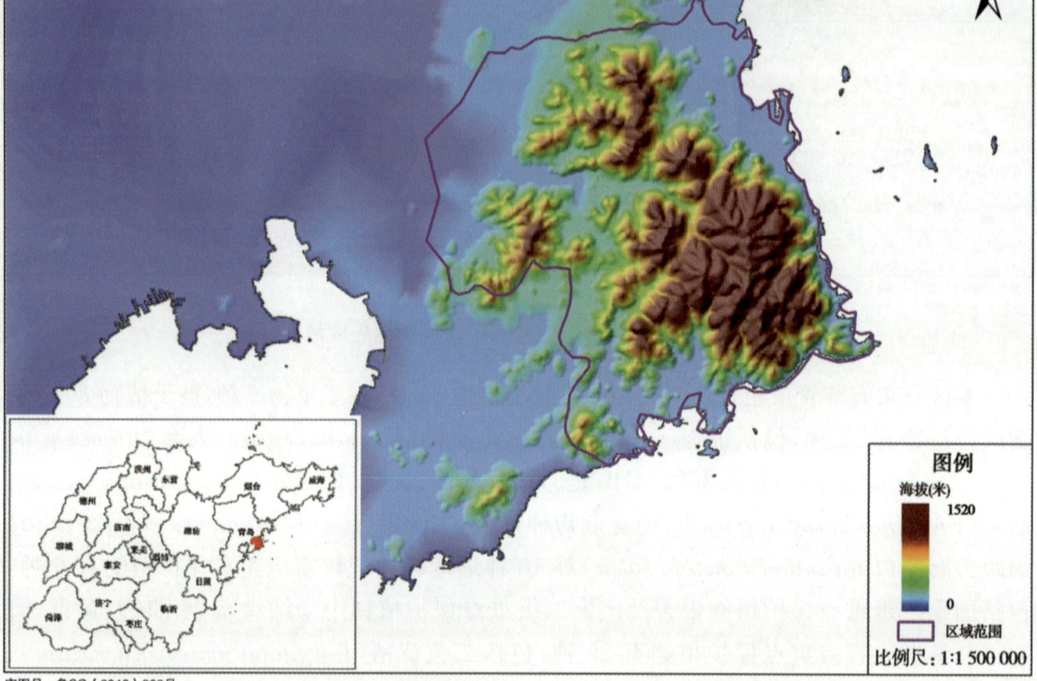

审图号：鲁SG（2018）069号

图 5-1-5 崂山生物多样性保护优先区域

本区是我国同纬度地区植物种类最多、植物区系成分最复杂的地带。拥有群系类型 60 种,包括针叶林(11 种)、阔叶林(11 种)、竹林(2 种)、灌丛(6 种)、灌草丛(3 种)、草甸(14 种)、砂生植被(1 种)、水生植被(9 种)和沼泽植被(3 种)。区内针叶林属温性常绿针叶林,主要建群种是赤松;阔叶林由落叶阔叶林构成,以麻栎、栓皮栎、刺槐(*Robinia pseudoacacia*)、枫杨(*Pterocarya stenoptera*)、辽东桤木(*Alnus sibirica*)等为主;竹林分为刚竹林和毛竹林;灌丛包括以灌木为建群种或优势种所组成的植被类型。灌草丛以中生或旱中生多年生草本植物为主要建群种,建群层为草本层,主要种类有黄背草、野古草(*Arundinella hirta*)等;中间散生的灌木有荆条(*Vitex negundo*)、三裂绣线菊(*Spiraea trilobat*)、华北绣线菊(*S. fritschiana*)、胡枝子(*Lespedeza bicolor*)等。

本区分布有维管束植物 1 037 种,包括蕨类植物 52 种,裸子植物 7 种,被子植物978 种。受威胁植物有 31 种。其中,极危 1 种,为矮鸢尾;濒危 3 种,分别为银杏、水杉(*Metasequoia glyptostroboides*)和胡桃;易危12 种,包括泰山韭、杜仲(*Eucommia glyptostroboides*)、山东万寿竹等;近危 15 种,包括北火烧兰、青檀(*Pteroceltis tatarinowii*)、紫点杓兰(*Cypridpedium guttatum*)等。国家级重点保护植物有 11 种。其中,国家一级为银杏和水杉2 种;国家二级包括珊瑚菜、水曲柳、野大豆等,共 9 种。省级重点保护植物有 38 种,如芒萁、薤白(*Allium macrostemon*)、君迁子(*Diospyros lotus*)等。中国特有植物有 162 种,如假中华鳞毛蕨、山东百部(*Stemona shandongensis*)、青岛薹草等。

本区分布有野生脊椎动物 411 种,包括鱼类 8 种,两栖类 9 种,爬行类 18 种,哺乳类 30 种,鸟类 346 种。受威胁动物有 39 种。其中,极危 1 种,为白鹤;濒危 3 种,分别为乌龟、黑脸琵鹭和丹顶鹤;易危 18 种,包括棕黑锦蛇、花脸鸭(*Anas formosa*)、中华秋沙鸭等;近危 17 种,包括黄嘴白鹭、小太平鸟(*Bombycilla japonica*)、紫寿带(指名亚种)(*Terpsiphone atrocaudata atrocaudata*)等。国家级重点保护动物有 64 种。其中,国家一级 12 种,如细嘴松鸡(*Tetrao parvirostris*)、黑鹳、玉带海雕(*Haliaeetus leucoryphus*)等;国家二级 52 种,如黄爪隼(*Falco naumanni*)、白鹮(*Threskiornis aethiopicus*)、赤腹鹰(*Accipiter soloensis*)等。省级重点保护动物 62 种,如长尾鸭、丑鸭(*Histrionicus histrionicus*)、石鸡(*Pubescens* 亚种)等。中国特有动物 14 种,包括短吻间银鱼、宝兴歌鸫等。

本区暖温带森林生态系统典型,生物区系过渡特征明显,生物多样性丰富。主要保护对象为森林生态系统、野生动植物及濒危物种资源。加强对崂山及附近长门岩岛、大管岛等地野生耐冬山茶(*Camellia japonica*)及其原生地的保护。崂山水库是青岛主要补充水源地,需作为水源涵养及城市水源地重点保护。

(3)大沽夹河-招虎山生物多样性保护优先区域

本区位于鲁东丘陵区中北部的大沽夹河流域,范围涉及栖霞、福山、莱山、牟平、莱阳和海阳 6 个市(区),面积为 36 万公顷(见图 5-1-6)。区内分布有招虎山、牙山、围子山、老寨山等山峰,海拔多在 300～800 米,大沽夹河、门楼水库、白洋河、庵里水库、月牙水库、龙角山水库、桃源水库、盘石水库等水体分布其中。区内已建立海阳招虎山、栖霞牙山、莱山围子山、福山银湖湿地、莱阳老寨山、牟平峠山 6 个省级自然保护区和大沽夹河市级自然保护区,总面积为 5.9 万公顷;建有招虎山、牙山和岠嵎山 3 个国家森林公园与合卢寺省级森林公园,总面积为 1.3 万公顷。

本区分布有植被群系类型 64 种,包括针叶林(12 种)、阔叶林(13 种)、竹林(2 种)、灌丛(8 种)、灌草丛(4 种)、草甸(12 种)、水生植被(9 种)和沼泽植被(4 种)。针叶林以赤松林为主,黑松林和落叶松林也有较大面积的分布。阔叶林以麻栎林为主,也有麻栎与赤松混交林。此外,还有栓皮栎林、刺槐林、毛白杨林、泡桐林等。在部分荒山上分布着以荆条和黄背草为主的灌草丛。

本区分布有维管束植物 1223 种，包括蕨类植物 44 种，裸子植物 34 种，被子植物 1145 种。受威胁植物有 33 种。其中，濒危 4 种，为水杉、银杏、胡桃和琅琊榆（*Ulmus chenmoui*）；易危13 种，包括白皮松（*Pinus bungeana*）、紫玉兰（*Magnolia liliflora*）、鹅掌楸（*Liriodendron chinense*）等；近危 16 种，包括赤松、白扦（*Picea meyeri*）、青檀等。国家级重点保护植物有 11 种，国家一级为银杏和水杉 2 种，国家二级包括金钱松（*Pseudolarix amabilis*）、黄檗等 9 种。省级重点保护植物有 33 种，如槲寄生、兴安升麻（*Cimicifuga dahurica*）、簇花茶藨子（*Ribes fasciculatum*）等。中国特有植物 183 种，如蒙山粉背蕨、华北落叶松（*Larix principis-rupprechtii*）、法氏早熟禾等。

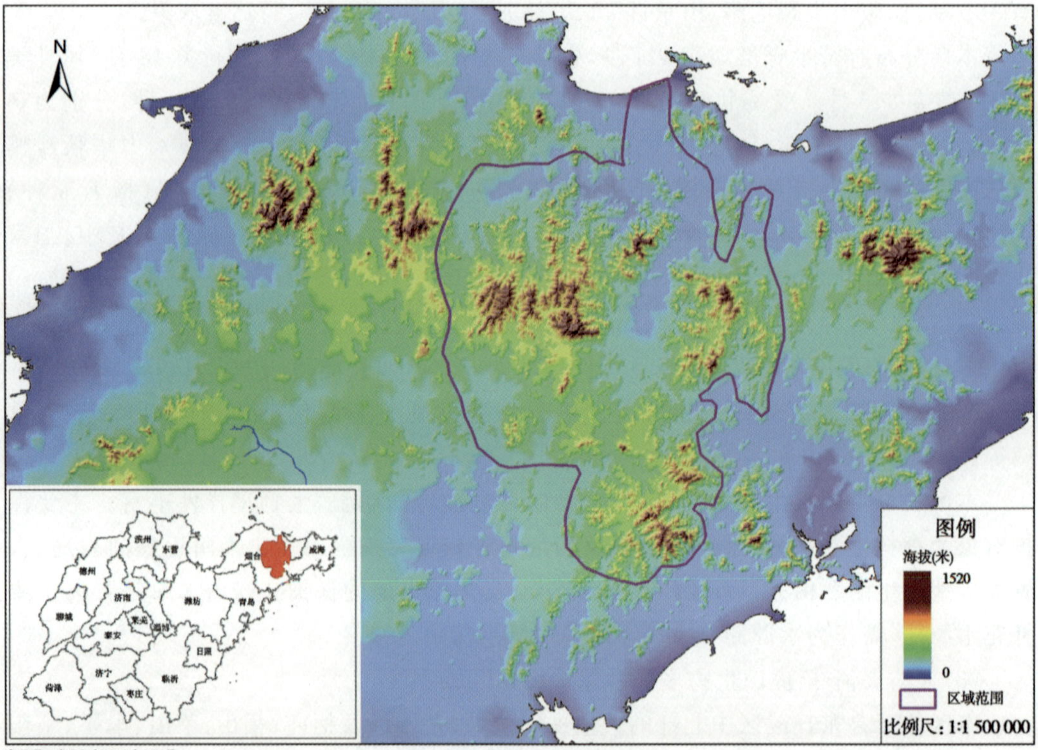

审图号：鲁SG（2018）069号

图 5-1-6　大沽夹河-招虎山生物多样性保护优先区域

区内分布有野生脊椎动物 430 种，包括鱼类 49 种，两栖类 8 种，爬行类 18 种，哺乳类 34 种，鸟类 321 种。受威胁物种有 37 种。其中，极危 1 种，为白鹤；濒危 4 种，包括松江鲈、乌龟等；易危 13 种，包括斑嘴鹈鹕（*Pelecanus philippensis*）、鸿雁等；近危 19 种，包括大菊头蝠（*Rhinolophus ferrumequinum Schreber*）、果子狸、大杓鹬（*Numenius madagascariensis*）等。国家级重点保护动物 56 种，其中国家一级有 9 种，包括短尾信天翁（*Diomedea albatrus*）、白肩雕、黑鹳等；国家二级有 47 种，包括大天鹅、斑嘴鹈鹕、鸢等。省级重点保护动物有 62 种，如艾鼬（*Mustela eversmanni*）、金线蛙、绿鹭等。中国特有动物有 16 种，如巨口鳑、黄纹石龙子、乌梢蛇等。

本区具有森林、河流与水库湿地、滨海湿地等多种生态系统类型，是天然物种基因库和野生动物的庇护所，是东北亚内陆与环西太平洋鸟类迁徙的重要驿站，是山东半岛北部重要的生态屏障，在保护生物多样性、涵养水源、调节气候等方面发挥着重要作用。重点保护对象包括森林生态系统、湿地生态系统、饮用水源地及野生动植物资源。保护重点是赤松天然次生林，白鹤、松江鲈、乌龟、丹顶鹤、团头鲂、须拟鱊（*Paracheilognathus shibatuea*）等受威胁动物种群及其栖息地，以及鹅掌楸、黄檗、珊瑚菜 、水曲柳、中华结缕草、胶东薹草（*Carex jiaodongensis*）、荣成藨草、烟台翠雀花（*Delphinium chefoense*）等特有珍稀植物野生种群。

（4）艾山-之莱山生物多样性保护优先区域

本区位于鲁东丘陵区北部，范围涉及蓬莱、招远、龙口和栖霞等 4 市，面积 14.8 万公顷（见图 5-1-7）。分布有艾山、崮山、之莱山、罗山、大飘山等海拔在 600 米以上的山峰，以及迟家沟水库、王屋水库、丘山水库、战山水库以及黄水河等主要水体。区内已建立蓬莱艾山、龙口之莱山、龙口大飘山、龙口黄水河河口湿地、招远罗山等 5 个省级自然保护区和栖霞崮山市级自然保护区，面积 3.3 万公顷，森林公园 5 个，分别为罗山、艾山和龙口南山等 3 个国家森林公园和龙口、蓬莱睡虎山等 2 个省级森林公园，面积4 705 公顷；蓬莱平畅河省级湿地公园和栖霞白洋河省级湿地公园等 2 个湿地公园，总面积3 888 公顷。

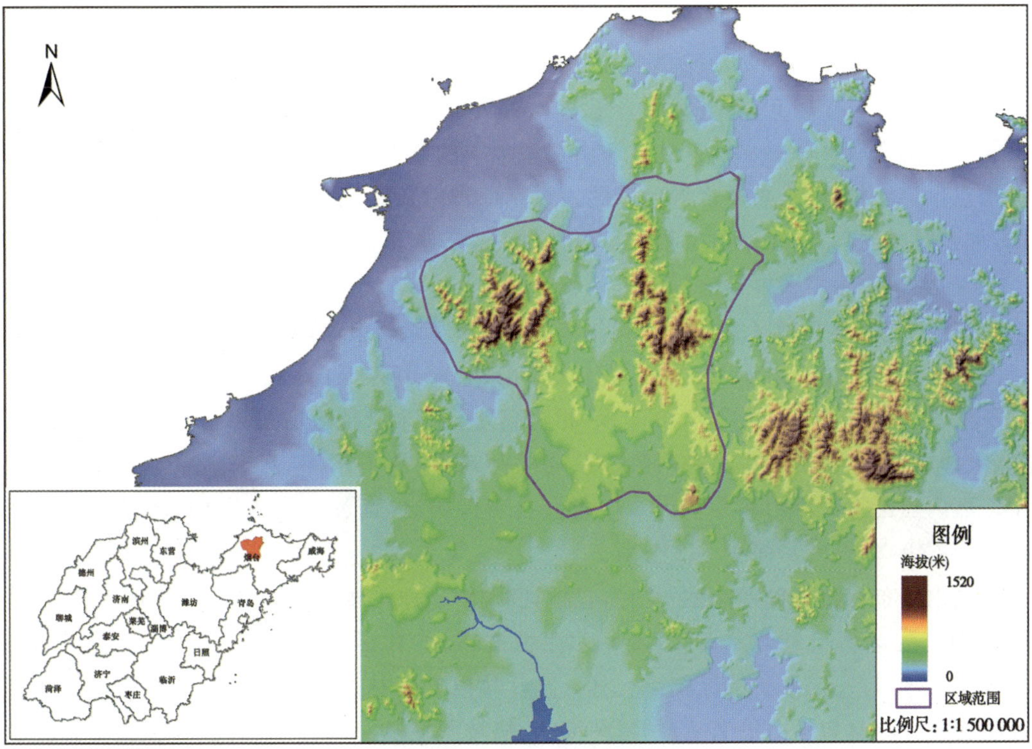

审图号：鲁SG（2018）069号

图 5-1-7　艾山-之莱山生物多样性保护优先区域

区内分布有植被群系类型 45 种，包括针叶林（3 种）、阔叶林（10 种）、竹林（1 种）、灌丛（5 种）、灌草丛（3 种）、草甸（12 种）、水生植被（8 种）和沼泽植被（3 种）。本区的针叶林有赤松林、黑松林和侧柏林等3种，阔叶林包括麻栎林、栓皮栎林、蒙古栎林、杂木林、刺槐林等，灌丛以胡枝子灌丛、白檀灌丛和绣线菊灌丛为主，灌草丛以荆条、酸枣、白羊草和黄背草为主要建群种。

区内分布有维管束植物1198种，包括蕨类植物46种，裸子植物31种，被子植物1121种。受威胁物种有30种。其中，濒危3种，分别为水杉、银杏和胡桃；易危16种，以木兰科(Magnoliaceae)植物为主；近危11种，以兰科(Orchidaceae)植物为主。国家级重点保护植物有12种。其中，国家一级2种，为银杏和水杉；国家二级10种，包括厚朴(*Magnolia officinalis*)、鹅掌楸、杜仲等。省级重点保护植物有32种，包括青岛百合、老鸦瓣、青岛老鹳草(*Geranium tsingtauense*)等。中国特有植物有165种，包括长花天门冬、野百合(*Lilium brownii*)、郁金香(*Tulipa gesneriana*)等。

区内分布有野生脊椎动物429种，包括鱼类42种，两栖类8种，爬行类17种，哺乳类33种，鸟类329种。受威胁物种有42种。其中，极危1种，为白鹤；濒危3种，包括乌龟、小青脚鹬等；易危18种，如中华秋沙鸭、白肩雕、黄爪隼等；近危20种，如半蹼鹬(*Limnodromus semipalmatus*)、小太平鸟、喜鹊(*Pica pica serica*)等。国家级重点保护动物有62种。其中，国家一级11种，如白头鹤、白枕鹤(*Grus vipio*)、大鸨(*dybowskii* 亚种)等；国家二级51种，如大天鹅、斑嘴鹈鹕、黄爪隼等。省级重点保护动物有65种，包括黑斑蛙、绿鹭、针尾鸭(*Anas acuta*)等。中国特有动物有12种，包括圆尾斗鱼(*Macropodus chinensis*)、中国石龙子(*formosensis* 亚种)、黄腹山雀等。

本区发育有良好的赤松天然林和山东省唯一的紫椴天然次生纯林，分布有多种国家级重点保护动植物，是重要水源涵养区。重点保护对象为森林生态系统与濒危动植物种群，加强对区内鸟类、小型兽类种群，黄芪、珊瑚菜等珍稀野生花卉和中药材的保护。

(5)大泽山生物多样性保护优先区域

本区位于鲁东丘陵区的西北部，范围涉及平度市和莱州市，面积5.5万公顷(见图5-1-8)。区内分布有大泽山、大基山、茶山、龙山、青山、云峰山等低山，大泽山主峰北峰顶海拔737米，大基山主峰马山海拔690.5米，相对高差541米。植被覆盖率90%以上。淄阳水库、大泽山水库、留驾水库、临疃河水库、庙埠河水库、坎上水库、赵家水库等水库分布其中。区内已建立大泽山和大基山2个省级自然保护区，面积1.8万公顷，大泽山和文峰山2个省级森林公园，面积742公顷。

区内分布有植被群系类型44种，包括针叶林(3种)、阔叶林(11种)、竹林(1种)、灌丛(4种)、灌草丛(3种)、草甸(11种)、水生植被(8种)和沼泽植被(3种)。针叶林以赤松林为主，另外有一定面积的针阔混交林。阔叶林以麻栎林、栓皮栎林、蒙古栎林等栎类落叶林为主。灌丛包括白檀灌丛、绣线菊灌丛、胡枝子灌丛及其他灌丛，草本层主要为黄背草、白羊草、结缕草、狗牙根等主要建群种。

区内分布有维管束植物873种，包括蕨类植物31种，裸子植物5种，被子植物837种。受威胁物种有16种。其中，极危1种，为矮鸢尾；濒危2种，为水杉和银杏；易危7种，包括山东万寿竹、泰山韭、厚朴等；近危6种，包括黄芪、羊耳蒜(*Liparis japonica*)、蜈蚣兰

(*Cleisostoma scolopendrifolium*)等。国家级重点保护植物有 9 种。其中，国家一级 2 种，为银杏和水杉；国家二级 7 种，包括中华结缕草、大叶榉、野大豆等。省级重点保护植物29 种，包括热河黄精、薤白、藜芦(*Veratrum nigrum*)等。中国特有植物有 113 种，如泰山谷精草(*Eriocaulon taishanense*)、山东百部、禾叶山麦冬(*Liriope graminifolia*)等。

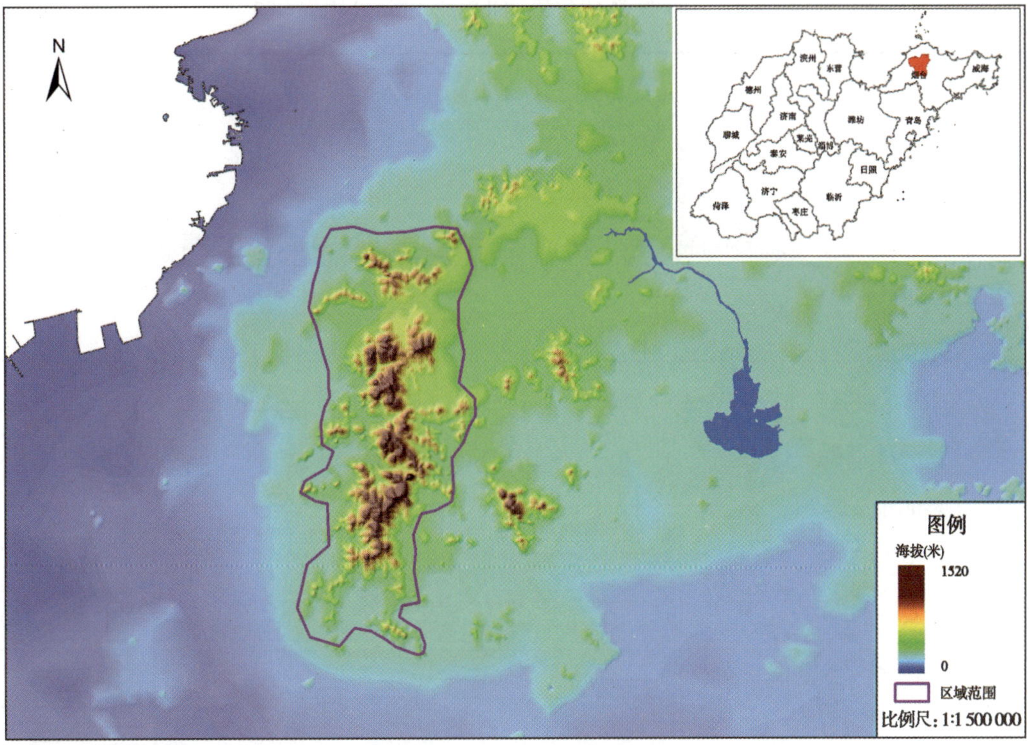

审图号：鲁SG（2018）069号

图 5-1-8　大泽山生物多样性保护优先区域

本区分布有野生脊椎动物 355 种，包括鱼类 24 种，两栖类 8 种，爬行类 13 种，哺乳类 18 种，鸟类 292 种。受威胁物种有 31 种。其中，极危 1 种，为白鹤；濒危 2 种，为东方白鹳(*Ciconia boyciana*)等；易危 13 种，包括鸿雁、白肩雕、白枕鹤等；近危 15 种，包括疣鼻天鹅(*Cygnus olor*)、罗纹鸭(*Anas falcata*)、鸳鸯等。国家级重点保护动物有 55 种，其中国家一级 10 种，包括丹顶鹤、中华秋沙鸭、白枕鹤等；国家二级 45 种，包括花田鸡(*Coturnicops exquisitus*)、白鹮、鸢等。省级重点保护动物有 50 种，如黄鼬(华北亚种)、栗苇鳽(*Ixobrychus cinnamomeus*)、针尾鸭等。中国特有动物有蓝尾石龙子、北草蜥、圆尾斗鱼等 6 种。

本区分布有大面积以赤松为主的针叶林、针阔混交林和栎类落叶阔叶林，区位优势明显，自然景观独特，生物多样性丰富。重点保护对象为赤松天然次生林、针阔混交林及栎类落叶阔叶林。加强对矮鸢尾、山东万寿竹、泰山韭、厚朴、鹅掌楸、玫瑰、黄芪等濒危野生植物种群的保护，加强对白鹤、东方白鹳、白枕鹤、花田鸡、大鸨(*dybowskii* 亚种)、中华秋沙鸭、白肩雕等野生鸟类种群及其栖息地的保护。

（6）正棋山-伟德山生物多样性保护优先区域

本区位于山东半岛最东端，范围涉及荣成市和环翠区，总面积为 5.7 万公顷。分布有正棋山、伟德山等山峰，崮山水库、所前泊水库、纸坊水库、荣成月湖等湿地（见图 5-1-9）。已建立山东荣成大天鹅国家级自然保护区，面积为 1 675 公顷；伟德山国家森林公园，面积为8 362 公顷；正棋山省级森林公园，面积为 667 公顷。

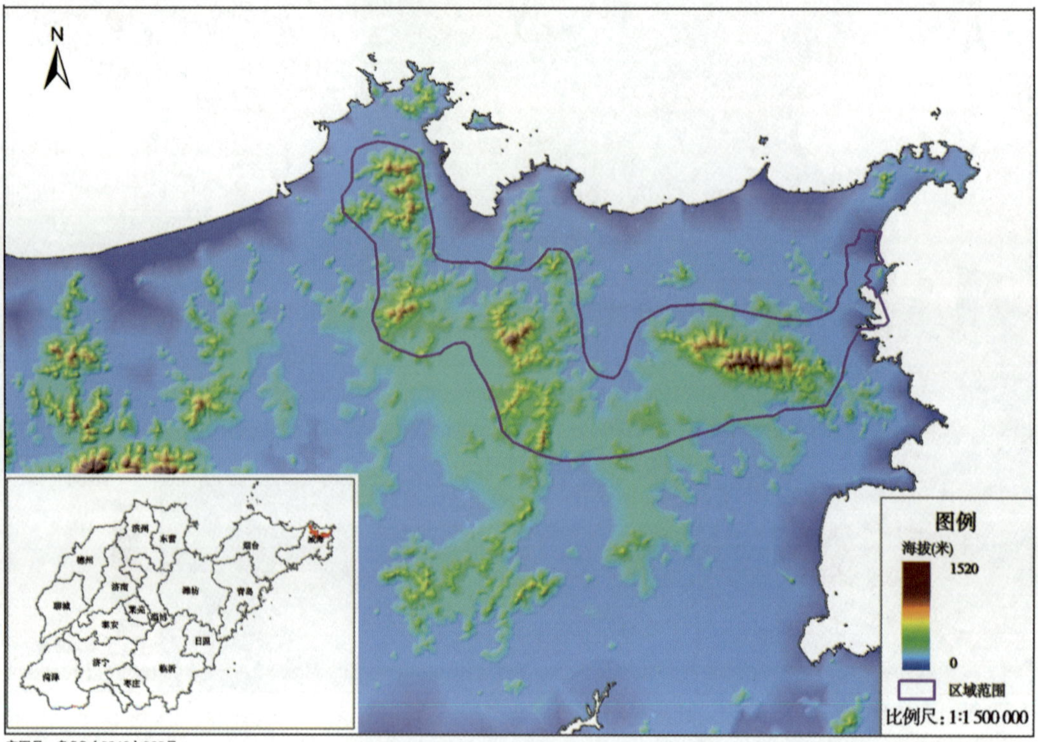

审图号：鲁SG（2018）069号

图 5-1-9 正棋山-伟德山生物多样性保护优先区域

区内拥有植被群系类型 46 种，包括针叶林（3 种）、阔叶林（11 种）、竹林（1 种）、灌丛（5 种）、灌草丛（3 种）、草甸（11 种）、砂生植被（1 种）、水生植被（8 种）和沼泽植被（3 种）。本区内既有森林生态系统，又有海岸湿地生态系统，森林植被以赤松林和麻栎林为主要建群种，阔叶林中以麻栎林、槲树林、蒙古栎林为主，灌木层以胡枝子灌丛为主，草本层主要以黄背草、白羊草为主要建群种。

区内分布有维管束植物 830 种，包括蕨类植物 29 种，裸子植物 2 种，被子植物 799 种。受威胁物种 16 种，其中易危 5 种，包括山东万寿竹、泰山韭、玫瑰、黄芪和珊瑚菜；近危11 种，除赤松和元宝槭（*Acer truncatum*）外均为兰科植物。国家二级重点保护植物 3 种，分别为中华结缕草、珊瑚菜和野大豆。省级重点保护植物 29 种，包括北火烧兰、薤白、长白鸢尾（*Iris mandshurica*）等。中国特有植物 96 种，包括野百合、毛白杨（*Populus tomentosa*）、小钻杨等。

区内分布野生脊椎动物 424 种，包括鱼类 20 种，两栖类 9 种，爬行类 18 种，哺乳类 30 种，鸟类 347 种。受威胁动物有 42 种，包括极危 1 种，为白鹤；濒危 3 种，为乌龟、黑脸琵鹭和丹顶鹤；易危 19 种，如林沙锥（*Gallinago nemoricola*）、大鸨（*dybowskii* 亚种）、花田鸡等；近危 19 种，如红颈苇鹀（*Emberiza yessoensis continentalis*）、黄胸鹀（指名亚种）、紫寿带（指名亚种）等。国家级重点保护动物有 65 种，均为鸟类，其中国家一级 12 种，如短尾信天翁、中华秋沙鸭、玉带海雕等；国家二级 53 种，如斑嘴鹈鹕、海鸬鹚（*Phalacrocorax pelagicus pelagicus*）、白鹮等。省级重点保护动物有 63 种，如东方铃蟾、中国林蛙、苍鹭（*jouyi* 亚种）（*Ardea cinerea jouyi*）等。中国特有动物有 13 种，包括团头鲂、黄纹石龙子、宝兴歌鸫等。

本区拥有森林、滩涂、泻湖、河口和浅海等多种生态系统，马山港泻湖是我国现存泻湖中保持最完整、最典型的泻湖，由于其生境独特，食物丰富，是大天鹅等珍稀鸟类的理想栖息地。主要保护对象为湿地生态系统、森林生态系统和野生水禽种群。重点保护白鹤、丹顶鹤、黑脸琵鹭、乌龟、林沙锥、短尾信天翁、白鹳（*asiatica* 亚种）、黑鹳、中华秋沙鸭等濒危物种，以及大天鹅（*Gygnus cygnus*）种群及其生境。

（7）五莲山生物多样性保护优先区域

本区位于山东半岛东南部，范围包括五莲县和莒县，面积 10.1 万公顷（见图 5-1-10）。区内分布有五莲山、九仙山、马耳山、卧象山、哑巴山、双山、会稽山、青山、尖垛山、平垛山、芦山、垛子崖、桥子山、龙门崮、四姑山、浮来山等山峰，海拔在 500 米以上的山峰 30 余个，最高峰马耳山海拔 706 米。户部岭、长城岭、却坡、峤山、小仕阳等水库散布其中。区内建有五莲山国家森林公园和大青山省级森林公园 2 个森林公园，面积 8 800 公顷。

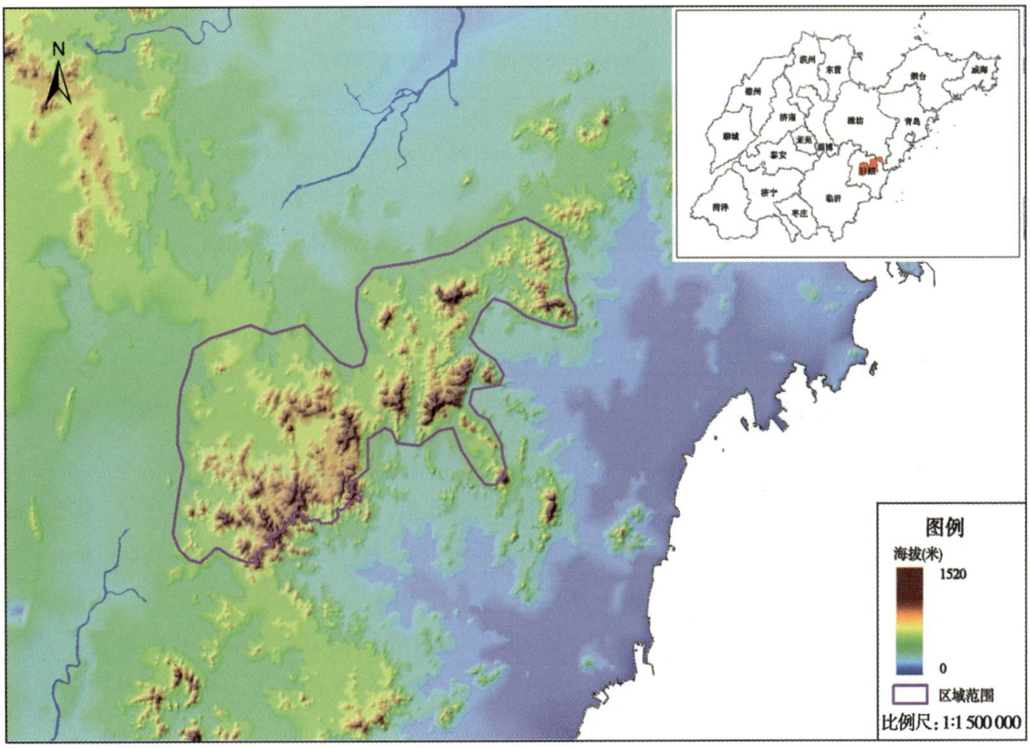

审图号：鲁SG（2018）069号

图 5-1-10　五莲山生物多样性保护优先区域

本区拥有植被群系类型42种，包括针叶林（2种）、阔叶林（11种）、竹林（1种）、灌丛（3种）、灌草丛（4种）、草甸（10种）、水生植被（8种）和沼泽植被（3种）。区内地带性植被为常绿-落叶天然次生林、落叶阔叶林，主要森林植被为赤松-板栗群落、赤松-麻栎群落、赤松-杜鹃群落和麻栎-杜鹃群落，针叶林以赤松、黑松为优势种，阔叶林以麻栎、板栗、短柄枹栎为优势种，灌丛以杜鹃（*Rhododendron simsii*）、照山白（*Rhododendron micranthum*）、锦带花、荆条（*Vitex negundo*）为优势种，草本层以鹅观草（*Roegneria kamoji*）、地榆（*Sanguisorba officinalis*）、鸭跖草（*Commelina communis*）、雀麦（*Bromus japonicus*）、野艾蒿（*Artemisia lavandulaefolia*）为优势种。

区内分布有维管束植物649种，包括蕨类植物17种，裸子植物3种，被子植物629种。受威胁植物7种，其中濒危2种，分别为水杉和银杏；易危2种，分别为泰山韭和黄芪；近危3种，分别为元宝槭、无柱兰（*Amitostigma gracile*）和羊耳蒜。国家级重点保护植物有3种，分别为水杉、银杏和野大豆。中国特有植物有80种，如金色狗尾草、虎掌、五莲杨（*Populus wulianensis*）等。

区内分布有野生脊椎动物451种，包括淡水鱼类30种，两栖类9种，爬行类18种，哺乳类37种，鸟类357种。受威胁动物有49种，其中极危1种，为白鹤；濒危5种，包括多鳞铲颌鱼、黑脸琵鹭等；易危21种，包括猪獾、豹猫（北方亚种）、花田鸡等；近危22种，包括须鼠耳蝠、狗獾（北方亚种）、紫寿带（指名亚种）等。国家级重点保护动物有66种，其中国家一级12种，包括短尾信天翁、中华秋沙鸭、白尾海雕（指名亚种）（*Haliaeetus albicilla albicilla*）等；国家二级有54种，包括斑嘴鹈鹕、乌雕（*Aquila clanga*）等。省级重点保护动物有65种，包括东方铃蟾、北草蜥、斑头鸬鹚（*Phalacrocorax Filamentosus*）等。中国特有动物18种，如中华青鳉、中华鼢鼠（*Eospalax fontanierii*）等。

本区不仅是山东省最大的野生中药材库，也是山东省野生杜鹃花基地。主要保护对象为森林生态系统、野生植物资源和水源涵养地。重点加强对五莲山野生杜鹃花及其生境的保护，尤其应加强对其上层赤松栎林群落的保护，加强对区内天麻、丹参、何首乌（*Fallopia multiflora*）、灵芝（*Ganoderma lucidum*）、三七（*Panax Notoginseng*）等名贵中药材的就地保护。

2. 鲁中南山地丘陵区

本区位于山东省中南部，东以潍河、沭河与鲁东丘陵区为界，西部大致以200米等高线与鲁西北平原相接，北部以黄河为界，范围涉及济南、淄博、枣庄、潍坊、济宁、泰安、莱芜、临沂等8市51个县（市、区）。地貌类型以丘陵区为主，海拔高度多在500米左右，泰山、鲁山、沂山、徂徕山和蒙山等1 000米以上的中山构成鲁中南山地的山脊。植被类型以落叶类阔叶林为主，主要树种为栎类、杨、柳、榆、槐等种类；针叶林代表性树种为油松和侧柏，油松垂直分布高度达海拔1 400米，侧柏主要分布在石灰岩山地。森林覆盖率为17%左右。

本区已建立自然保护区27个，总面积为15.7万公顷，包括山东山旺古生物化石国家级自然保护区，泰山、鲁山、青州仰天山等11个省级自然保护区，峄山、柳埠、十八盘等

6个市级自然保护区，以及泉林水体、苍山抱犊崮、会宝岭水库等9个县级自然保护区；森林公园139个，总面积为19.2万公顷，包括泰山、徂徕山、蒙山等18个国家森林公园，神童山、塔山、枣庄龟山等44个省级森林公园，以及沂河、莲花山、沂南五彩山等77个市级森林公园；风景名胜区24个，总面积为13.2万公顷，包括泰安泰山、潍坊青州和淄博博山等3个国家级风景名胜区，以及大明湖、千佛山、马踏湖等21个省级风景名胜区；湿地公园50个，总面积为7.0万公顷，包括济西、台儿庄运河、安丘拥翠湖等16个国家级湿地公园，以及章丘绣源河、沂源沂河源、昌邑柽柳林等34个省级湿地公园；地质公园16个，分别为山旺、枣庄熊耳山、沂蒙山、泰山4个国家级地质公园，以及长清张夏-崮山、沂源、滕州莲青山、枣庄龟山、昌乐乔山、邹城峄山、泰安徂徕山、新泰青云山、泰安长城岭、肥城牛山、沂水龙岗、郯城马陵山12个省级地质公园；水源保护地7个，分别为济南南部山区、沂河源头、沭河源头、云蒙湖、跋山水库、青峰岭和济宁泗河源头水源保护地。

(1)泰山生物多样性保护优先区域

本区位于鲁中南山地丘陵区的北部，范围涉及泰山、历城、章丘、长清和莱城等5个市(区)，面积为34.9万公顷(见图5-1-11)。区内分布有泰山、徂徕山、卧龙峪、灵岩山、红叶谷、蟠龙山、朱家峪、胡山等中低山。泰山是山东省最高峰，主峰玉皇顶海拔高度1 532.7米，与山前平原高差达1 400米。卧虎山水库、锦绣川水库、雪野水库、黄前水库、小安门水库、公家庄水库、彩山水库、峋峪水库等水体分布其中。区内已建立泰山、徂徕山和长清寒武纪地质遗迹3个省级自然保护区和柳埠市级自然保护区，总面积为2.7万公顷；药乡、柳埠、泰山、徂徕山等4个国家森林公园和蟠龙山、胡山、五峰山、大峰山、卧龙峪等5个省级森林公园，总面积为2.7万公顷；泰山赤鳞鱼国家级水产种质资源保护区，面积2 160公顷；泰山国家级风景名胜区、千佛山省级风景名胜区和龙洞省级风景名胜区等3个风景名胜区；泰山国家地质公园、长清张夏-崮山省级地质公园、泰安徂徕山省级地质公园和泰安长城岭省级地质公园以及济南南部山区水源保护地。

本区分布有植被群系类型70种，包括针叶林(11种)、阔叶林(15种)、竹林(2种)、灌丛(11种)、灌草丛(4种)、草甸(11种)、水生植被(12种)和沼泽植被(4种)。区内针叶林以油松林和侧柏林为主，油松林分布于海拔70～1 400米范围，侧柏林分布于海拔200～800米范围；落叶阔叶林主要有麻栎林和栓皮栎林，麻栎林的分布范围介于海拔500～700米，而栓皮栎林在海拔1 200米以下均有分布；灌草丛中灌木主要为荆条、酸枣、胡枝子和扁担杆，草本主要为野古草、黄背草、白羊草和结缕草；草甸主要分布于海拔1 400米以上，以羊胡子草为主。

本区分布有维管束植物1 593种，包括蕨类植物68种，裸子植物有47种，被子植物1 478种。受威胁植物47种，其中极危3种，为杉松(*Abies holophylla*)、矮鸢尾和牡丹(*Paeonia suffruticosa*)；濒危4种，为水杉、银杏、胡桃和土元胡(*Corydalis humosa*)；易危20种，包括白皮松、柏木(*Cupressus funebris*)、紫玉兰(*Magnolia liliflora*)等；近危20种，包括白扦、海棠(*Malus spectabilis*)、青檀等。国家级重点保护植物有15种，国家一级为银杏、水杉和水松(*Glyptostrobus pensilis*)3种；国家二级包括中华结缕草、野大豆、水曲柳等 12 种。省级重点保护植物有 38 种，如槲寄生、兴安升麻、簇花茶藨子等。中国特有植物有 279 种，如泰山岩蕨、华北落叶松、刺柏（*Juniperus formosana*）等。

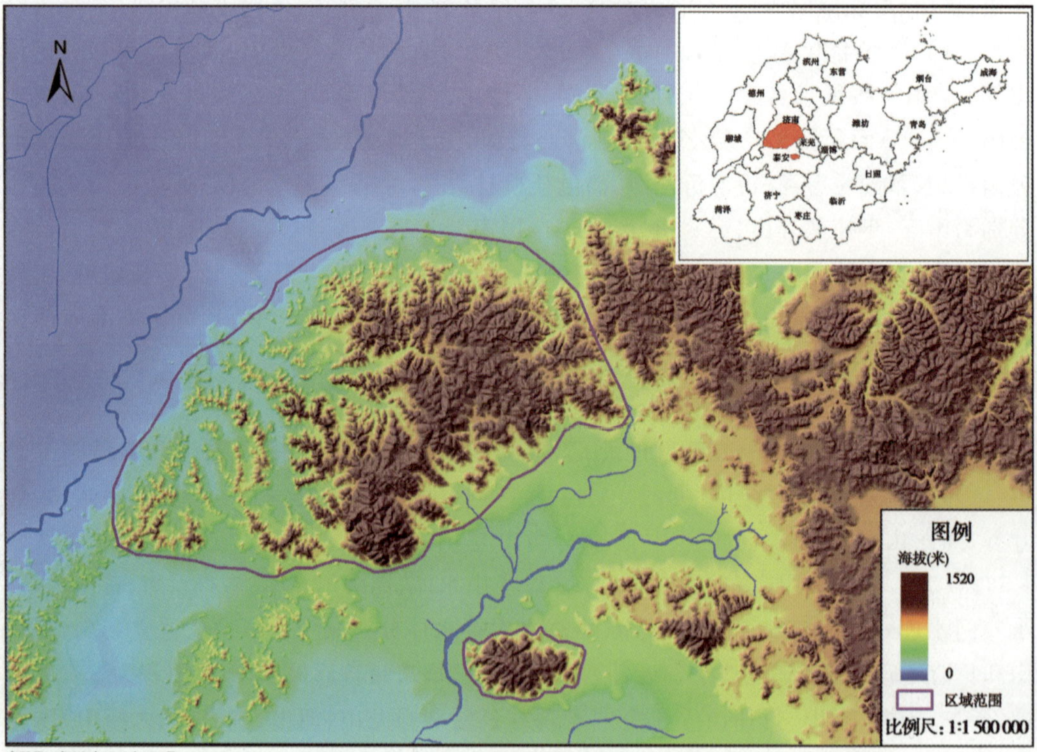

审图号：鲁SG（2018）069号

图 5-1-11　泰山生物多样性保护优先区域

区内分布有野生脊椎动物 388 种，包括淡水鱼类 49 种，两栖类 9 种，爬行类 17 种，哺乳类 38 种，鸟类 275 种。受威胁动物有 37 种，其中濒危 3 种，包括多鳞铲颌鱼、乌龟等；易危 13 种，包括团花锦蛇、王锦蛇、鸿雁等；近危 21 种，包括兴凯鱊（*Acanthorhodeus chankaensis*）、沼泽鼠耳蝠等。国家级重点保护动物有38 种，其中，国家一级有 6 种，包括白鹳（*asiatica* 亚种）、金雕、细嘴松鸡等；国家二级有 32 种，包括凤头蜂鹰（*Orientalis* 亚种）（*Pernis ptilorhynchus orientalis*）、鸢、大鵟（*Buteo hemilasius*）等。省级重点保护动物有 50 种，如中国林蛙、麝鼹（*Scaptochirus moschatus moschatus*）、栗苇鳽等。中国特有动物有 14 种，如团头鲂、无蹼壁虎等。

本区泰山为五岳之首，是暖温带落叶阔叶林区域的典型代表之一，生物种类比较丰富，是多种生物模式标本的原产地。徂徕山是大汶河的重要水源发源地，分布着大面积华北地区特有的油松林和暖温带落叶阔叶林的典型代表——栎类。济南南部山区具有涵养水源、保持水土等生态功能。重点保护对象为森林生态系统、水源涵养地与饮用水源地。加强杉松、矮鸢尾、牡丹、土元胡、胡桃、泰山岩蕨、泰山鳞毛蕨（*Dryopteris taishanensis*）、小白额雁、多鳞铲颌鱼等特有珍稀物种种群及其生境的保护。

(2)鲁山生物多样性保护优先区域

本区位于鲁中南山地丘陵区的中北部，范围涉及博山、临朐、淄川、青州、沂源及莱城6个县(市、区)，面积50.6万公顷(见图5-1-12)。区内分布有鲁山、原山、仰天山、五阳山、云明山、石门坊、凤凰山等中低山500余座，海拔多在500米以上；鲁山主峰海拔1 108.3米，为山东省第四高峰，素有“小泰山”之称。萌山水库、田庄水库、乔店水库、嵩山水库、石马水库、太河水库、大冶水库等水体分布其中。区内已建立鲁山、原山、青州仰天山等3个省级自然保护区，总面积3.0万公顷；原山、鲁山、峨庄、仰天山4个国家森林公园和汞山、驼山2个省级森林公园，总面积1.6万公顷；博山、青州国家级风景名胜区和马踏湖省级风景名胜区。

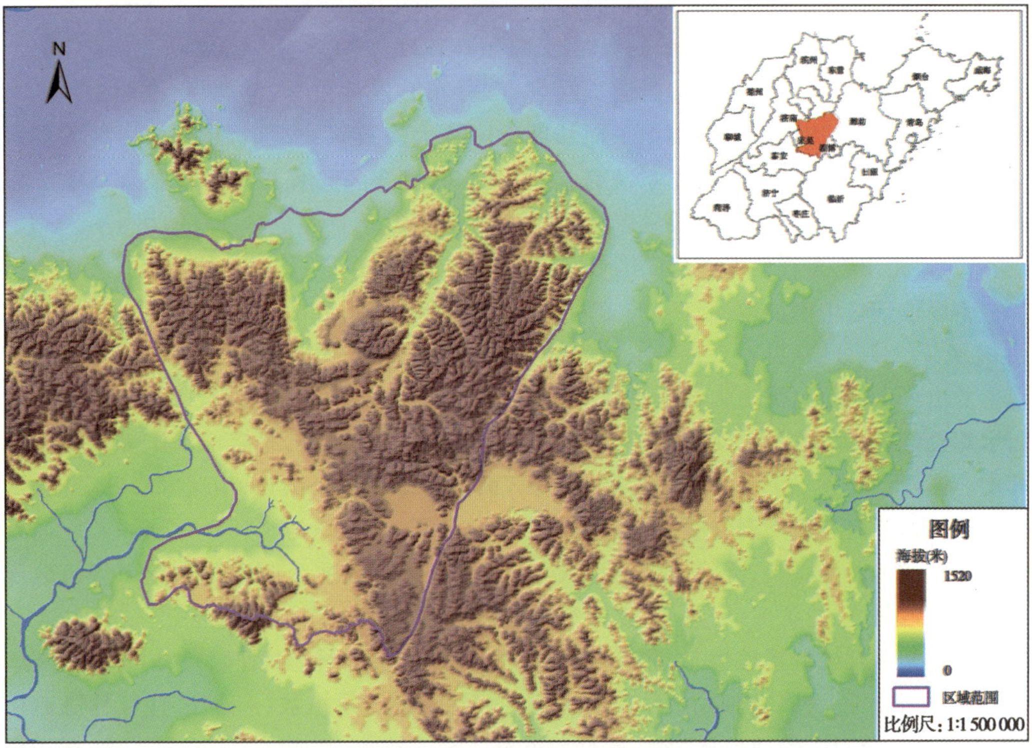

审图号：鲁SG(2018)069号

图5-1-12　鲁山生物多样性保护优先区域

本区分布有植被群系类型53种，包括针叶林(9种)、阔叶林(11种)、竹林(1种)、灌丛(7种)、灌草丛(4种)、草甸(10种)、水生植被(8种)和沼泽植被(3种)。针叶林以油松林和侧柏林为主，另有部分赤松林、黑松林、落叶松林等群落；阔叶林主要为麻栎林、栓皮栎林和杂木林；灌丛包括盐肤木灌丛、白檀灌丛、胡枝子灌丛、绣线菊灌丛等；灌草丛群系由荆条、酸枣和黄背草、白羊草、白茅等构成。

区内分布有维管束植物885种，包括蕨类植物27种，裸子植物5种，被子植物853种。受威胁植物13种，包括胡桃和土元胡2种濒危物种，泰山韭、榛子(*Corylus chinensis*)、玫瑰和黄芪等4种易危物种，以及赤松、元宝槭、线叶十字兰(*Habenaria linearifolia*)、小斑叶兰(*Goodyera repens*)、细距舌唇兰、无柱兰、羊耳蒜7种近危物种。国家二级重点保护植物有3种,分别为中华结缕草、野大豆和紫椴。省级重点保护植物有27种,如二苞黄精、枫杨、板栗(*Castanea mollissima*)等。中国特有植物有123种,如细叶臭草、垂柳、华北百蕊草等。

区内分布有野生脊椎动物408种,包括淡水鱼类64种,两栖类8种,爬行类15种,哺乳类41种,鸟类280种。受威胁动物有39种,其中濒危2种,包括乌龟等;易危15种,包括中华青鳉、黑眉锦蛇、小白额雁等;近危22种,包括兴凯鱊、艾鲕、罗纹鸭等。国家级重点保护动物有43种,包括国家一级7种,如白鹳(*asiatica* 亚种)、金雕、白枕鹤等;国家二级42种,如鸢、苍鹰(*Accipiter gentilis schvedowi*)、白尾鹞(指名亚种)(*Circus cyaneus cyaneus*)等。省级重点保护动物有50种,如黑斑蛙、中白鹭(*Egretta intermedia*)、栗苇鳽等。中国特有动物有14种,如短吻鳅鮀、无斑雨蛙、双斑锦蛇等。

本区地处鲁中石灰岩山区,岩溶地貌发育,分布有以油松林、栎类、侧柏等为主的典型森林植被,天然次生杂木林集中了同纬度地区绝大多数植物类型,是鲁中山区天然次生杂木林的典型代表,森林生态系统完整,生物多样性丰富。保护重点包括森林生态系统,华北地区特有的油松林和暖温带阔叶林,侧柏、栎类,珍稀濒危物种及饮用水源地等。

(3)沂山生物多样性保护优先区域

本区位于鲁中南山地丘陵区的东北部,范围涉及临朐、沂源、沂水和蒙阴4个县,总面积为67.1万公顷(见图5-1-13)。分布有沂山、老猫窝顶、松树崮、太平山等海拔700米以上的山峰30余个,沂山主峰玉皇顶海拔1 031米。跋山水库、冶源水库、牟山水库、沂山水库、高崖水库、沙沟水库、于家河水库、尚庄水库、丹河水库、北店子水库等水体分布其中。区内已建立了沂水县沂河县级保护区,面积为4.0万公顷;沂山国家森林公园、嵩山省级森林公园和织女洞省级森林公园3个森林公园,总面积为8 765.8公顷;临朐老龙湾省级风景名胜区1个;沂蒙山国家地质公园、沂源省级地质公园和沂水龙岗省级地质公园3个地质公园;沂河、云蒙湖、跋山水库和青峰岭4个水源保护地。

本区拥有植被群系类型54种,包括针叶林(9种)、阔叶林(12种)、竹林(2种)、灌丛(6种)、灌草丛(4种)、草甸(10种)、水生植被(8种)和沼泽植被(3种)。针叶林以赤松林、黑松林、油松林、落叶松林为主,落叶阔叶林主要有麻栎林、刺槐林、栓皮栎林、杂木林等,针阔混交林主要由赤松和麻栎组成,灌、草丛植被主要由胡枝子、绣线菊、鼠李、胡颓子、连翘等灌木种和菊科、禾本科的草本植物构成。

区内分布有维管束植物815种,包括蕨类植物48种,裸子植物2种,被子植物765种,以松类、刺槐、栎类为主要树种,还有水榆花楸、三桠乌药等珍贵树种。受威胁植物有7种,其中,易危物种为泰山韭和黄芪,近危包括元宝槭、无柱兰等5种。国家二级重点保护植物有2种,分别为中华结缕草和野大豆。省级重点保护植物有28种,包括等薤白、藜芦、枫杨等。中国特有植物有111种,包括蒙山粉背蕨、鲁中柳(*Salix luzhongensis*)、中国繁缕(*Stellaria chinensis*)等。

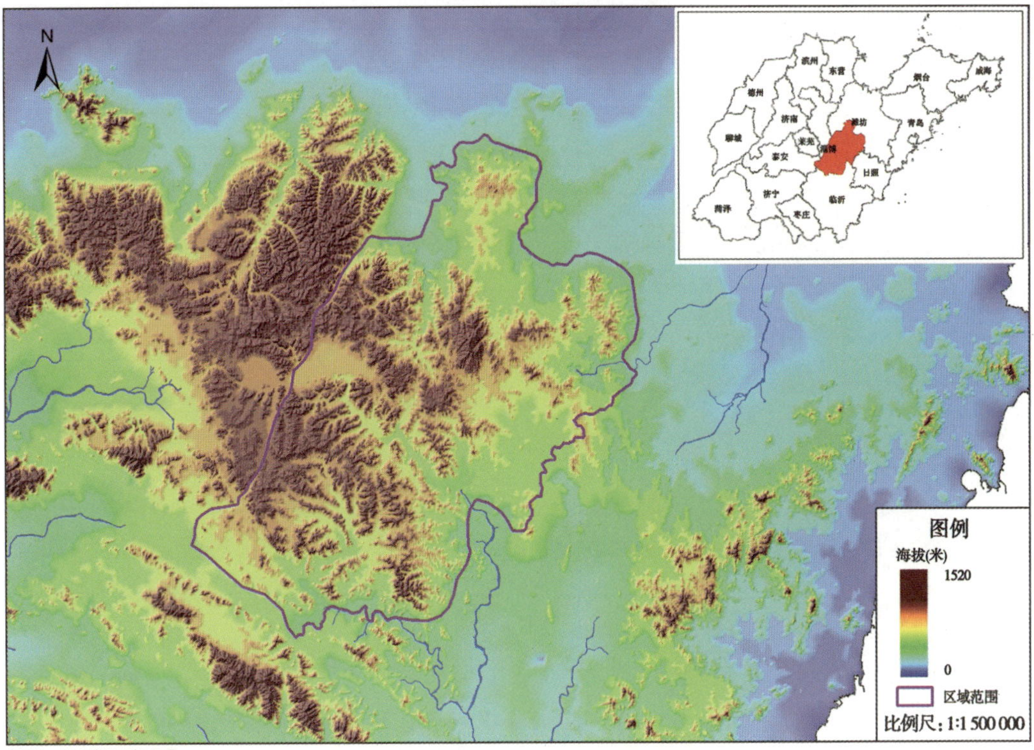

审图号：鲁SG（2018）069号

图 5-1-13 沂山生物多样性保护优先区域

区内分布有野生脊椎动物 363 种，包括淡水鱼类 62 种，两栖类 8 种，爬行类 13 种，哺乳类 35 种，鸟类 245 种。受威胁动物有 31 种，其中濒危 2 种，为乌龟等；易危 11 种，包括鳖、猪獾、黄爪隼等；近危 18 种，包括须鼠耳蝠、黄鼬（华北亚种）、小太平鸟等。国家级重点保护动物有 31 种，其中国家一级 3 种，包括白鹳（*asiatica* 亚种）、金雕等；国家二级 28 种。省级重点保护动物有 46 种，如栗鸢（指名亚种）（*Haliastur indus indus*）、鹊鹞（*Circus melanoleucos*）、游隼（*calidus* 亚种）（*Falco peregrinus calidus*）等。中国特有动物有 14 种，如中华青鳉、无蹼壁虎、中华鼢鼠等。

本区主要保护对象为森林生态系统、野生动植物资源与饮用水源地。应加强对黄芪、元宝槭、中华结缕草、野大豆、蒙山粉背蕨、烟台翠雀花、华北耧斗菜（*Aquilegia yabeana*）等珍稀植物种群的保护。

（4）蒙山生物多样性保护优先区域

本区位于鲁中南山地丘陵区的西南部，范围涉及蒙阴、平邑、费县和新泰 4 个县（市），面积 17.2 万公顷（见图 5-1-14）。分布有蒙山、太平山、望海楼、马蹄山、孟良崮、大青山等山峰，海拔多为 500～800 米；蒙山海拔高度 1 150 米，为山东省第二高峰，素有“亚岱”之称。岸堤水库、许家崖水库、上冶水库、石岚水库、黄仁水库、张庄水库、高湖水库、黄土山水库、古城水库等中小型水库分布其中。区内已建立费县大青山和新泰太平山等 2 个省级自然保护区和蒙山森林生态县级自然保护区，总面积为 7 733 公顷；蒙山国家森林公园、中山寺省级森林公园、许家崖省级森林公园和塔山省级森林公园4个森林公园，总面积为8 198公顷；以及蒙山平邑龟蒙省级风景名胜区。

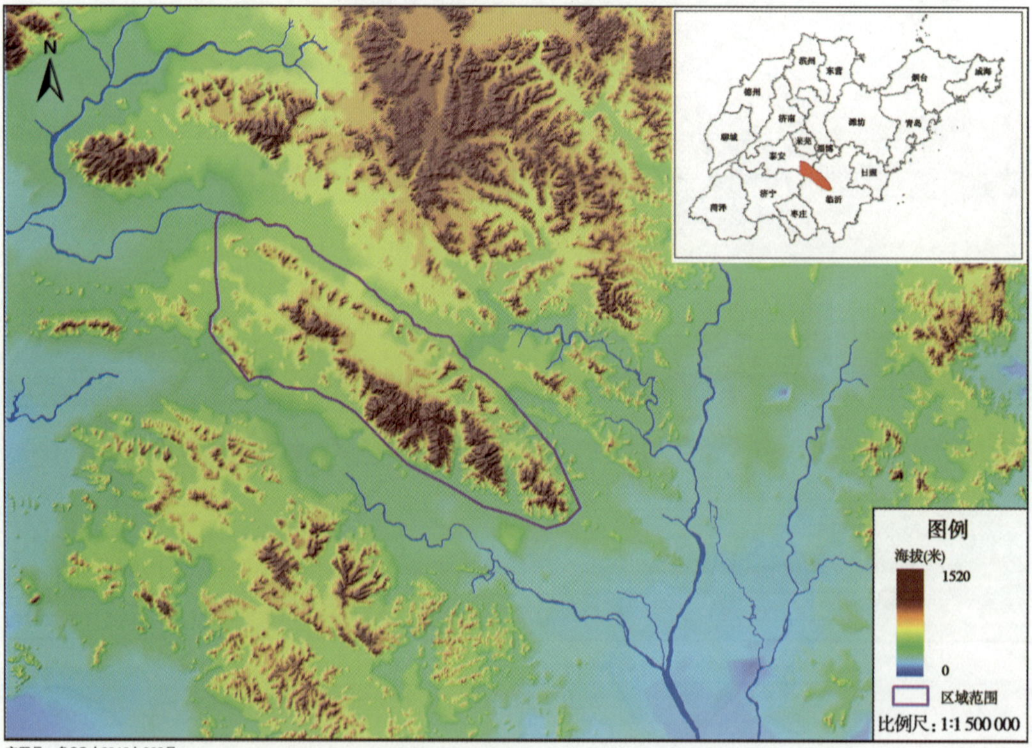

审图号：鲁SG（2018）069号

图 5-1-14 蒙山生物多样性保护优先区域

本区分布有植被群系类型58种，包括针叶林（12种）、阔叶林（14种）、竹林（1种）、灌丛（5种）、灌草丛（4种）、草甸（11种）、水生植被（8种）和沼泽植被（3种）。针叶林以油松林、黑松林、侧柏林为主，另有赤松林、落叶松林等，落叶阔叶林以麻栎林、栓皮栎林、刺槐林为主，另有蒙古栎林、枫杨林、旱柳林、槲树林等，灌丛包括盐肤木、白檀、胡枝子和绣线菊灌丛，灌草丛以荆条、酸枣、白羊草和黄背草为主要建群种，草甸有结缕草、狗牙根、星星草、野青茅等群系类型。

区内分布有维管束植物956种，包括蕨类植物63种，裸子植物5种，被子植物888种。受威胁植物有21种，其中濒危2种，为水杉和银杏；易危6种，包括泰山韭、鹅掌楸等；近危13种，包括蜻蜓兰（*Tulotis fuscescens*）、朱兰（*Pogonia japonica*）、羊耳蒜等。国家级重点保护植物有8种，其中国家一级2种，为水杉和银杏；国家二级6种，包括黄檗、水曲柳、中华结缕草等。省级重点保护植物有30种，如红楠（*Machilus thunbergii*）、枫杨、榛（*Corylus heterophylla*）等。中国特有植物有121种，如山东鳞毛蕨、金色狗尾草、山东白鳞莎草等。

区内分布有野生脊椎动物346种，包括淡水鱼类34种，两栖类8种，爬行类15种，哺乳类36种，鸟类253种。受威胁动物有31种，其中濒危2种，为乌龟等；易危10种，包括猪獾、短尾信天翁等；近危19种，包括小菊头蝠（*Rhinolophus blyth*）、艾鼬、鸳鸯等。国家级重点保护动物有34种，其中国家一级4种，包括短尾信天翁、白鹳（*asiatica* 亚种）等；国家二级

30 种，包括黄爪隼、凤头蜂鹰、白尾鹞（指名亚种）等。省级重点保护动物有 47 种，如东方铃蟾、黄纹石龙子等。中国特有动物有 12 种，如刺鳅（*Mastacembelus aculeatus*）、团花锦蛇等。

本区森林生态系统结构稳定，生物多样性丰富，尤其是药用植物物种多样。重点保护对象为森林生态系统、野生动物、野生中药材、濒危物种等。加强对天麻、何首乌、灵芝、紫草（*Lithospermum erythrorhizon*）、连翘（*Forsythia suspensa*）、鹅掌楸、黄芪、中华结缕草、蒙山粉背蕨、野大豆、桔梗（*Platycodon grandiflorus*）、细叶沙参（*Adenophora paniculata*）等濒危植物及中药材的保护，加强对珍稀鸟类与小型兽类种群与栖息地的保护。

（5）抱犊崮生物多样性保护优先区域

本区位于鲁中南山地丘陵区的东南部，范围涉及山亭、兰陵、平邑、费县和邹城 5 个县（市、区），总面积为 44.0 万公顷（见图 5-1-15）。分布有抱犊崮、轱辘崮、龟山、长山、楼山、熊耳山、峄山、安山寺、黄山、依山等山峰，海拔多在 500 米以下；抱犊崮海拔 580 米，为鲁南第一高峰。会宝岭水库、周村水库、双河水库、书房水库、稻港水库、石咀子水库、辛庄水库、石门南岭水库、龙王口水库、昌里水库、游泉水库、洼陡水库、岩马水库、西苇水库、龙湾套水库、米山水库、贺庄水库 17 座水库分布其中。区内已建立枣庄抱犊崮、峄山、十八盘、苍山抱犊崮、文峰山和会宝岭水库 6 个自然保护区，总面积为 1.6 万公顷；抱犊崮国家森林公园和峄山省级森林公园 2 个森林公园，总面积为 2 803 公顷；区内还有抱犊崮省级风景名胜区、峄山省级风景名胜区和峄山省级地质公园。

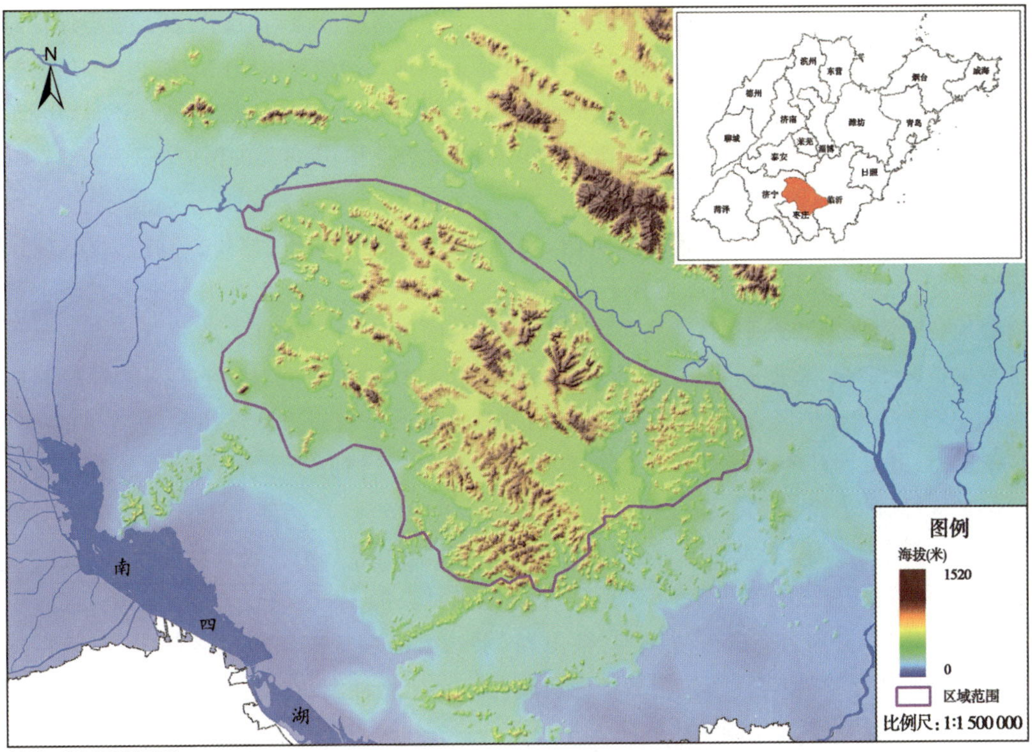

审图号：鲁SG（2018）069号

图 5-1-15 抱犊崮生物多样性保护优先区域

本区分布有植被群系类型35种，包括针叶林(8种)、阔叶林(8种)、竹林(1种)、灌丛(5种)、灌草丛(4种)、草甸(4种)、水生植被(3种)和沼泽植被(2种)。该区是山东省罕见的带有亚热带常绿阔叶树种的天然杂木林汇集区，以天然杂木林和松柏防护林为主，包括元宝槭、栾树、黄连木林组成的杂木林以及刺槐林、侧柏林等，灌木主要由胡枝子、白刺、黄栌、绣线菊等组成，草本层主要有野青茅、白茅、芦苇等。

区内分布有维管束植物580种，包括蕨类植物13种，裸子植物6种，被子植物561种。受威胁植物18种，包括濒危3种，分别为水杉、银杏和土元胡；易危2种，分别为玫瑰和黄芪；近危13种，包括赤松、元宝槭等。国家级重点保护植物有4种，其中国家一级为水杉和银杏，国家二级为中华结缕草和野大豆。省级重点保护植物有18种，包括北火烧兰、红楠、枫杨等。中国特有植物有71种，如黑三棱、金色狗尾草、山东白鳞莎草等。

本区分布有野生脊椎动物117种，包括淡水鱼类22种，两栖类7种，爬行类12种，哺乳类15种，鸟类61种。受威胁动物有17种，包括濒危2种，为乌龟等；易危6种，包括团花锦蛇、猪獾、短尾信天翁；近危有9种，包括赤狐(华北亚种)、果子狸、鸳鸯等。国家级重点保护动物有9种，其中国家一级为短尾信天翁和中华秋沙鸭2种，国家二级包括小天鹅(*bewickii*亚种)(*Cygnus columbianus bewickii*)、白额雁、苍鹰(*Schredowi*亚种)等7种。省级重点保护动物有27种，如中国林蛙、黑眉蝮、白鹭(指名亚种)(*Egretta garzetta garzetta*)等。中国特有动物包括团头鲂、无蹼壁虎等6种。

本区以刺槐林和赤松林为典型地带性植被，发育着丰富的珍稀动植物资源。重点保护对象为森林生态系统、珍稀动植物、野生中药材及水源涵养地。加强对短尾信天翁、中华秋沙鸭、白额雁、苍鹰(*Schvedowi*亚种)、红隼(*Interstinctus*亚种)(*Falco tinnunculus interstinctus*)等珍稀鸟类，以及赤狐(华北亚种)、黄鼬(华北亚种)、狗獾(北方亚种)等兽类的保护。

3. 鲁西北平原区

本区位于鲁西北平原，范围涉及济南、淄博、潍坊、东营、滨州、德州、聊城、菏泽、济宁等9市55个县(市、区)。本区地势平坦，海拔多在50米以下，分布有山东省两大淡水湖泊湿地——南四湖和东平湖，以及我国暖温带最大的湿地——黄河三角洲。区内已建立自然保护区12个，总面积为37.5万公顷，包括山东黄河三角洲、滨州贝壳堤岛与湿地2个国家级自然保护区，山东南四湖、马谷山地质遗迹2个省级自然保护区，东平湖湿地、东平腊山、冠县西沙河林场等7个市级自然保护区，以及博兴引黄济青渠首鸟类县级自然保护区；森林公园26个，总面积为8.4万公顷，包括黄河口、鹤伴山、腊山、山东东阿黄河4个国家森林公园，鲁北平原、夏津黄河故道、嘉祥青山等9个省级森林公园，以及滨城区三河湖、冠县马颊河、郓城大沙河等13个市级森林公园；省级风景名胜区4个，总面积为1.4万公顷，分别为东营市清风湖、微山湖、水泊梁山和景阳冈风景名胜区；湿地公园17个，总面积为1.5万公顷，包括微山湖、黄河岛、东阿洛神湖、东明黄河4个国家湿地公园，以及汶上莲花湖、梁山水泊、运河入湖口等13个省级湿地公园；地质公园1个，即东营黄河三角洲国家地质公园；水源保护地3个，分别为大汶河源头水源保护地、丁东水库水源保护地和东昌湖水源保护地。

(1)黄河三角洲生物多样性保护优先区域

本区位于黄河入海口，北临渤海，东靠莱州湾，范围涉及河口、利津、垦利和无棣 4 个县(区)，面积为 41.9 万公顷(见图 5-1-16)。黄河三角洲是国际重要湿地，是我国暖温带保存最完整、最广阔、最年轻的滨海湿地生态系统，是我国面积最大的野大豆分布区，也是国际重要的鸟类栖息地、繁殖地和中转站，是中国乃至世界上重要的鸟类保护基地。区内已建立黄河三角洲国家级自然保护区和滨州贝壳堤岛与湿地国家级自然保护区，总面积 19.7 万公顷，以及东营黄河三角洲国家地质公园和黄河岛国家湿地公园。

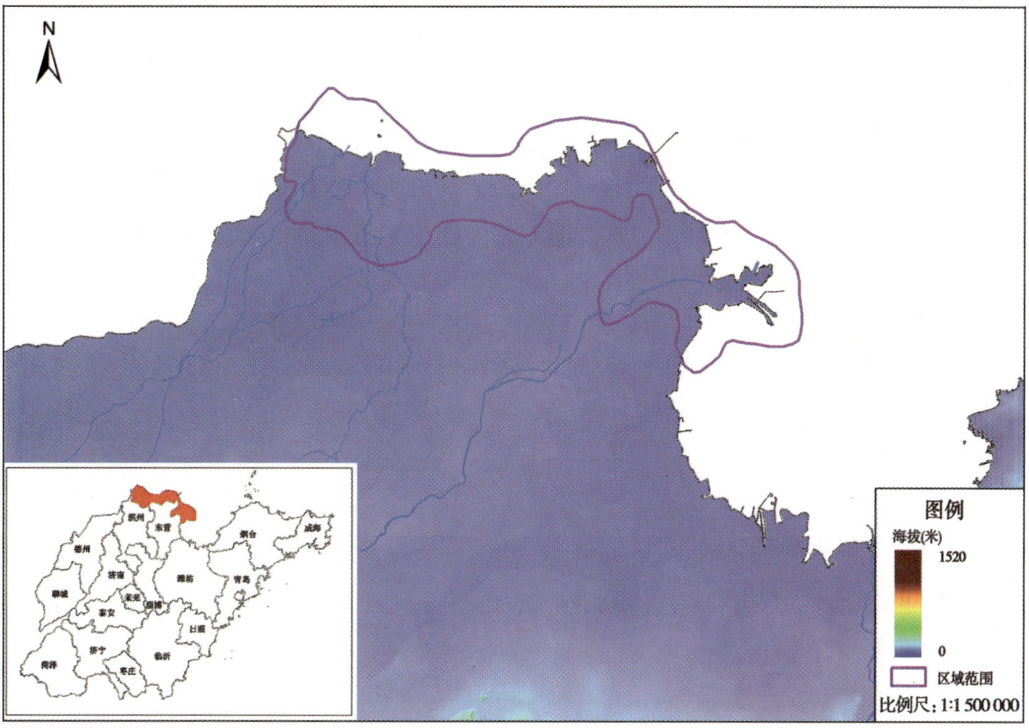

审图号：鲁SG（2018）069号

图 5-1-16 黄河三角洲生物多样性保护优先区域

本区分布有植被群系类型 24 种，包括阔叶林(3 种)、灌丛(1 种)、灌草丛(1 种)、草甸(10 种)、水生植被(7 种)和沼泽植被(2 种)。由于土壤含盐量较高，本区植被结构简单、覆盖度低，植物种类少，以一些耐盐植物占优势，在距离海岸带较远的区域有部分人工种植的刺槐林、旱柳林和毛白杨林等落叶阔叶林，柽柳灌丛是主要群系类型，灌草丛以白茅为主要建群种，草本层则以碱蓬、芦苇、稗、獐茅为优势种。

本区分布有维管束植物 205 种，包括蕨类植物 2 种，裸子植物 2 种，被子植物 201 种。国家级重点保护植物仅野大豆 1 种；省级重点保护植物包括槐树(*Sophora japonica*)、蒺藜(*Tribulus terrester*)、臭椿(*Ailanthus altissima*)、卫矛(*Euonymus alatus*)、平车前(*Plantago depressa*)5 种；中国特有植物有金色狗尾草、旱柳、皂荚等 16 种。

区内分布有野生脊椎动物 486 种，包括鱼类 164 种，两栖类 6 种，爬行类 8 种，哺乳类 20 种，鸟类 288 种。受威胁动物有 52 种，其中极危 3 种，包括棱皮龟(*Dermochelys cori-*

acea)、白鹤等;濒危 10 种,包括达氏鲟(*Acipenser dabryanus*)、松江鲈、黑脸琵鹭等;易危 20 种,包括香鱼、中华青鳉、小白额雁等;近危 19 种,包括越南鱊(*Acanthorhodeus tonkinensis*)、大天鹅、半蹼鹬等。国家级重点保护动物有 56 种,包括东方白鹳、遗鸥(*Larus relictus*)等 13 种国家一级动物,以及江豚(*Neophocaena phoconoides*)、小青脚鹬、大天鹅等 43 种国家二级动物;省级重点保护动物 49 种,如金线蛙、栗苇鳽、针尾鸭等。中国特有动物有 21 种,如湖北圆吻鲴、北方铜鱼(*Coreius septentrionalis*)等。

本区主要保护对象为黄河口湿地生态系统。重点保护棱皮龟、达氏鲟、鳇(*Huso dauricus*)、松江鲈等珍稀水生动物种群,白鹤、东方白鹳、丹顶鹤、白尾海雕(指名亚种)、白头鹤、遗鸥等水禽,以及野大豆种群及其生境。

(2)南四湖生物多样性保护优先区域

本区位于微山县境内,范围包括南阳、独山、昭阳和微山 4 个相互联贯的湖泊与部分陆地,面积为 13.5 万公顷(见图 5-1-17)。南四湖呈西北—东南走向,南北长 126 千米,东西宽5~25 千米,水域面积为 12.7 万公顷。区内已建立南四湖省级自然保护区、南四湖乌鳢青虾国家级水产种质资源保护区和微山湖国家湿地公园。

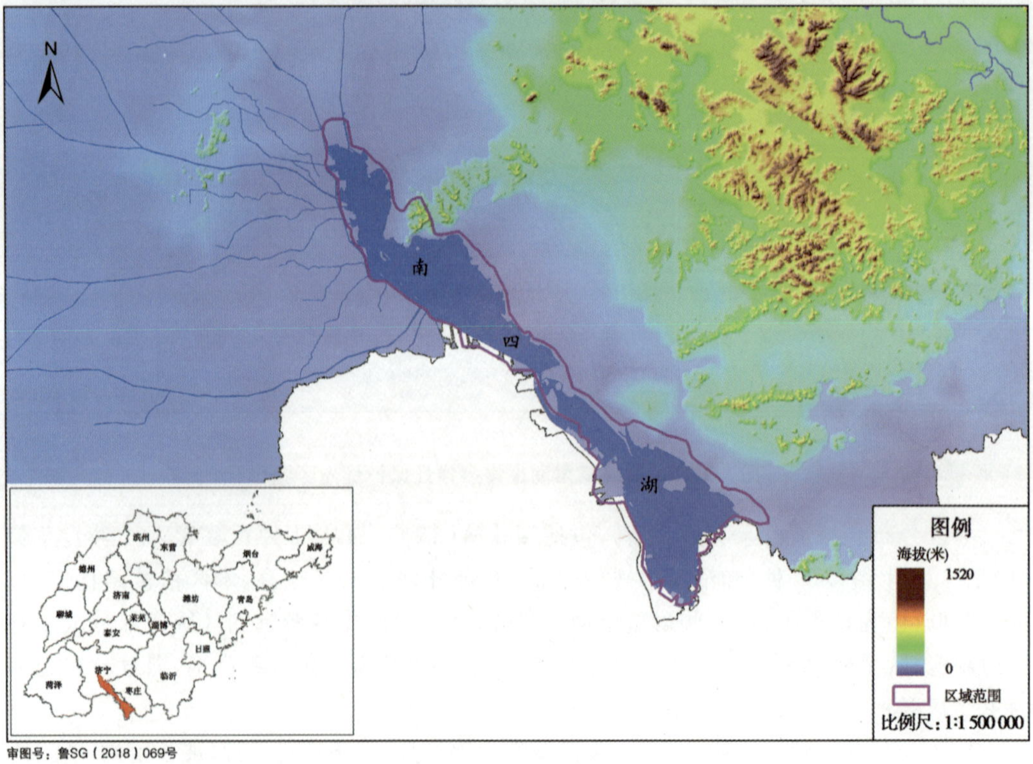

图 5-1-17 南四湖生物多样性保护优先区域

本区拥有植被群系类型 38 种,包括针叶林(1 种)、阔叶林(6 种)、灌丛(1 种)、灌草丛(3 种)、草甸(10 种)、水生植被(13 种)和沼泽植被(4 种)。本区是典型的内陆湿地生态系统,区内木本植被主要为湖区周边陆地区域人工种植的侧柏林、刺槐林、毛白杨林、泡桐林、榆林等，灌木层则以荆条、胡枝子为主要建群种，草本植物有白羊草、萱草、狗尾草等，水生植被、沼泽植被较为丰富，主要由菰、芦苇、香蒲、菱、萍、芡实、莲、眼子菜等水生植物构成。

本区分布有维管束植物 492 种，包括蕨类植物 13 种，裸子植物 2 种，被子植物 477 种。受威胁植物有 2 种，包括濒危、近危的物种各 1 种，分别为水杉和元宝槭。国家级重点保护植物有 7 种，国家一级为水杉和莼菜（*Brasenia schreberi*）2 种；国家二级包括水蕨（*Ceratopteris thalictroides*）、粗梗水蕨（*Ceratopteris pterioides*）、莲（*Nelumbo nucifera*）等5 种。省级重点保护植物有 14 种，包括薤白、龙牙草（*Agrimonia pilosa*）、君迁子等。中国特有植物有 45 种，包括黑三棱、毛白杨、簸箕柳（*Salix suchowensis*）等。

区内分布有野生脊椎动物 312 种，包括淡水鱼类 62 种，两栖类 6 种，爬行类 10 种，哺乳类 15 种，鸟类 219 种。受威胁动物有 28 种，其中濒危仅乌龟 1 种；易危 8 种，包括中华青鳉、小白额雁、黄爪隼等；近危 19 种，包括斑条鱊（*Acanthorhodeus taenianalis*）、白眼潜鸭（*Aythya nyroca*）、斑胁田鸡等。国家级重点保护动物有 26 种，包括国家一级 3 种，分别为大鸨（*dybowskii* 亚种）、白尾海雕（指名亚种）、白鹳（*asiatica* 亚种）；国家二级 23 种，包括黄爪隼、凤头蜂鹰、栗鸢（指名亚种）等。省级重点保护动物有 41 种，如针尾鸭、四声杜鹃（指名亚种）（*Cuculus micropterus micropterus*）等。中国特有动物有 18 种，包括彩副鱊（*Paracheilognathus imberbis*）、大眼鳜、无蹼壁虎等。

本区是我国淮河以北地区面积最大、结构完整、保存较好的内陆大型淡水草型湖泊，是鸟类重要的栖息地和迁移驿站，是南水北调东线工程的重要调水区。区内湿地生态系统典型，生物多样性丰富，自然景观独特。主要保护对象为湖泊湿地生态系统和珍稀濒危鸟类。重点保护绿翅鸭（*Anas crecca crecca*）、绿头鸭（指名亚种）（*Anas platyrhynchos platyrhynchos*）、白眉鸭（*Anas querquedula*）、针尾鸭、赤麻鸭（*Tadorna ferruginea*）、花脸鸭、豆雁、红头潜鸭（*Aythya ferina*）、琵嘴鸭（*Anas clypeata*）、斑嘴鸭（*zonorhyncha* 亚种）（*Anas poecilorhyncha zonorhyncha*）和普通秋沙鸭（*Mergus merganser merganser*）等雁鸭越冬种群为主体的迁徙鸟类，以及莼菜、水蕨、粗梗水蕨、乌龟、中华青鳉、鳖等珍稀水生动植物种群。

（3）东平湖生物多样性保护优先区域

本区位于东平县境内，由东平湖及周边山区组成，面积为 3.0 万公顷（见图 5-1-18）。东平湖南北长 23 千米，东西宽 18.5 千米，水域面积为 1.4 万公顷，水深 1～2 米，是山东省第二大淡水湖泊，也是我国东部地区典型的浅水型湖泊，是山东省重要的淡水渔业基地和水禽栖息地。区内已建立东平湖和腊山 2 个市级自然保护区，总面积为 2.9 万公顷；东平湖国家级水产种质资源保护区，面积为 300 公顷。

本区分布有植被群系类型 48 种，包括针叶林（1 种）、阔叶林（13 种）、灌丛（3 种）、灌草丛（4 种）、草甸（11 种）、水生植被（12 种）和沼泽植被（4 种）。区内既有内陆湖泊湿地生态系统，又有森林生态系统。针叶林为侧柏林，落叶阔叶林包括麻栎林、栓皮栎林、杂木林、刺槐林、榆林、蒙古栎林等；灌丛和灌草丛均为常见类型，建群种包括荆条、酸枣、胡枝子、绣线菊等；水生植被和沼泽植被丰富，沉水植物以轮叶黑藻、马来眼子菜、金鱼藻为主，浮叶植物优势种为菱和芡，挺水植物以菰为主，另外还有芦苇、香蒲等其他种类沼泽植被。

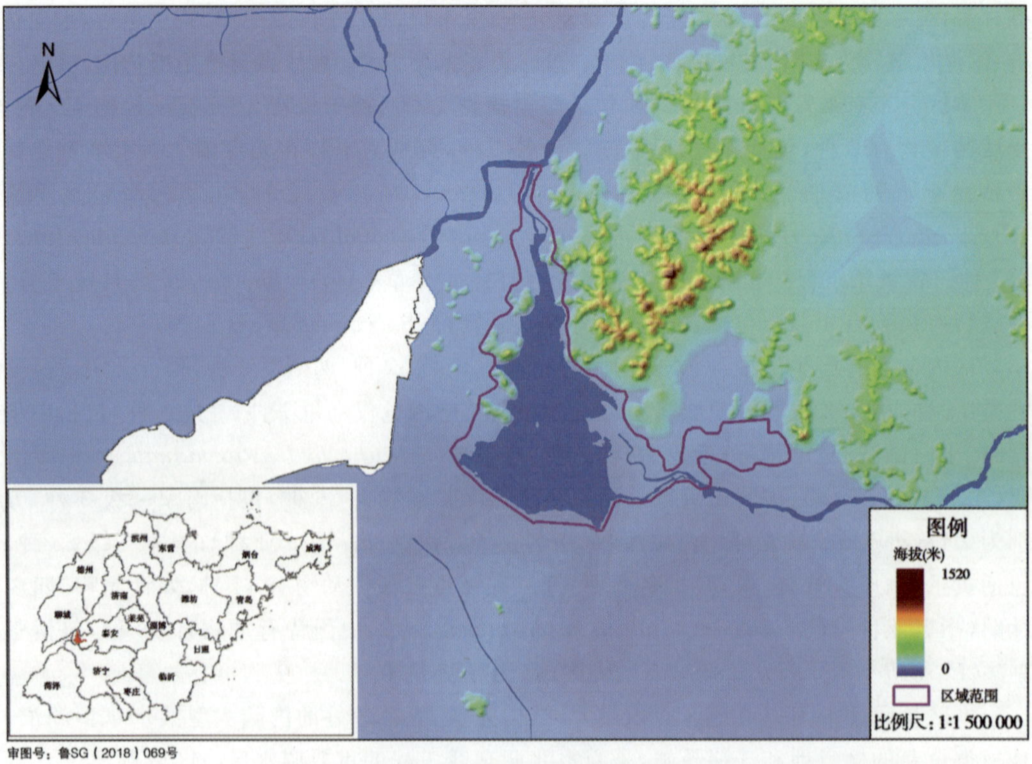

图 5-1-18 东平湖生物多样性保护优先区域

本区分布有维管束植物 644 种，包括蕨类植物 14 种，裸子植物 5 种，被子植物 625 种。受威胁植物有 10 种，包括濒危 2 种，为水杉和银杏；易危 5 种，包括白皮松、泰山韭等；近危 3 种，分别为元宝槭、无柱兰和羊耳蒜。国家级重点保护植物有 6 种，其中国家一级为水杉和银杏；国家二级为鹅掌楸、紫荆木（*Madhuca pasquieri*）、中华结缕草和野大豆。省级重点保护植物有 17 种，如薤白、老鸦瓣、板栗等。中国特有植物有 78 种，如油松（*Pinus tabuliformis*）、细叶臭草、虎掌等。

区内分布有野生脊椎动物 416 种，包括淡水鱼类 57 种，两栖类 9 种，爬行类 17 种，哺乳类 36 种，鸟类 297 种。受威胁动物有 43 种，其中濒危 6 种，包括达氏鲟、鳇、乌龟等；易危 12 种，包括鳖、团花锦蛇、鸿雁等；近危 25 种，包括巨口鱊、小菊头蝠、小太平鸟等。国家级重点保护动物有 41 种，其中，国家一级 6 种，包括达氏鲟等；国家二级 35 种，包括金雕、鸳鸯、白额雁等。省级重点保护动物有 55 种，如黄纹石龙子、北草蜥、棕腹杜鹃（*Cuculus nisicolor*）等。中国特有动物有 27 种，如须拟鱊、多鳞鱊（*Acanthorhodeus polylepis*）、无蹼壁虎等。

本区湿地生态系统典型，生物多样性丰富，自然景观独特。主要保护对象包括湖泊湿地生态系统和森林生态系统。重点保护达氏鲟、须拟鱊、须鱊、巨口鱊、多鳞鱊、短须颌须鮈等淡水鱼类，以及天鹅（*Cygnus*）、灰鹤（*lilfordi* 亚种）（*Grus grus lilfordi*）、鹭类（*Ardeidae*）等越冬水禽种群及其栖息地。

第二节　海洋与海岸带生物多样性保护优先区域划分

一、海洋与海岸带生物多样性保护优先区域概述

关于海洋与海岸带生物多样性保护优先区域的概念、划分标准与方法，目前研究资料很少。2002 年，世界自然基金会联合中国、韩国和日本的一些非政府环保组织和研究机构在黄海生态区确定了 111 个生态重要区和 23 个潜在优先区域，并于 2006 年公布了黄海生态区潜在保护区域图。2010 年，国务院颁布了《中国生物多样性保护战略与行动计划(2011～2030 年)》，将全国海洋与海岸带划定了黄渤海保护区域、东海及台湾海峡保护区域和南海保护区域 3 个生物多样性优先保护区域，并将山东沾化、刁口湾、胶州湾、灵山湾、五垒岛湾，靖海湾、乳山湾、烟台金山港、蓬莱-龙口滨海湿地，山东主要入海河口及其邻近海域，潍坊莱州湾、烟台套子湾、荣成桑沟湾，莱州刁龙咀沙堤及三山岛等区域确定为保护重点。林金兰等认为，海洋生物多样性保护优先区域是指生物多样性丰富、物种特有化程度高，珍稀濒危物种分布集中，具有重要生态功能和过程的海洋区域。[①] 笔者认为，海洋与海岸带生物多样性保护优先区域应是物种多样性丰富、保护物种分布集中的海域，以及重要生态功能区。

二、海洋与海岸带生物多样性保护优先区域划分方法

山东省海洋与海岸带生物多样性保护优先区域的划分方法采用叠加分析法。第一，选择具有重要生态功能的海洋区域。海洋生物多样性保护优先区域应分布在具有重要生态功能的海洋区域。《山东省海洋功能区划》将全省沿海海域划分为渔业资源利用区、海洋保护区、旅游娱乐区、港口航运区、特殊利用区、矿产与能源利用区、工业与城镇建设区和保留区 8 类功能区(见图 5-2-1)。显然，生物多样性保护优先区域应在渔业资源利用区、海洋保护区和旅游娱乐区中划定。第二，确定生物多样性丰富与重要生态功能区的空间分布。沿海自然保护区、海洋特别保护区和水产种质资源保护区是物种多样性丰富和保护物种分布集中的区域，也是重要生态功能区。山东省近岸海域分布有 18 个沿海自然保护区、27 个海洋特别保护区和 25 个水产种质资源保护区。绘制山东省沿海自然保护区、海洋特别保护区和水产种质资源保护区分布图(见图 5-2-2、图 5-2-3 和图 5-2-4)。第三，确定生物多样性保护优先区域划分方案。应用 GIS 技术，将《山东省海洋功能区划》确定的渔业资源利用区、海洋保护区和旅游娱乐区、沿海自然保护区、海洋特别保护区和水产种质资源保护区进行叠加分析，选择较多重合的区域作为生物多样性保护优先区域。

---

① 林金兰，陈彬，黄浩，等.海洋生物多样性保护优先区域的确定[J].生物多样性，2013，21(1)：38-46.

三、海洋与海岸带生物多样性保护优先区域划分方案

根据山东省海岸带自然资源与环境状况，结合主要保护对象分布状况，将山东省沿海划分为 8 个自然地理区域和 15 个生物多样性保护优先区域。结合沿海自然保护区、海洋特别保护区和水产种质资源保护区分布范围与面积，确定生物多样性保护优先区域的范围和面积。山东省海洋与海岸带生物多样性保护优先区域划分方案如表 5-2-1 和图 5-2-5所示。

表 5-2-1　　山东省海洋与海岸带生物多样性保护优先区域划分方案

序号	生物多样性保护优先区域	地理分区	涉及沿海县域	海域面积（万公顷）
1	无棣滨海湿地	黄河口及毗邻海域	无棣县	7.4
2	刁口湾及附近海域		沾化县、河口区	21.3
3	东营黄河口滨海湿地		垦利县、东营区、广饶县	30.2
4	莱州刁龙咀沙堤及三山岛	莱州湾海域	莱州市	2.8
5	庙岛群岛海域	庙岛群岛附近海域	蓬莱市、长岛县	29.2
6	依岛周边海域		龙口市	2.0
7	芝罘岛及周边海域	烟台市区邻近海域	福山区、芝罘区、莱山区	2.1
8	刘公岛及周边海域	威海湾与成山头附近海域	环翠区	10.6
9	成山头附近海域		荣成市	6.4
10	桑沟湾海域	山东半岛东南海域	荣成市	2.3
11	靖海湾海域		荣成市、文登市	0.7
12	丁字湾海域		海阳市、即墨市、莱阳市	24.1
13	灵山湾及周边海域	胶州湾及邻近海域	黄岛区	38.7
14	前三岛周边海域	日照市毗邻海域	岚山区、东港区	16.0
15	傅疃河口周边海域		东港区	0.5

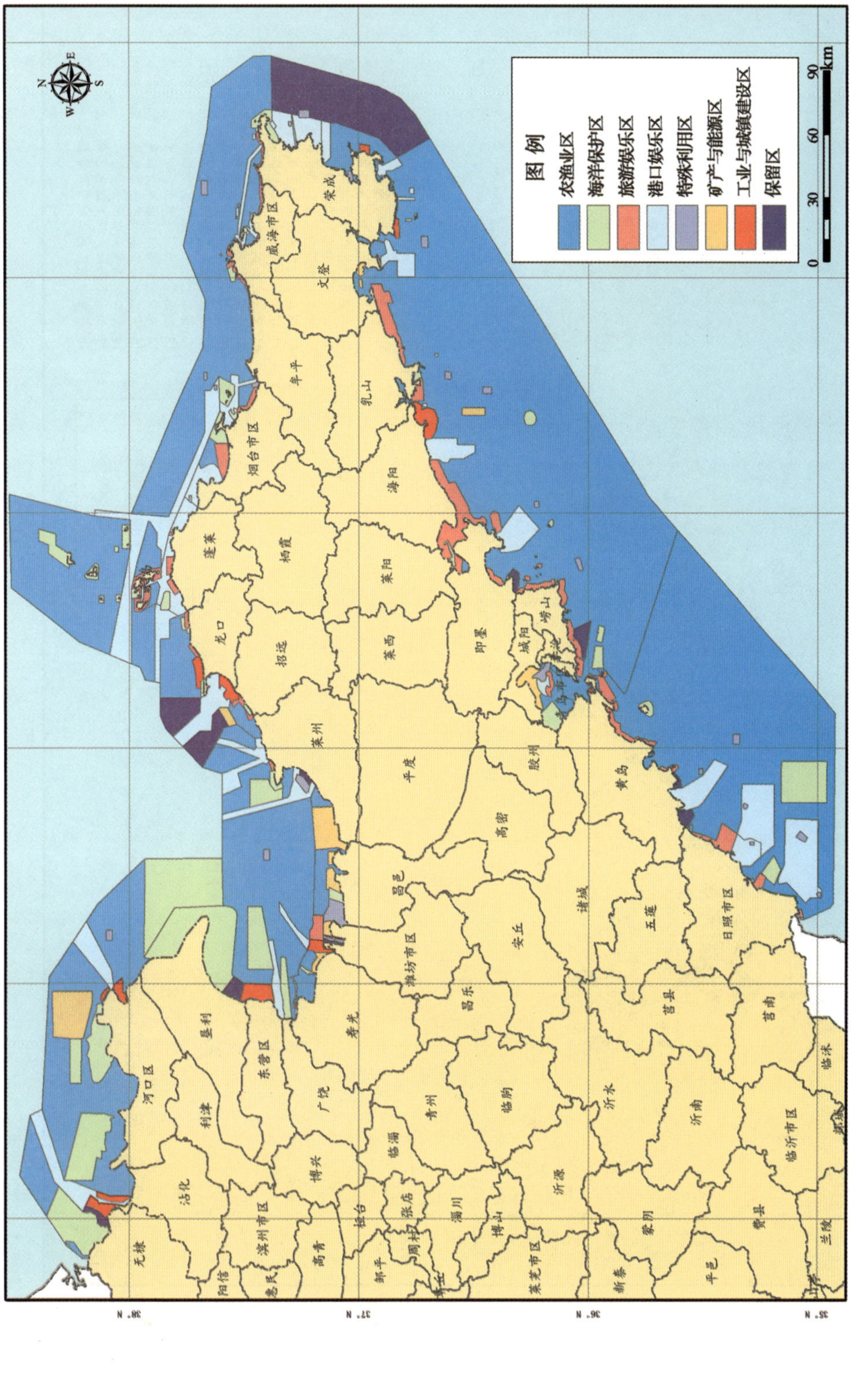

审图号：鲁SG(2018)069号

图5-2-1　山东省海洋功能区划图

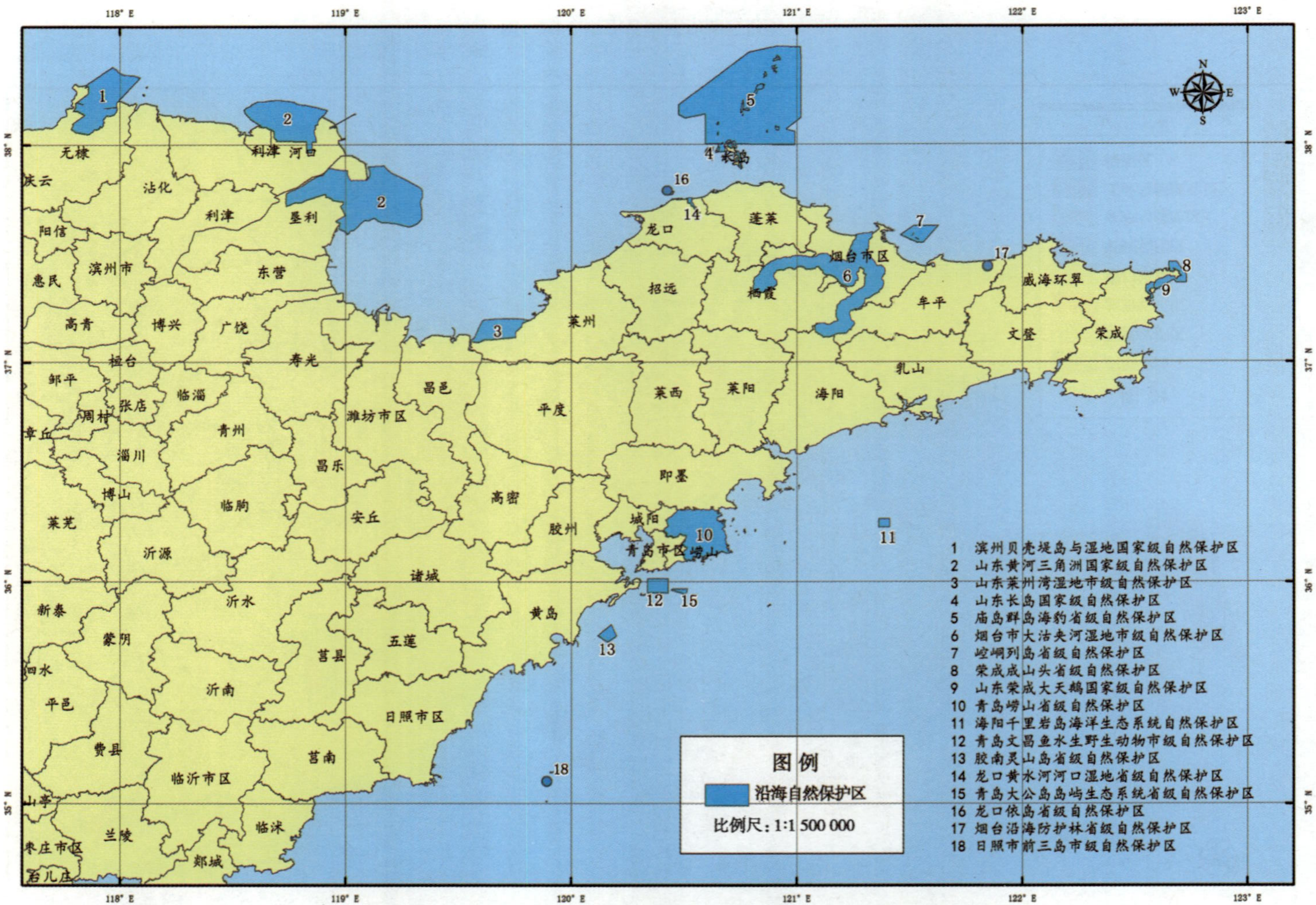

审图号：鲁SG（2018）069号

图5-2-2 山东省沿海自然保护区分布图

审图号：鲁SG（2018）069号

图5-2-3　山东省海洋特别保护区分布图

审图号：鲁SG（2018）069号

图5-2-4 山东省国家级水产种质资源保护区分布图

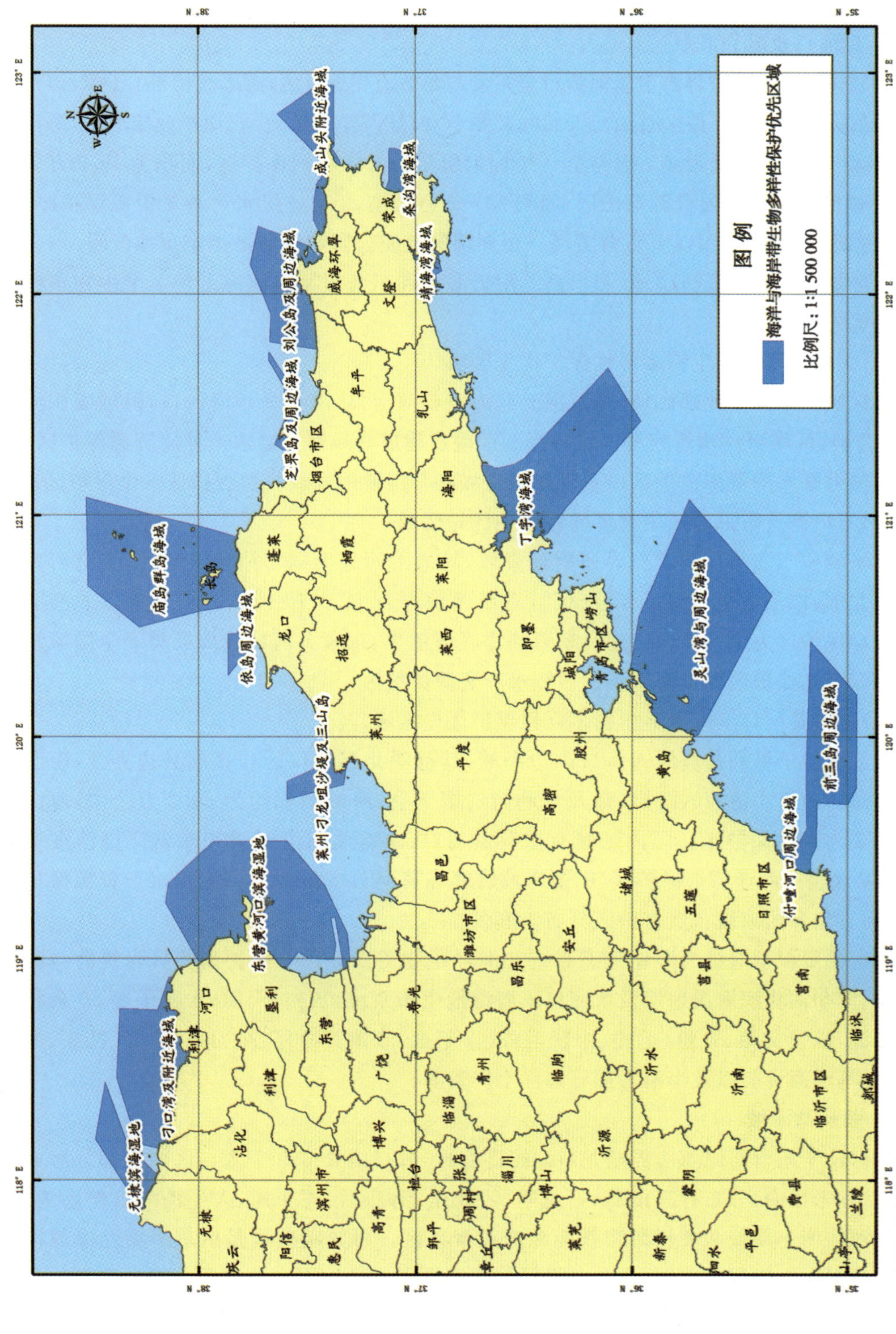

图5-2-5　山东省海洋与海岸带生物多样性保护优先区示意图

四、海洋与海岸带生物多样性保护优先区域分区介绍

1. 黄河口及毗邻海域

本区包括自鲁冀省界漳卫新河河口至东营与潍坊边界处海域，海岸线长 501 千米，涉及滨州与东营 2 个城市。该区石油与天然气资源丰富，是海洋化工业、石油产业集聚区，海洋生物资源以贝类、虾、蟹为主。已建立 5 个国家级生态海洋特别保护区，面积为 16.9 万公顷，5 个国家级水产种质资源保护区，面积为 2.9 万公顷，2 个省级水产种质资源保护区，2 个国家级自然保护区，以及东营黄河三角洲国家地质公园和黄河岛国家湿地公园。

本区划分了无棣滨海湿地、刁口湾及附近海域和东营黄河口滨海湿地 3 个生物多样性保护优先区域。

(1)无棣滨海湿地生物多样性保护优先区域

该区域位于无棣北部海域，其范围北起漳卫新河河口，南至马颊河河口，海域面积约 7.4 万公顷，区域海洋功能为海洋保护区。区内已建成马颊河文蛤水产种质资源保护区、无棣中国毛虾水产资源保护区以及滨州贝壳堤岛与湿地国家级自然保护区 3 个保护区。

(2)刁口湾及附近海域生物多样性保护优先区域

该区域位于滨州与东营交界处附近海域，其范围西起无棣与沾化交界处，东至河口区桩西北部，涉及沾化与河口 2 县(区)，海域面积约为 21.3 万公顷，海洋功能以农渔业区和海洋保护区为主。区内已建有东营利津底栖鱼类、东营黄河口浅海贝类 2 个国家级生态海洋特别保护区和黄河口半滑舌鳎水产资源保护区。

(3)东营黄河口滨海湿地生物多样性保护优先区域

该区域位于垦利县黄河入海口周边海域，其范围北起河口区与垦利县边界处，南至东营与潍坊边界小清河入海口，涉及垦利与广饶 2 县，海域面积约为 30.2 万公顷，海洋功能主要为海洋保护区。区内已建有东营黄河口、东营莱州湾蛏类和东营广饶沙蚕类 3 个国家级生态海洋特别保护区，广饶海域竹蛏和黄河口文蛤 2 个国家级水产资源保护区，黄河三角洲国家级自然保护区分布于滨海。

本区主要保护对象为湿地生态系统和海洋生物资源。重点保护滨州贝壳堤岛与湿地系统、滨州沾化滨海湿地以及黄河口滨海湿地生态系统，灰鹤、天鹅、水鸭子等 50 余种鸟类资源，以及文蛤、青蛤、毛蚶、中国毛虾、丰年虫、菲律宾蛤仔、小刀蛏、竹蛏、牡蛎、缢蛏、兰蛤等浅海贝类以及半滑舌鳎等海洋水产资源。

2. 莱州湾海域

本区位于东营与潍坊边界至龙口屺姆岛海域，海岸线长 359 千米。区内大部分海域水深在 10 米以内，分布有三山岛、石虎咀、刁龙咀、海庙后、虎头崖、太平湾等自然港湾。该区是潍坊海上新城和莱州海洋新能源产业聚集区。刁龙咀砂堤是山东半岛北岸规模最大的近岸水下堆积地貌体，浅滩及附近海岸拥有近 6 亿立方米的优质石英砂资源。莱州湾是渤海渔业生物资源的主要产卵场、栖息地和传统渔场，蟹、蛤、毛虾等生物资源丰富。已建有自然保护区 1 个，面积为 1.4 万公顷；海洋特别保护区 3 个，总面积为 1.1 万

公顷；水产种质资源保护区 9 个。本区划分了 1 个生物多样性保护优先区域，即莱州刁龙咀沙堤及三山岛生物多样性保护优先区域。

莱州刁龙咀沙堤及三山岛生物多样性保护优先区域位于莱州湾东部，南起莱州苏郭河入海口，北至莱州三山岛村王河入海处，海域面积约为 2.8 万公顷，海洋功能以农渔业区和海洋保护区为主。区内已建有山东莱州浅滩国家级海洋生态海洋特别保护区，莱州梭子蟹、莱州湾鲈鱼和莱州市三山岛渔业 3 个省级种质资源保护区。

本区主要保护对象为滨海湿地生态系统、芙蓉岛岛屿生态系统和海洋生态系统。主要保护资源包括沙蚕、单环刺螠、三疣梭子蟹、近江牡蛎、半滑舌鳎、虾蛄、鲈鱼、真鲷、文昌鱼、中国对虾和口虾蛄等种质资源。

3. 庙岛群岛附近海域

本区范围从龙口屺姆岛至蓬莱与福山边界，主要包括庙岛群岛和蓬莱毗邻海域，海岸线长 135 千米，32 个基岩岛屿分布于渤海海峡。该区是海洋装备制造业聚集区和山东省主要风能利用区。庙岛群岛附近海域是我国刺参、盘鲍、栉孔扇贝、紫海胆、魁蚶等海珍品的主要产地，分布有鸟类 247 种。已建有自然保护区 4 个，面积为 17.9 万公顷；海洋特别保护区 3 个，面积为 4 992 公顷；水产种质资源保护区 3 个，面积为 9 284 公顷；以及长岛长山尾地质遗迹省级海洋特别保护区。

本区划分了庙岛群岛海域生物多样性保护优先区域和依岛周边海域生物多样性保护优先区域 2 个生物多样性保护优先区域。

(1)庙岛群岛海域生物多样性保护优先区域

该区域位于渤海与黄海交汇处，海域面积约为 29.2 万公顷，范围涉及长岛和蓬莱 2 个县(市)，海洋功能区划以农渔业区、海洋保护区和旅游娱乐区为主。已建立蓬莱登州浅滩海洋特别保护区和长岛长山尾地质遗迹海洋特别保护区 2 个国家级海洋特别保护区和山东长岛国家级海洋公园，总面积为 3 120 公顷；长岛皱纹盘鲍光棘球海胆水产种质资源保护区、蓬莱牙鲆黄盖鲽水产资源保护区和长岛许氏平鲉水产资源保护区 3 个国家级水产种质资源保护区，面积 9 284 公顷。

(2)依岛周边海域生物多样性保护优先区域

该区域范围西起龙口泳汶河口，东至龙口小李家村北部海域，海域面积约为 2.0 万公顷。海洋功能主要为农渔业区、海洋保护区和旅游娱乐区。已建有依岛省级自然保护区和黄水河河口湿地省级自然保护区，总面积为 1 113 公顷。

本区保护重点为湿地生态系统和海岛生态系统。重要保护资源包括斑海豹、鸟类、蝮蛇、刺参、皱纹盘鲍、光棘球海胆、褐牙鲆、紫石房蛤、栉孔扇贝、魁蚶、许氏平鲉、六线鱼和中国对虾等。

4. 烟台市区邻近海域

本区域涉及福山、芝罘、莱山、牟平和开发区 5 个市(区)的毗邻海域，海岸线长 182 千米。分布有套子湾、芝罘湾和四十里湾 3 个较大的海湾，15 米等深线以内海域面积为1 130 平方千米。主要海洋功能区划为烟台港、牟平港及烟台深水港预留区，金沙滩、养马岛省级旅游度假区，芝罘岛、崆峒岛等景区，及套子湾和四十里湾渔业养殖区。已建有自然保护区 1 个，面积为 7 690 公顷；海洋特别保护区 4 个，面积为 3 124 公顷；水产种质资源保护区 5 个。芝罘岛及周边海域生物多样性保护优先区域为本区唯一的生物多样性保护优先区域。

芝罘岛及周边海域生物多样性保护优先区域西起套子湾黄金河入海口，东至辛安河入海口，海域范围涉及套子湾东部和南部海域，芝罘岛群、芝罘湾、崆峒岛岛群及周边海域，隶属福山、芝罘和莱山 3 个市（区），海域面积约为 2.1 万公顷，海洋功能主要为海洋保护区和旅游娱乐区。已建有烟台芝罘岛群海洋特别保护区、烟台山海洋生态特别保护区和烟台逛荡河口海洋生态特别保护区 3 个国家级海洋特别保护区，总面积为 1 659 公顷；崆峒列岛刺参国家级水产种质资源保护区，面积为 6 841 公顷；崆峒列岛省级自然保护区，面积为 7 690 公顷；烟台市套子湾黄盖鲽、烟台地理星岛刺参、崆峒列岛水生生物和担子岛紫石房蛤 4 个省级水产种质资源保护区。

本区保护重点为岛屿生态系统和海洋生态系统。重要保护资源包括刺参、皱纹盘鲍、黄盖鲽等海洋渔业资源。

5. 威海湾与成山头附近海域

本区范围从烟威边界至荣成天鹅湖南的东流口，包括威海市区及荣成市北部海域，海岸线长 269 千米，分布有刘公岛、威海湾、荣成湾、养鱼池湾、月湖等。已建有自然保护区 2 个，面积为 8 041 公顷；海洋特别保护区 3 个，面积为 8 085 公顷；水产种质资源保护区 7 个。本区划分了刘公岛及周边海域生物多样性保护优先区域和成山头附近海域生物多样性保护优先区域 2 个生物多样性保护优先区域。

（1）刘公岛及周边海域生物多样性保护优先区域

该区域西起烟威交界，东至环翠区城子村北部海域，包括刘公岛周边海域，海域面积约为 10.6 万公顷。海洋功能区划以农渔业为主，兼有旅游娱乐区、海洋保护区和港口航运区等功能。区内分布有威海刘公岛海洋生态特别保护区、威海小石岛海洋特别保护区、刘公岛海洋公园 3 个国家级海洋特别保护区和海洋公园；小石岛刺参和靖子湾 2 个国家级水产种质资源保护区；威海市北海石蝶和威海刘公岛浅海藻类 2 个省级水产种质资源保护区。

（2）成山头附近海域生物多样性保护优先区域

该区域西起环翠区五渚河入海口，绕成山头至荣成市马头山海域，海域面积约为 6.4 万公顷。海域功能主要以农渔业区为主，其次为海洋保护区和旅游娱乐区。区内有成山头省级自然保护区和荣成大天鹅国家级自然保护区，另有月湖长蛸国家级水产种质资源保护区。

本区保护重点是岛屿生态系统、海洋生态系统和泻湖生态系统。重要保护资源包括天鹅及其他鸟类、松江鲈鱼、刺参、栉孔扇贝、紫海胆、长蛸等。

6. 山东半岛东南海域

本区位于山东半岛南部海域，范围从荣成天鹅湖南的东流口至丁字湾中心的青岛烟台海域分界线，海岸线长 946 千米，涉及荣成、文登、乳山、海阳与莱阳 5 市(区)海域。本区域礁石岸线居多，具有海珍品养殖及建设临港工业的良好条件。区内已建立 5 个国家级海洋特别保护区和海洋公园，总面积为 9 138 公顷；5 个国家级水产种质资源保护区，总面积为 4 333 公顷；1 个省级自然保护区，面积为 1 823 公顷。本区划分了桑沟湾海域生物多样性保护优先区域、靖海湾海域生物多样性保护优先区域和丁字湾海域生物多样性保护优先区域 3 个生物多样性保护优先区域。

(1)桑沟湾海域生物多样性保护优先区域

该区域位于山东半岛最东端，是山东省最开阔的海湾，海湾北岬为青鱼滩岩岬，南角为诸岛等连岛沙坝，湾顶有湾顶沙坝，坝内为泻湖。主要海洋功能区划为农渔业区，局部为旅游娱乐区。已建立桑沟湾水产资源保护区和荣成楮岛藻类水产资源保护区 2 个国家级水产种质资源保护区，重点保护魁蚶、大叶藻、石花菜、马尾藻等。

(2)靖海湾海域生物多样性保护优先区域

该区域位于荣成与文登交界处海域，是全国重要的海参养殖基地。海洋功能区划主要为农渔业区。已建立靖海湾松江鲈鱼水产种质资源保护区和文登海洋生态海洋特别保护区，重点保护松江鲈以及区内海洋生态系统。

(3)丁字湾海域生物多样性保护优先区域

该区域范围由西南至东南，环以即墨、莱阳、海阳 3 市的陆境，南部自即墨市的栲栳头到海阳市的坨南嘴，莱阳市的五龙河、即墨市的店集河、莲阴河和海阳市的白沙河流入湾内，海域面积约为 24.1 万公顷。海洋功能区划主要为旅游娱乐区。已建立莱阳五龙河口滨海湿地国家级海洋特别保护区。

本区保护重点包括千里岩岛、苏山岛岛群、镆鎁岛岛群、海驴石岛、大黑石岛和丁字湾岛群岛屿生态系统和海洋生态系统。重要保护资源包括泥蚶、松江鲈鱼、魁蚶、鼠尾藻、大叶藻、石花菜、马尾藻、西施舌、鸟类等。

7. 胶州湾及邻近海域

本区域以胶州湾为主体，向北、向南延伸，海岸线长 785 千米。分布有胶州湾、琅琊湾、鳌山湾、灵山湾、崂山湾、丁字湾等海湾 49 个，海岛 69 个，面积最大的红岛已经陆连为半岛。灵山岛是我国北方海拔最高的海岛。以灵山岛、田横岛、竹岔岛为中心的系列岛群是多种经济海洋生物的栖息、繁衍场所，是贝、虾、鱼类养殖的重要海域。区内已建立海洋特别保护区 1 个，面积为 3 621 公顷，水产种质资源保护区 1 个，面积为 2 500 公顷，自然保护区 3 个，面积为 1.1 万公顷。本区生物多样性保护区优先区域为灵山湾及周边海域生物多样性保护优先区域。

灵山湾及周边海域生物多样性保护优先区域：本区域位于黄岛区东部，北起胶州湾口，南至团山海域，分布有唐岛湾、胡岛湾、鱼池湾等海湾，海域面积约为 38.7 万公顷。海洋功能区划为旅游娱乐区，近海为农渔业区。已建立灵山岛省级自然保护区、青岛文昌鱼水生野生动物市级自然保护区及灵山岛皱纹盘鲍刺参国家级水产种质资源保护区。

本区保护重点生态系统主要包括滨海湿地生态系统、岛屿生态系统及海洋生态系统。重要保护资源为文昌鱼、皱纹盘鲍、刺参、黄岛长吻虫、多鳃孔舌形虫、三崎柱头虫等珍稀野生动物。应加强青岛文昌鱼保护和胶州湾滨海湿地保护。

8. 日照市毗邻海域

本区海岸线长 167 千米。已建有海洋特别保护区 2 个，面积为 3.2 公顷；国家级水产种质资源保护区 3 个，面积为 6 969 公顷；市级自然保护区 1 个，面积为 4.1 万公顷。本区划分了前三岛周边海域生物多样性保护优先区域和傅疃河口周边海域生物多样性保护优先区域 2 个生物多样性保护优先区域。

(1)前三岛周边海域生物多样性保护优先区域

该区域位于海州湾内，属岚山区沿海海域，海域面积约为 16.0 万公顷。主要海洋功能为农渔业区和海洋保护区。已建立前三岛海域水产种质资源保护区、日照中国对虾水产种质资源保护区 2 个国家级水产种质资源保护区和日照市前三岛市级自然保护区，主要保护对象为海洋和海岛生态系统及金乌贼、中国对虾等水产资源。

(2)傅疃河口周边海域生物多样性保护优先区域

该区域位于东港区海域，南起东港区与岚山区交界，北至日照滨海路与临沂南路交界口东部海域，海域面积约为 0.5 万公顷，海洋功能区划主要为农渔业区，部分海域为旅游娱乐区和海洋保护区。已建立日照大竹蛏-西施舌生态系统省级海洋特别保护区和日照海域西施舌、海州湾大竹蛏 2 处国家级水产种质资源保护区，主要保护对象为大竹蛏、西施舌等水产资源。

本区保护重点主要包括河口湿地生态系统，岛屿生态系统和海洋生态系统。重要保护资源包括文昌鱼、大竹蛏、西施舌、金乌贼、真鲷、对虾、栉江珧、东方鲀等。

第六章　生物多样性信息管理系统

建立生物多样性信息管理系统是加强生物多样性管理，提高生物多样性保护效能的重要手段。山东省生物多样性信息管理系统是一个可查询、可分析、可展示的综合管理平台。该系统以自然保护区、生物多样性保护优先区域和县域为单元，以地理信息系统为平台，具备数据存储、信息查询、统计分析与评价、地图显示等多种功能。

第一节　生物多样性信息管理系统构成

山东省生物多样性信息管理系统是一个以地理信息系统为平台，将山东省各县域、自然保护区和生物多样性保护优先区域的电子文档、纸质文件和多媒体数据等多源生物多样性数据进行有效整合与统一管理的应用软件，具备数据存储、信息查询、统计分析、地图显示、生物指数计算、数据更新维护等功能，是一个可查询、可分析、可展示的综合管理平台。

山东省生物多样性信息管理系统的开发工具为微软 Visual Studio 2010，编程语言采用 C# 语言，地理信息系统部分开发基于美国 ESRI 公司的 ArcEngine 10.1，空间数据库采用 Geodatabase，属性数据库采用 Oracle。服务器和客户端操作系统支持 Win7 及以上。该系统架构如图 6-1-1 所示。

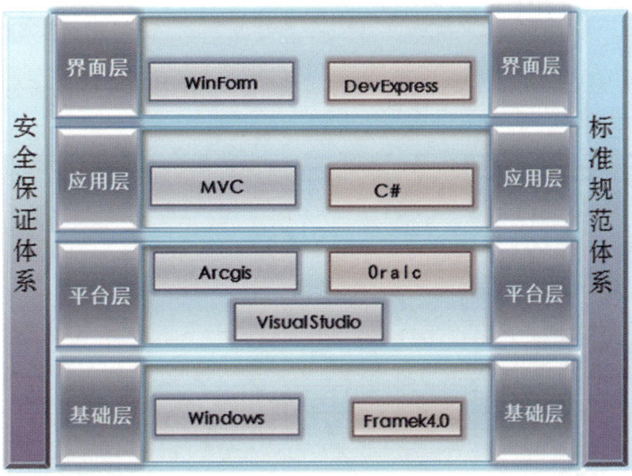

图 6-1-1　山东省生物多样性信息管理系统架构设计

第二节　生物多样性信息管理系统功能

山东省生物多样性信息管理系统的主要功能包括数据编辑与维护、数据查询与统计、地图编辑与输出、生物指数计算、系统设置等功能。系统的功能结构、系统登陆界面和主界面如图 6-2-1、图 6-2-2 和图 6-2-3 所示。

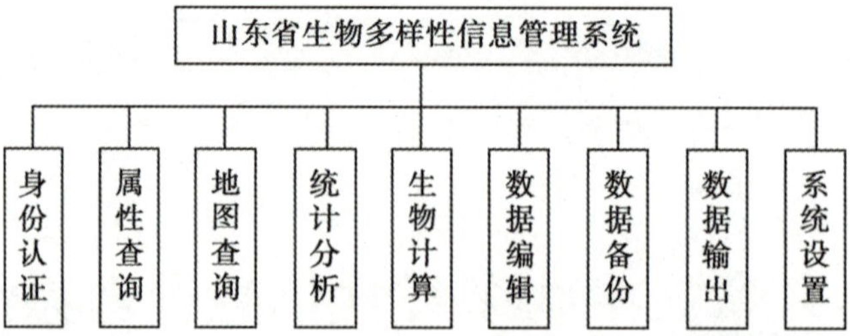

图 6-2-1　山东省生物多样性信息管理系统功能结构

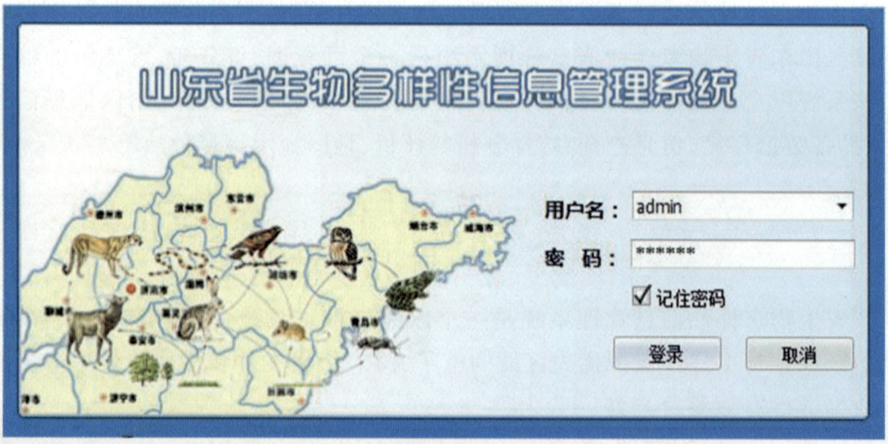

图 6-2-2　山东省生物多样性信息管理系统登录界面

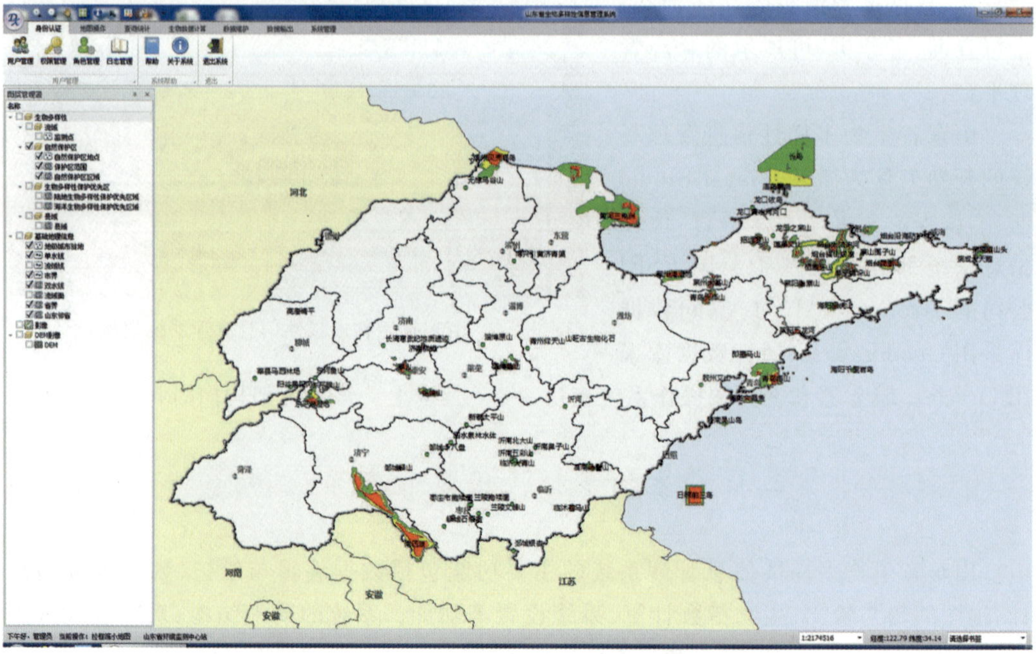

图 6-2-3　山东省生物多样性信息管理系统主界面

一、数据编辑与维护

数据编辑包括地理信息数据编辑和生物多样性属性数据编辑。地理信息数据主要分为基础地理信息数据和生物多样性区域分布数据，属性数据主要为动植物物种名录。系统支持已存在的县域图、自然保护区规划图和生物多样性保护优先区域图等矢量格式空间数据的导入，属性数据支持单条记录修改和数据表导入。地理信息数据导入与属性信息修改界面如图 6-2-4、图 6-2-5 和图 6-2-6 所示。

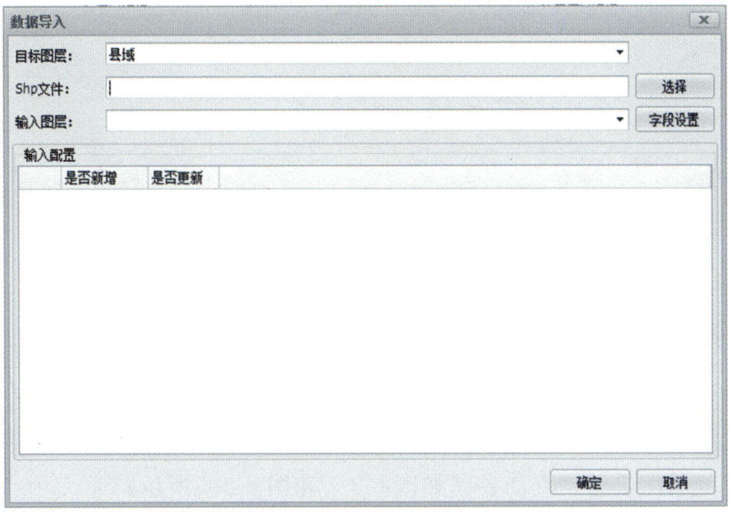

图 6-2-4　地理信息数据导入界面

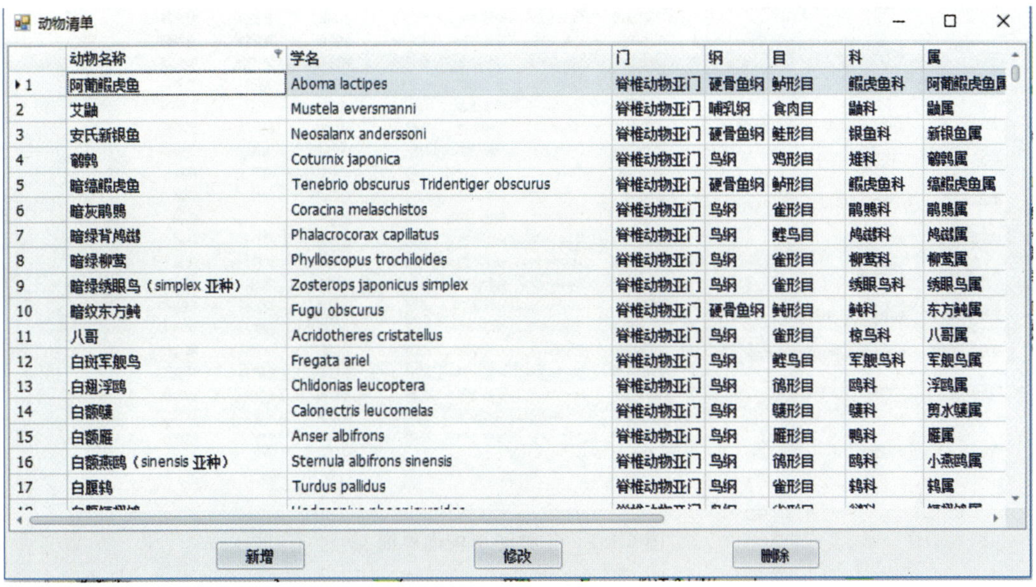

图 6-2-5　动物清单列表

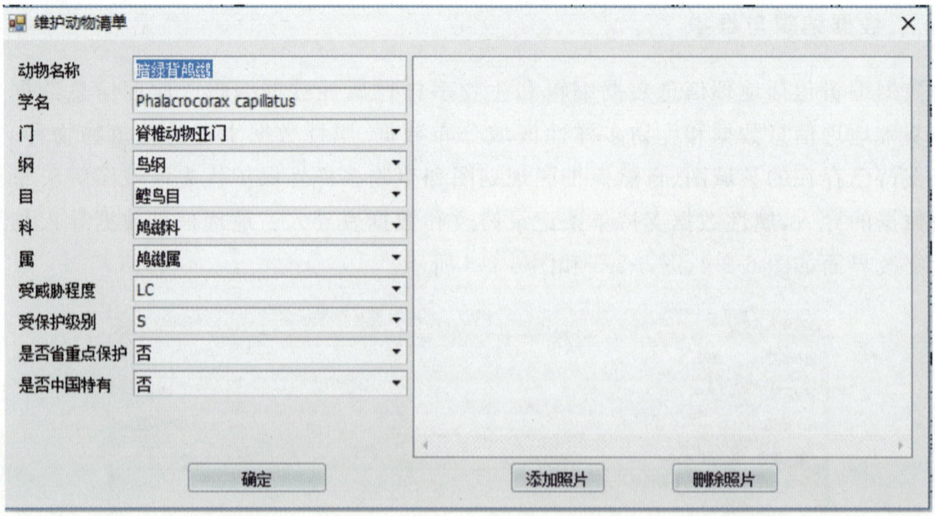

图 6-2-6 动物清单信息修改维护

二、数据查询与统计

数据查询支持基于地图的查询和文本数据的查询，查询方式包括点击查询、区域查询、条件查询、模糊查询等。通过设置查询区域或查询条件，筛选出该区域内符合条件的物种清单及其他属性信息。查询界面如图 6-2-7 和图 6-2-8 所示。

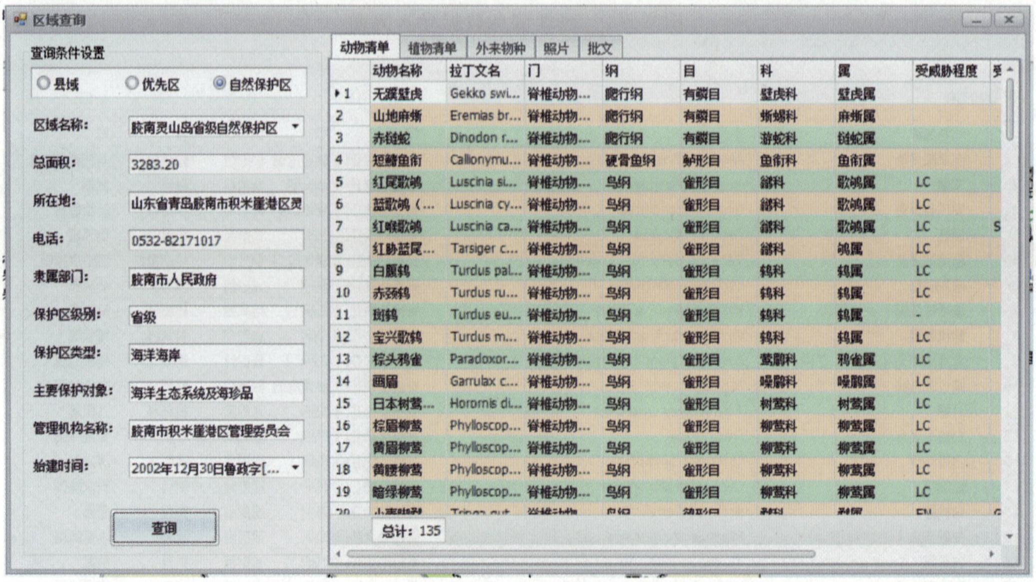

图 6-2-7 物种清单查询界面

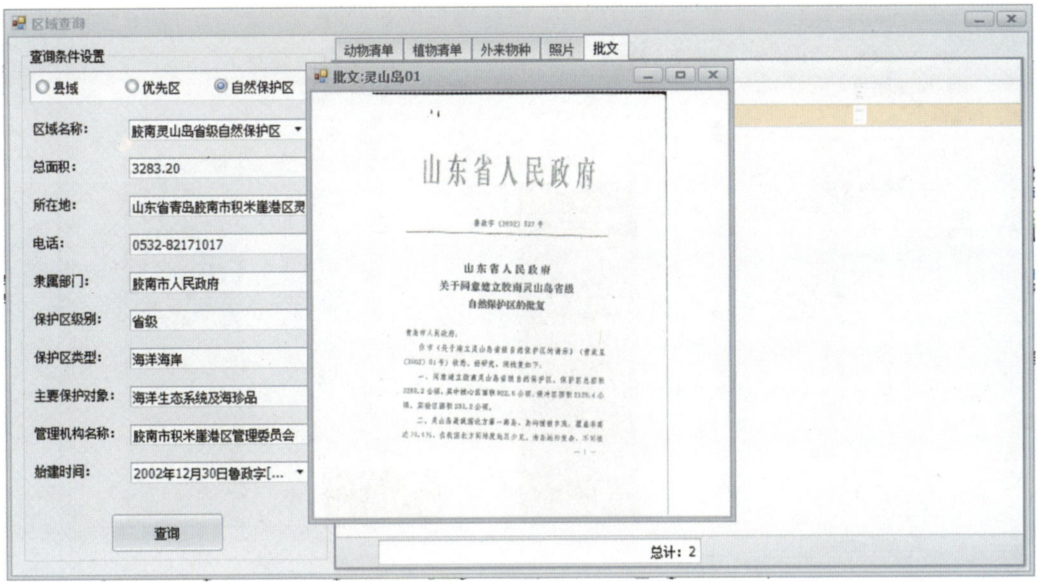

图 6-2-8　档案查询界面

数据统计支持多种统计方式，包括按地域统计、物种统计、条件统计等。通过设置统计区域，结合统计条件，生成统计图表，并支持统计图表的导出，便于相关报告编写。统计界面如图 6-2-9 和图 6-2-10 所示。

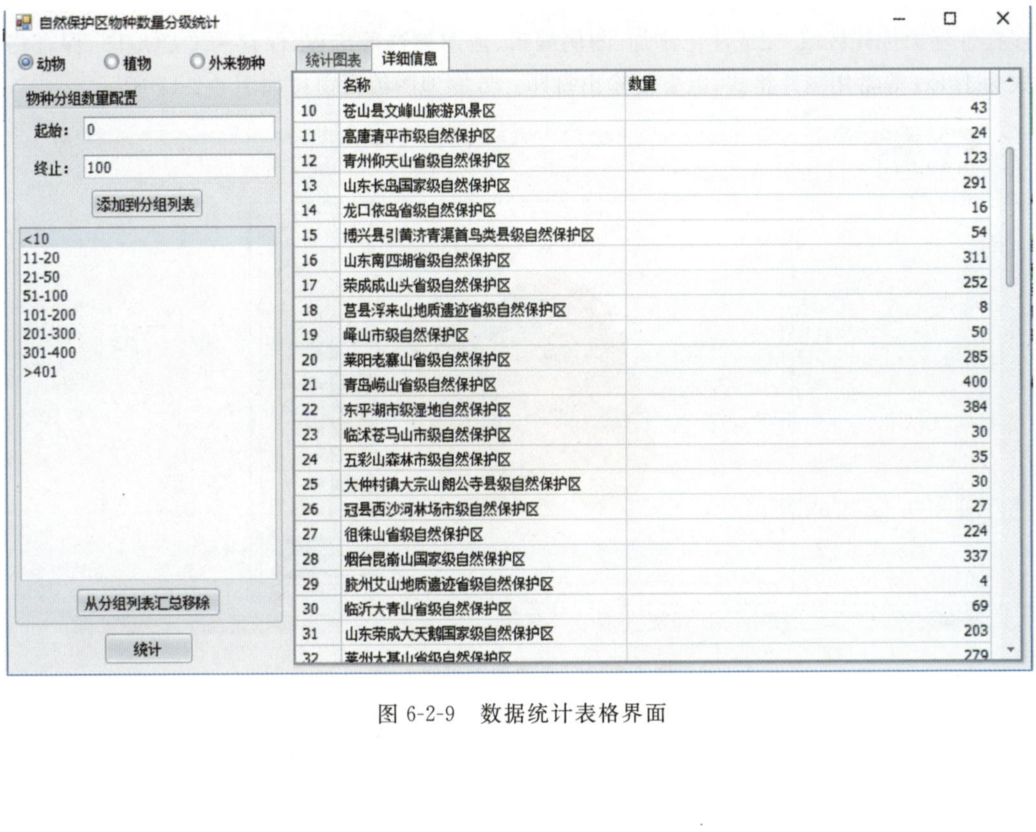

图 6-2-9　数据统计表格界面

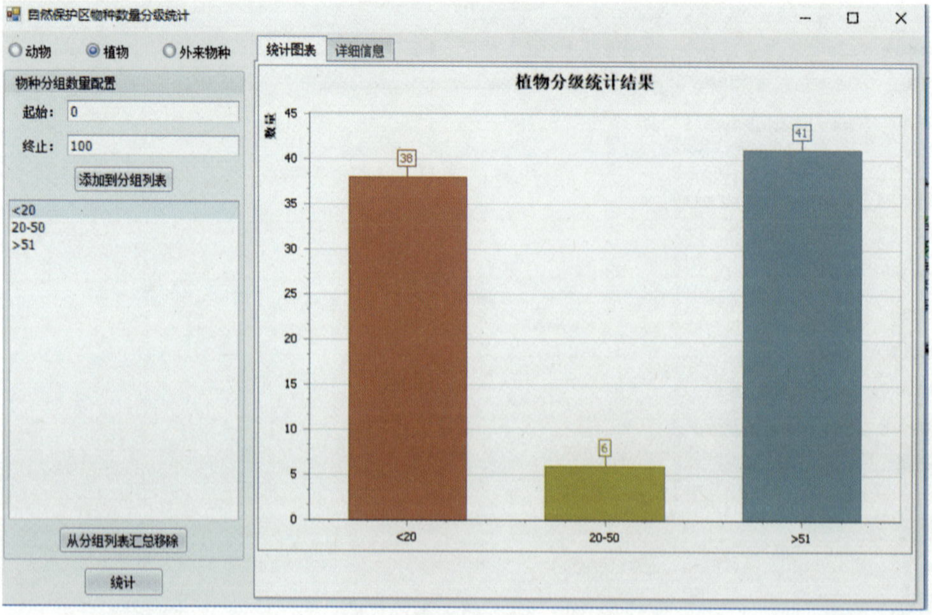

图 6-2-10 数据统计图界面

三、地图编辑与输出

地图编辑与输出主要提供查询结果和专题图制作输出。选择一个自然保护区或生物多样性保护优先区域，完成注记添加、图例编辑、地图整饰等流程，保存为专题地图，保存格式为 JPEG 等常用图片格式，以方便输出打印。专题地图编辑窗口如图 6-2-11 所示。

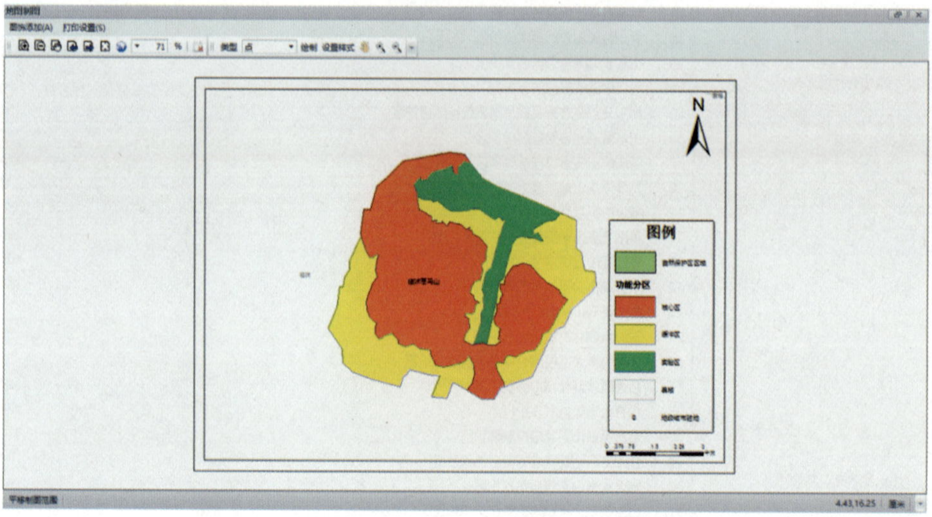

图 6-2-11 专题地图编辑界面

四、生物指数计算

生物指数计算功能可以进行县域、自然保护区、生物多样性保护优先区域的常用生物指数计算，包括物种特有性指数、外来物种入侵度、受威胁物种丰富度和生物多样性指数等。当物种数量有变更时，可一键计算，方便快捷。物种特有性指数计算界面如图 6-2-12 所示。

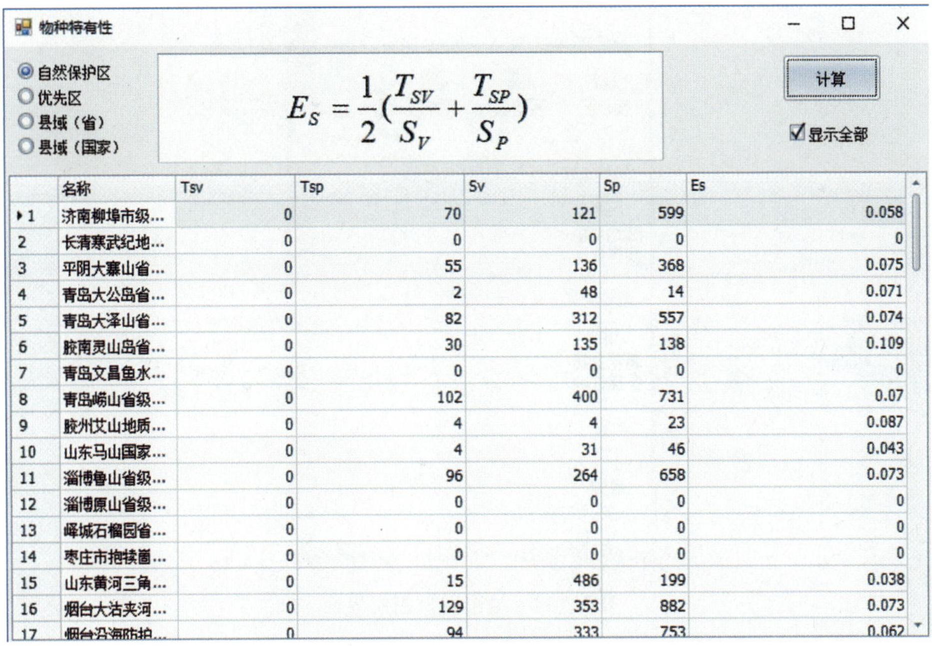

图 6-2-12　指数计算界面

五、系统设置

系统设置主要完成系统风格、地图显示比例、标注信息显示、地物符号化样式、数据备份等的设置。数据备份和图例控制界面如图 6-2-13 和图 6-2-14 所示。

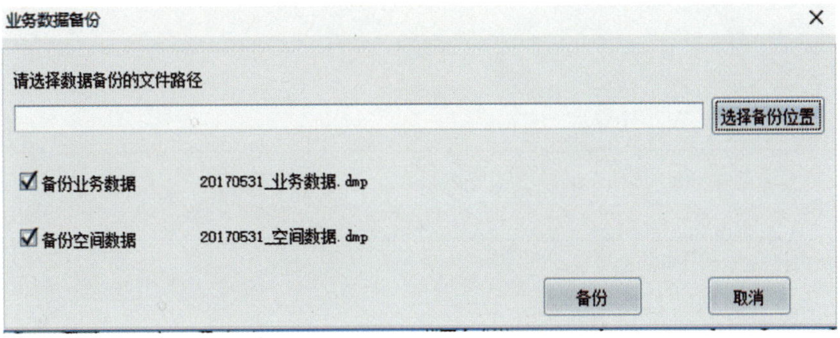

图 6-2-13　数据备份界面

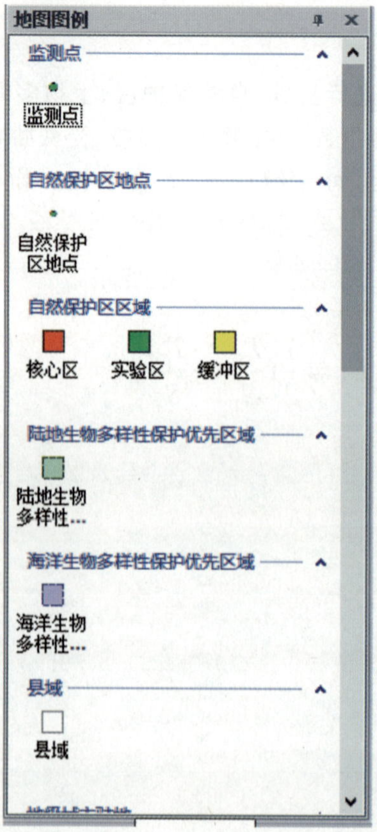

图 6-2-14 地图图例控制界面

第七章　生物多样性保护对策

近年来，山东省在森林生态系统、湿地生态系统和生物多样性就地保护等方面取得了重要成绩。同时，我省生物多样性也面临着生态系统结构发生变化、生态系统功能局部退化、生物资源过度利用和外来物种入侵等威胁。实施生态保护红线规划、生物多样性保护战略与行动计划，加强生态环境监测工作，应是下一步我省生物多样性保护的重点。

第一节　生物多样性保护主要成绩

一、森林生态系统保护

森林是陆地生态系统的主体，在维护生态环境安全，应对气候变化，改善人居环境，促进可持续发展等方面具有重要作用。山东省高度重视森林生态系统保护工作。1994 年6 月，山东省第八届人民代表大会常委会第八次会议审议通过了《山东省森林资源管理条例》；2000 年 6 月山东省第九届人民代表大会常务委员会第十五次会议和 2012 年 1 月山东省第十一届人民代表大会常务委员会第二十八次会议，两次修正《山东省森林资源管理条例》；2015 年 5 月，山东省第十二届人民代表大会常务委员会第十三次会议审议通过了《山东省森林资源条例》。2003 年 12 月，原山东省政府印发了《山东生态省建设规划纲要》；2009 年 12 月，原山东省环保局会同有关部门编制了《山东省重点生态功能保护区规划(2008～2020)》；2012 年 11 月，山东省政府印发了《山东省林地保护利用规划(2010～2020 年)》；2016 年 9 月，山东省环保厅等 8 部门印发了《山东省生态保护红线规划(2016～2020 年)》。这些条例与规划推动了森林生态系统的保护工作，取得了明显成效。

森林生态系统面积呈现增加的趋势。根据遥感调查资料(见表 2-2-1)，我省阔叶林面积由 2000 年的 14 615.1 平方千米增加到 2010 年的 14 791.0 平方千米，增加了 176 平方千米，占全省土地面积的比例由 2000 年的 9.34%提高到 2010 年的 9.45%。针叶林面积由 2000 年的2 683.9 平方千米增加到 2010 年的 2 697.7 平方千米，增加了 13.8 平方千米，占全省土地面积的比例由 2000 年的 1.70%提高到 2010 年的 1.72%。阔叶林、针叶林、针阔混交林和稀疏林 4 种类型的面积由 2000 年的 17 926.5 平方千米增加到 2010 年的 18 123.7 平方千米，占全省土地面积的比例由 2000 年的 11.4%提高到 2010 年的 11.6%。

二、湿地生态系统保护

湿地生态系统具有“地球之肾”之称，在涵养水源、净化水质、调节气候、维护生物多样性等方面具有重要作用。山东省非常重视湿地保护工作，2006 年 12 月省政府批复实施了《山东省湿地保护工程规划（2006～2020 年）》，2012 年 12 月省政府发布了《山东省湿地保护办法》（省政府令第 257 号），2015 年省政府办公厅印发了《关于进一步加强湿地保护管理工作的意见》（鲁政办字〔2015〕14 号）。近年来，由于各级各部门在湿地规划、立法、修复保护等方面做了大量工作，取得明显成效。

湿地面积总体呈现增加的趋势。根据遥感调查资料（见表 2-2-1），山东省湿地面积由 2000 年的 9 333.4 平方千米增加到 2010 年的 9 631.7 平方千米，增加了 299.3 平方千米。其中，沼泽面积由 2000 年的 1 305.6 平方千米减少到 2010 年的 946.4 平方千米，减少了 89.2 平方千米；湖库坑塘面积由 2000 年的 5 934.0 平方千米增加到 2010 年的 6 550.9平方千米，增加了 616.9 平方千米；河流面积由 2000 年的 2 093.8 平方千米增加到 2010 年的 2 134.4 平方千米，增加了 40.6 平方千米；湿地面积占全省土地面积的比例由 2000 年的 6.1%提高到 2010 年的 6.2%。

三、生物多样性保护

生物多样性是重要的自然资源，是人类社会发展的基础。山东省十分重视生物多样性保护工作，1991 年 12 月，山东省七届人大常委会第二十五次会议审议通过了《山东省实施〈中华人民共和国野生动物保护法〉办法》。1992 年 9 月，山东省第七届人民代表大会常务委员会第三十次会议通过了《山东省森林和野生动物类型自然保护区管理办法》。2010 年 9 月，省人大修订了《山东省实施〈野生动物保护法〉办法》和《山东省森林和野生动物类型自然保护区管理办法》。1991 年 12 月，省政府批准了《山东省重点保护野生动物名录》。2002 年 9 月，省政府印发实施了《山东省渔业资源保护办法》。2009 年 11 月，省环保厅等 7 部门印发了《山东省自然保护区发展规划（2008～2020 年）》。2014 年8 月，省环保厅等 7 部门联合印发了《山东省生物多样性保护战略与行动计划（2011～2030 年）》。这些办法、规划与计划的实施为生物多样性保护提供了法律依据。

山东省生物多样性就地保护工作成效显著。调查资料表明（见表 7-1-1），目前，山东省已建立自然保护区 76 个，面积为 100.9 万公顷。其中，国家级自然保护区 7 个，面积为 20.0 万公顷；省级自然保护区 38 个，面积为 55.1 万公顷；市级自然保护区 19 个，面积为 15.5 万公顷；县级自然保护区 12 个，面积为 8.3 万公顷。建设风景名胜区 40 个，总面积为 26.8 万公顷，占山东省国土面积的 1.71 %。其中，国家级风景名胜区 5 个，面积为 8.13 万公顷；省级风景名胜区 35 个，面积为 18.7 万公顷。建立森林公园 235 个，面积为 39.6 万公顷，占山东省国土面积的 2.53%。其中，国家级森林公园 39 个，面积为 17.9 万公顷；省级森林公园 69 个，面积为 9.7 万公顷；市级森林公园 127 个，面积为 12.0 万公顷。建设湿地公园 80 个，面积为 10.9 万公顷，占山东省国土面积的 0.70%。其中，国家级湿地公园 24 个，面积为 2.6 万公顷；省级湿地公园56 个，面积为 8.3 万公顷。建立海洋特别保护区 27 个，面积为 24.1 万公顷。其中，国家级海洋特别保护区 21 个，面积为 23.1 万公顷；省级海洋特别保护区 6 个，面积为9 939 公顷。建立国家级水产种质资源保护区 30 个，面积为 17.3 万公顷。这些自然保护地对生物多样性保护发挥了重要作用。在生物多样性迁地保护方面，全省建设了 38 个动物园，16 个植物园，建设了农作物种质资源库、林木种质资源库、畜禽种质资源库、药用植物种质资源库、农业微生物资源库和水生生物遗传资源库等。

表 7-1-1　山东省自然保护地建设状况统计表

自然保护地	数量(个)	面积(万公顷)	占全省土地总面积的比例(%)
自然保护区	76	100.9	4.63
风景名胜区	40	26.8	1.71
森林公园	235	39.6	2.53
湿地公园	80	10.9	0.70
水产种质资源保护区	30	17.3	
海洋特别保护区	27	24.1	

第二节　生物多样性面临的主要威胁

一、生态系统结构发生变化

山东省经济社会持续稳定快速发展。据统计，2000 年山东省实现地区生产总值8 542.4亿元，占全国比重为 9.6%；2015 年山东省地区生产总值 63 002.2 亿元，占全国比重达 9.3%；城镇化水平由 1994 年的 30%上升到 2012 年的 52.4%。经济社会的快速发展，引起了生态系统结构的变化。山东省生态系统结构的变化主要表现在两个方面：一是农田生态系统面积减少，城镇生态系统面积增加。生态系统遥感监测结果表明，2000 年山东省农田、城乡居民点及工矿用地面积分别为 1 046 万公顷和 189.5 万公顷，分别占山东省土地总面积的 66.8%和 12.1%。2015 年山东省农田、城乡居民点及工矿用地面积分别为 934.5 万公顷和 330.6 万公顷，分别占山东省土地总面积的 59.1%和 21.1%。从 2000 年到 2015 年的 15 年间，农田面积减少了 111.7 万公顷，城乡居民点及工矿用地面积增加了 141.0 万公顷。农田面积占全省国土面积的比例由 2000 年的 66.8%下降到 2015 年的 59.1%，而城乡居民点和工矿用地面积占全省国土面积的比例则由2000年的12.1%提高到2015年的21.1%。二是生态系统格局呈破碎化趋势。根据生态系统遥感监测统计结果，山东省生态系统景观斑块数量由2000年的28.3万个增加到2010年的29.8万个，平均斑块面积由2000年的55.3平方千米下降到2010年的52.5平方千米。从2000年到2010年10年间，生态系统景观斑块数量增加了1.5万个，平均斑块面积减少了2.8平方千米。由于人类活动的影响，森林、草地、湿地、农田等生态系统的面积减少，城市、农村等生态系统的面积扩大，导致物种栖息地缩小、破碎化、岛屿化、片段化，生态廊道堵塞，生态系统功能降低，生态环境退化。某些物种由于大量采伐，致使分布区域逐渐缩小，数量越来越少，如青檀，现残留量极少，已被列为近危物种。

二、生态系统功能局部退化

由于自然或人为因素的影响，山东省森林生态系统以次生林和人工林为主，树种单一，抵御病虫害能力差。山东省第四、五、六次森林资源清查及2009年全省林地资源普查数据显示(见表7-2-1)，山东省林地面积在17年间增加了87.8万公顷，林木总覆盖率提高了6.8个百分点，森林覆盖率提高了5.7个百分点。由表7-2-1可以看出，山东省林地面积变化最大的为防护林，1992～2009年共增加了102.1万公顷，其次为用材林，1997～2009年共增加了57.9万公顷，经济林面积呈现先增加后减少的趋势，由1992年的98.7万公顷增长至1997年的129.0万公顷，到2009年又减少至48.8万公顷。2009年，山东省面积最大的林分类型为防护林，其次为用材林和经济林，而上述三类林地均以人工林为主，树种结构比较简单。山区防护林树种主要以侧柏、油松、黑松(*Pinus thunbergii*)、刺槐等为主，树种结构搭配单一，乔灌草配置不合理，土壤贫瘠的地区缺乏覆盖面积大，能填补层间结构的藤本植被；沿海防护林则以黑松、刺槐、火炬松(*Pinus taeda*)、紫穗槐(*Amorpha fruticosa*)为主，灌草植被较少，防风固沙效果较差。平原防护林虽已初步形成农田林网相结合的综合防护体系，但片面强调杨树的迅速防护功能，树种结构单一。山东省用材林和经济林由于片面追求经济效益，用材林一般选用短轮伐期、速生丰产的树种，而经济林则以果树林、桑树、柞树林为主，均存在树种单一问题。在全省森林面积中，松柏类、刺槐、杨树类三大树种面积总和占森林总面积的93.7%。长期单一树种造林不仅使林分生长量逐年递减，易遭病虫侵袭，而且还会使生物多样性遭到破坏，致使森林生态结构失调。

表7-2-1　　山东省森林主要林种的构成统计及变化情况(万公顷)

林分类型	第四次森林清查(1992年)	第五次森林清查(1997年)	第六次森林清查(2002年)	全省林地资源普查(2009年)
防护林面积(万公顷)	44.0	49.4	57.1	146.1
用材林面积(万公顷)	—	11.7	24.2	69.6
经济林面积(万公顷)	98.7	129.0	121.6	48.8
薪炭林面积(万公顷)	3.84	1.12	0.80	0.12
特用林面积(万公顷)	0.32	0.32	0.96	9.38

续表

林分类型	第四次森林清查(1992年)	第五次森林清查(1997年)	第六次森林清查(2002年)	全省林地资源普查(2009年)
林地总面积(万公顷)	259.4	263.8	284.6	347.2
林木总覆盖率(%)	15.3	17.3	17.4	22.1
森林覆盖率(%)	10.7	12.6	13.4	16.4

森林作为陆地生态系统的主体，应是最为复杂的生态系统，除包括各种乔灌木和草本植物外，还有地衣、苔藓、鸟类、兽类、昆虫和微生物，各种生物在这个生态系统中相互联系，形成一个有机的稳定的整体。虽然山东省林地面积在逐年扩大，但是其对环境的应对能力明显下降，病虫害频繁发生。如兖州20世纪80年代的第一代农田防护林网，树种均为杨树，由于光肩星天牛暴发成灾，整个林网全部毁灭。部分地区盲目大面积营造毛白杨林，杨树溃疡病发生普遍，严重地段病株率高达80%以上。自2008年以来，连续多年暴发的美国白蛾，对全省的林业生态健康也造成了极大的损失。据统计，山东省林地病虫害种类有700余种，其中发生面广，危害严重的种类有杨树溃疡病、杨树烂皮病、杨树食叶害虫、杨树蛀干害虫、松烂皮病、赤松毛虫、双条杉天牛、日本松干蚧、美国白蛾等。

三、生物资源过度利用

人类对生物资源的开发利用强度大。许多生物资源对人类具有直接的经济价值，如动物的皮毛、植物的药用价值等。对这些生物资源的过度开发利用导致生物多样性下降，偷猎、滥挖走私野生动植物行为对物种的多样性威胁最为严重。山东省分布有受威胁野生高等动物45种，受威胁野生维管束植物7种。许多药用植物，如天麻、黄芪、珊瑚菜、紫点杓兰等，由于过度采挖，野生植株已很有限，均已被列为近危或易危物种。

生物资源过度利用和无序开发，引起野生生物资源衰退。地方特产种质资源被过度开发，如肥城桃、烟台苹果、莱阳梨等老品种退化、有待恢复，果品风味和质量难于保证。蔬菜、特产粮食等品种的保护尚未得到足够重视。由于捕捞过度，渔业资源种类减少，资源退化。主要经济渔业资源种类已经难以形成批量产量，渔获物低质化、小型化问题十分突出，且不断加剧。比如小黄鱼、带鱼、真鲷、牙鲆、鳓鱼等主要经济鱼类，因过度捕捞已严重衰退，甚至濒临绝迹。

由于受到人类活动的广泛影响，如近年来单一品种的推广、农业耕作制度的改变、病虫害传入以及过度放牧、环境恶化和野生种栖息地破坏等，山东省许多农作物品种及野生近缘种种质资源不断丧失和流失。彭芹等对山东省1950以来大面积推广的62个小麦品种的遗传多样性演变情况进行了分析，结果表明，山东省的小麦遗传多样性在1980年前后最高，并高于全国及其他麦区，但是之后迅速下降。究其原因，主要是长期对产量、抗性、品质等性状的连续定向选择，导致育成品种遗传基础日益狭窄，遗传多样性不断下降。[①] 由于一些人为乱垦荒、乱收割、乱放牧行为，黄河三角洲原来随处可见的野生大豆曾面临着绝迹的危险。水稻、小麦、花生、甘薯、板栗、山楂、核桃、酸枣等野生近缘种的生存环境也正在遭受不同程度的破坏。随着作物种类与品种趋向单一化，栽培品种的遗传基础日趋狭窄，不仅易引起一些病害大流行，而且对作物产量的突破和提高形成瓶颈制约，使未来人类需求受到挑战。因此，保护和利用野生近缘种，提高作物遗传多样性，正在发挥着越来越重要的作用。

山东省地方畜禽品种的遗传资源也有一定程度的流失。除了一些由于某项特性突出而作为育种材料或满足特定需要的畜禽品种，如鲁西黄牛、小尾寒羊、大部分地方猪种、微山麻鸭、豁眼鹅、中国斗鸡、寿光鸡、济宁青山羊等生存状况较好外，受科技发展水平和经济发展阶段的限制，部分目前尚无利用价值的畜禽品种数量急剧下降，出现濒危倾向，如济宁百日鸡、德州驴、糁糠鸡、文登黑鸭、大尾寒羊等 10 余个品种。沂蒙黑山羊、汶上芦花鸡等 12 个农户保存品种也出现濒危倾向。中华人民共和国成立以来，山东省已灭绝的有荣成元宝鸡、沾化黑猪等 6 个畜禽品种。

经济快速发展引起环境污染。环境污染导致生境的改变，引起水生生物种类的变化。如小清河河道内水生生物受工业废水、水体污染的影响，群落结构发生了明显的演替。小清河中原有大银鱼、鲤鱼、黄鳝等 20 多种经济鱼类及中华绒蟹，由于河水污染，大银鱼和中华绒蟹已基本绝迹，只能见到泥鳅等耐污种类，鱼类种群组成遭到破坏。南四湖、东平湖等湖泊曾因湖面萎缩，水位持续下降，淤积容量增加，造成鱼类洄游路线阻断，鲤、鲫、鳜、长春鳊等经济鱼类的种类和数量明显下降，黄颡鱼、乌鳢等沼泽性鱼类繁衍失控，水生植物过渡繁殖，导致湖内物种区系组成日趋简单。

四、外来物种入侵危害加剧

山东省发现外来入侵高等动植物 46 种，且大多已在全省广泛分布。在原国家环保总局于 2003 年发布的《中国第一批外来入侵物种名单》所涉及的 16 种外来入侵物种中，山东省已发现 8 种。其中，植物 5 种，分别为空心莲子草（*Alternanthera philoxeroides*）、豚草（*Ambrosia artemisiifolia*）、毒麦（*Lonium temulentum*）、豕和凤眼蓝；动物有 3 种，分别为蔗扁蛾（*Opogona sacchari*）、美国白蛾（*Hyphantria cunea*）和福寿螺（*Ampullaria canalivulata*）。在环保部于 2010 年1 月发布的《中国第二批外来入侵物种名单》所涉及的 19 种外来入侵物种中，山东已发现5 种，其中植物 2 种，分别为土荆芥（*Chenopodium ambrosioides*）和刺苋（*Amaranthusspinosus*）；动物 3 种，分别为稻水象甲（*Lissorhoptrus oryzophilus*）、克氏原螯虾（*Procambius clarkii*）和松材线虫（*Bursaphelenchus xylophilus*）。

大量外来物种的出现，打破了生态系统原有的平衡，对生物多样性和生态环境造成极大的破坏。其危害表现在以下四个方面：一是造成了生态破坏和生物污染。如原产于南美的凤眼蓝在我省部分地区淡水水体中的大量繁殖，造成河道堵塞，同时使其他水生

① 彭芹，戴双，郭骞欢，等. 1950 年以来山东省主推小麦品种的遗传多样性演变[J]. 分子植物育种，2012：(2).

植物无法进行光合作用，水生动物得不到充足的空气和食物而死亡。二是导致生物多样性的丧失。如烟台、潍坊、东营、滨州等市海滩地带分布的大米草，生长繁殖能力很强，严重影响近海生物栖息环境及滩涂养殖业的发展，在东营市黄河入海口处尤为突出。三是导致生态灾害频发。2008 年，山东省暴发的美国白蛾虫灾，对全省的林业及森林生态健康造成了极大的损害，再一次向我们敲响了防治外来入侵物种的警钟。四是威胁人类健康。如豚草所产生的花粉是引起花粉过敏的主要病原物，可导致花粉症；而与小麦外形相似的毒麦，常混入小麦与之同时收获和加工，其种子感染真菌后对人畜均有毒性。

第三节 生物多样性保护对策

一、实施《山东省生态保护红线规划(2016～2020 年)》

山水林田湖草是一个生命共同体。科学布局生产空间、生活空间和生态空间是实施主体功能区战略，优化国土空间开发格局，推动区域可持续发展的重要基础。生态空间是指具有自然属性、以提供生态服务或生态产品为主体功能的国土空间，包括森林、草原、湿地、河流、湖泊、滩涂、岸线、海洋、荒地、荒漠、无居民海岛等。生态保护红线是指在生态空间范围内具有特殊重要生态功能、必须强制性严格保护的区域，是保障和维护国家生态安全的底线和生命线，通常包括具有重要水源涵养、生物多样性维护、水土保持、防风固沙、海岸生态稳定等功能的生态功能区域，以及水土流失、土地沙化、石漠化、盐渍化等生态环境敏感脆弱区域。划定生态保护红线对于维护生态安全格局，保障生态系统功能，支撑经济社会可持续发展具有重要作用。

党中央、国务院高度重视生态保护红线划定工作。2011 年 10 月，《国务院关于加强环境保护重点工作的意见》(国发〔2011〕35 号)首次明确提出划定生态红线。2013 年 11 月，党的十八届三中全会把划定生态保护红线作为改革生态环境保护管理体制，推进生态文明制度建设的重点任务。2014 年 4 月，新修订的《中华人民共和国环境保护法》规定，国家在重点生态功能区、生态环境敏感区和脆弱区等区域划定生态保护红线，实施严格保护。2015 年 4 月，《中共中央国务院关于加快推进生态文明建设的意见》中明确提出，要树立底线思维，严守资源环境生态红线。2016 年 3 月，《中华人民共和国国民经济和社会发展第十三个五年规划纲要》提出，要扩大环境容量和生态空间，划定生态保护红线，实施分区管理。2017 年 2 月，中共中央办公厅、国务院办公厅印发了《关于划定并严守生态保护红线的若干意见》要求，2020 年底前，全面完成全国生态保护红线划定、勘界定标；到 2030 年，生态保护红线布局进一步优化，生态保护红线制度有效实施，生态功能显著提升，国家生态安全得到全面保障。

山东省高度重视生态保护红线划定工作。2015 年 5 月，省环保厅等 9 部门联合印发《山东省生态红线划定工作方案》(鲁环发〔2015〕48 号)，开展了生态保护红线划定工作。2016 年 9 月，经山东省政府批准 (鲁政字〔2016〕173 号)，省环保厅、省发展改革委、省财政厅、省国土厅、省住建厅、省水利厅、省农业厅、省林业厅 8 部门联合印发了《山东省生态保护红线规划(2016～2020 年)》(鲁环发〔2016〕176 号)。

《山东省生态保护红线规划(2016～2020 年)》按照科学性、统筹性、强制性的原则,划定了 533 个陆域生态保护红线区域,分属生物多样性维护、水源涵养、土壤保持、防风固沙等 4 种功能类型,总面积为 20 848 平方千米,占全省陆域面积的 13.2%。生态保护红线区以较少的面积比重,保护了全省大部分的重要生态用地和自然生态系统,对维护我省生态安全格局,保障生态系统功能,支撑经济社会可持续发展具有极其重要的作用。

为了确保生态保护红线区域性质不转换、功能不降低、面积不减少、责任不改变,《山东省生态保护红线规划(2016～2020 年)》还确定了加强规范化建设、实施分类管控、加强生态保护与修复、加强监测预警和执法监督能力建设四大任务,提出了加强组织领导、明确责任分工、严格考核制度、实施生态补偿、强化技术支撑、扩大公众参与六项保障措施。

认真贯彻实施《山东省生态保护红线规划(2016～2020 年)》是当前和今后一个时期我省生态环境保护,特别是生态系统保护的重点和关键工作。

二、实施《山东省生物多样性保护战略与行动计划(2011～2030 年)》

“生物多样性是生命,生物多样性就是我们的生命。”保护生物多样性就是保护我们的生命。1992 年,联合国发布了《生物多样性公约》,要求每一缔约国要制定并及时更新国家战略、计划或方案。到 2010 年,全球已有 193 个国家成为《生物多样性公约》的缔约国,170 多个缔约国制定了国家生物多样性战略和行动计划。中国政府高度重视生物多样性保护工作。1992 年,中国加入了《生物多样性公约》,成为首批缔约国之一。1994 年 6 月,发布了《中国生物多样性保护行动计划》,成为少数几个率先编制生物多样性保护行动计划的国家。

为了落实《生物多样性公约》,进一步加强我国的生物多样性保护工作,有效应对我国生物多样性保护面临的新问题、新挑战,2010 年 9 月,国务院常务会议第 126 次会议审议通过了《中国生物多样性保护战略与行动计划(2011～2030 年)》,并要求各省编制完成省级生物多样性保护战略与行动计划。2011 年,成立了中国生物多样性保护国家委员会,通过了《联合国生物多样性十年中国行动方案》,将生物多样性保护上升为国家战略,成为生态文明建设的重要内容。

为贯彻落实国务院和省政府要求,2012 年 6 月,省环保厅会同省发展改革委、省财政厅、省水利厅、省农业厅、省海洋与渔业厅、省林业厅共 7 部门组织开展了《山东省生物多样性保护战略与行动计划(2011～2030 年)》编制工作,为我省未来 20 年生物多样性保护提供行动纲领,指导山东省生物多样性保护工作。2014 年 8 月,经省政府同意,省环保厅、省发改委、省财政厅等 7 部门联合印发了《山东省生物多样性保护战略与行动计划(2011～2030 年)》。

《山东省生物多样性保护战略与行动计划(2011～2030 年)》提出了山东省生物多样性保护的指导思想、五项基本原则、三个阶段战略目标和七项战略任务;划定了 15 个陆地生物多样性保护优先区域和 15 个海洋与海岸带生物多样性保护优先区域；针对每一个生物多样性保护优先区域，确定了优先区域的范围和面积，评价了优先区域生物多样性状况，确定了重点保护对象；提出了山东省生物多样性保护的 10 个优先领域、24 个优先行动和 70 个优先项目；针对每一个优先行动，明确了行动内容、行动目标和优先项目。为了实现上述目标与任务，《山东省生物多样性保护战略与行动计划（2011～2030 年）》还从加强组织领导、落实配套政策、提高实施能力、加大资金投入、加强交流合作和引导公众参与 6 个方面提出了保障措施。

《山东省生物多样性保护战略与行动计划（2011～2030 年）》明确了今后一个时期我省生物多样性保护工作的指导思想、基本原则、战略目标、战略任务、优先区域、优先领域、优先行动和优先项目，成为指导我省生物多样性保护的纲领性文件，对我省生物多样性保护具有里程碑意义。

三、加强生态环境监测工作

生态环境是以人类为中心的各种自然要素和社会要素相互联系、相互制约而构成的生态系统。生态环境监测就是以生态学原理为基础，综合运用物理、化学和生物等方法，对不同尺度的生态环境状况及其变化趋势进行监测与评价的综合技术。山东省生态环境监测主要包括四方面内容：一是开展生态系统监测。通过对生态系统类型、区域分布及其面积的监测来了解区域生态环境状况及其变化趋势。二是开展生物群落监测。通过监测生物群落变化来了解区域生物多样性变化状况。三是开展污染生态监测。通过监测生物对环境污染的反应来了解区域环境污染状况。四是开展建设项目生态环境影响监测。通过建设项目生态环境影响或恢复状况监测，为生态影响类建设项目环境管理服务。要按照《山东省生态环境监测技术规范》确定的生态环境监测指标体系和监测方法（见附录），实时监测评估生态系统与生物群落动态变化，为生物多样性保护提供技术支撑。

附　录

山东省生态环境监测技术规范
（DB37/T 2582—2014）

目　次

前　言

本标准按照 GB/T 1.1-2009 给出的规则起草。
本标准由山东省环境保护厅提出。
本标准由山东省环保标准化技术委员会归口。
本标准起草单位：山东省环境监测中心站。
本标准主要起草人：田贵全、刘强、孟祥亮、曹惠明、宗雪梅。

引　言

为贯彻《中华人民共和国环境保护法》，服务生态山东和生态文明建设，推动生态环境监测工作,特制定本规范。

1 范围

本标准确立了生态系统监测、生物群落监测、污染生态监测和生态影响类建设项目竣工环保验收调查的指标体系和评价方法。

本标准适用于山东省生态环境监测与评价。

2 规范性引用文件

下列文件对于本文件的应用是必不可少的。凡是注日期的引用文件,仅所注日期的版本适用于本文件。凡是不注日期的引用文件,其最新版本(包括所有的修改单)适用于本文件。

《生态环境状况评价技术规范(试行)》(HJ/T 192—2006)

《世界自然保护联盟物种红色名录濒危等级和标准》(3.1 版)

3 术语和定义

下列术语和定义适用于本文件。

3.1 生态环境

以人类为中心的各种自然要素(生物要素、非生物要素)和社会要素相互联系、相互作用形成的综合体。

3.2 生态环境监测

以生态学原理为基础,综合运用物理、化学和生物等方法,对不同尺度的生态环境状况及其变化趋势进行监测与评价的综合技术。

3.3 生态系统

一定空间区域内生物群落与非生物环境之间通过不断地进行物质循环、能量流动和信息传递过程而形成的相互作用和相互依存的统一整体。

3.4 生物群落

一定时期内生活在某一地段上的各种生物种群的有规律的组合,物种组成及其数量状况是决定生物群落性质和类型的最重要因素。生物群落种类与数量变化用于反映区域生物多样性变化状况。

3.5 污染生态监测

利用生物对环境污染的反应来监测环境污染状况的过程。

3.6 生态影响类建设项目

以资源开发利用、基础设施建设等生态影响为特征的开发建设项目，以及海洋、海岸带开发等主要对生态产生影响的建设项目。

3.7 受威胁物种

在《世界自然保护联盟物种红色名录濒危等级和标准》(3.1 版)中属于极危、濒危和易危的物种。

3.8 中国特有物种

仅在中国境内有自然分布的物种。

3.9 外来入侵物种

在本地的自然或半自然生态系统或生境中建立了种群，给本地的生态系统或景观造成明显损害或影响的外来物种。

3.10 环境指示生物

能够以其自己的生存特点或容易识别的特征来反映其周围的环境状况及其变化，并且能够被用作环境指示物或定量实验的生物体或生物群落。

本标准将环境指示生物分为以下两类：

a. 反应指示生物：指敏感的环境指示生物，它以特别的危害作用如叶片坏死、生长抑制或过早的针叶脱落反应等显示污染物质的影响；

b. 累积指示生物：指抗污染相对较强的环境指示生物，它吸收并贮存污染物，而其外部没有遭受明显的危害。其特点是具有较大的环境容量，并累积污染物，这些污染物能够用于实验分析。

4 生态系统监测

4.1 生态系统监测指标体系

生态系统监测指标体系分为二级：

a. 一级指标包括农田、森林、草地、水域湿地、城乡居民点和工矿用地、未利用土地 6 类生态系统；

b. 二级指标包括水田、旱田等 24 类次一级生态系统(见表 1)。

表 1 生态系统监测指标体系

生态系统类型		代码
一级	二级	
农田	水田	11
	旱地	12
森林	有林地	21
	灌木林地	22
	疏林地	23
	其他林地	24
草地	高覆盖度草地	31
	中覆盖度草地	32
	低覆盖度草地	33
水域湿地	河渠	41
	湖泊	42
	水库/坑塘	43
	沼泽	44
	海涂	45
	滩地	46
	海域	47
城乡居民点工矿用地	城镇用地	51
	农村居民点用地	52
	工矿用地	53
未利用土地	沙地	61
	盐碱地	62
	裸土地	63
	裸岩	64
	其他	65

4.2 生态系统监测方法

4.2.1 遥感数据源

选用中高分辨率遥感影像为主要数据源，波段组合应突出地表植被特征，成像时间要求在 5 月至 10 月，单景影像平均云量要求小于 10%。

4.2.2 遥感影像处理

4.2.2.1 地图投影

标准投影采用等面积割圆锥投影(Albers Conical Equal Area),椭球体为Krosovsky,中央经线为东经110°,双标准纬线为北纬25°和北纬47°,投影起始纬度12°,中央经线偏差和起始点偏差都为0。

4.2.2.2 遥感影像预处理

利用遥感影像处理软件将原始遥感影像数据格式转换为*.img或*.tif等通用数据格式,并生成所需波段组合假彩色影像,根据需要进行影像镶嵌和影像切割。

4.2.2.3 遥感影像几何纠正

4.2.2.3.1 利用控制影像对原始遥感影像进行几何纠正,几何纠正模型采用polynomial,重采样方法为Bilinear Interpolation,polynomial order为2,采样像元大小与原始遥感影像一致。

4.2.2.3.2 控制点宜选择道路交叉口、山体裸岩等不易变化的地理标志物,不宜选择水体、农田、村庄等容易变化的地理标志。

4.2.2.3.3 选取控制点时,前四个控制点应分布在一幅影像的四角,一幅影像控制点个数为20～25个,并且均匀分布。

4.2.2.3.4 选择控制点时应结合控制影像和待纠影像的特点,包括影像时相特征、季相、光谱特征、分辨率等。

4.2.2.3.5 质量检查与控制要求:纠正后遥感影像与控制影像相对误差小于1个像元。

4.2.3 遥感影像解译

4.2.3.1 结合山东省遥感影像季相、地貌类型等特征,建立山东省卫星遥感影像解译标志(附录A)。在遥感影像处理软件辅助下,采用以人工目视解译为主、计算机自动解译为辅的方法完成影像判读与矢量化。

4.2.3.2 判读提取的目标地物,面状地类变化大于4×4个像元,线状地物图斑大于2×6个像元,屏幕解译线划描迹精度为两个像元,并且保持圆润。

4.2.3.3 图斑矢量化完成后,建立拓扑关系,并对悬挂点、非用户码、邻斑同码、一斑多码等问题进行质量检查,确保无误后,方为合格。

4.2.4 地面核查

4.2.4.1 核查点位布设原则

4.2.4.1.1 综合性原则

核查点应全面反映调查区域的地貌、气候和植被地域分异特点,尽量覆盖所有生态系统类型。

4.2.4.1.2 典型性原则

核查点应重点关注受人类活动影响比较大、生态环境比较脆弱的区域,特别是解译过程中发现的新增变化的区域和无法判定类型的区域。

4.2.4.1.3 可行性原则

综合考虑工作经费、人力资源、交通条件、自然地理环境等因素,设计合理、现实的实施方案。

4.2.4.1.4 连续性原则

充分利用已有数据资料，注意与历史核查工作的衔接。

4.2.4.2 核查内容

包含以下内容：

a.典型地物判读正误校验。选择典型地物类型不小于 4×4 个像元，两点之间距离不小于 3 千米，选择地物类型尽量齐全，避免对同一地物重复选择。在典型地物核查记录表(见表 2)上记录核查地物的地理位置、环境特征、相片编号等，并判断正误，拍摄地物核查点的近景和远景相片各一张；

b.地类边界准确性核查。在边界核查点记录表(见表 3)上记录边界核查点的地理位置、环境特征、各方位的地物类型及相片编码等，并判断正误。拍摄地类边界全景相片一张，要求相片内包含边界两侧土地利用类型；

c.生态调查野外资料的收集。根据地面核查路线，记录典型生境类型、生态破坏典型、生态灾害点等，拍摄录像资料或照片，并收集相关资料；

d.相片编码采用 17 位编码方式，前 13 位编码为：M＋县级行政代码＋日期(YYMMDD)，第 14～16 位为设区市统一编号，第 17 位为：P 表示全景相片，T 表示典型地物近景相片，B 表示边界点相片。

4.2.4.3 核查资料与设备

包括以下资料与设备：

a.定位工具：望远镜、车载 GPS 外置天线、手持 GPS 等；

b.照相和记录工具：笔记本电脑、数码相机、核查记录表等；

c.辅助工具与资料：交通工具、野外防护服、采样工具、应急医药箱、地方植物志、区域考察报告等。

4.2.4.4 核查结果修正

将地面核查结果转为矢量格式点文件，与遥感影像解译图层叠加，对误判的图斑进行修正。修正方法及合格标准参见 4.2.3。

4.2.5 生态系统遥感监测数据库

4.2.5.1 以行政区域为单元的生态系统现状及年际变化解译数据，数据格式为 coverage 或 shape 等常用格式。

4.2.5.2 以景为单元的遥感影像数据，数据格式为 *.img 或 *.tif 等通用数据格式。

4.2.5.3 以行政区域为单元的遥感影像数据，数据格式为 *.img 或 *.tif 等通用数据格式。

4.2.5.4 地面核查点位信息数据库，包含经纬度、海拔、地貌类型、核查日期、全景景观、典型地物类型等信息。

4.2.5.5 地面核查图片库，包括典型地物核查照片和边界点核查照片，数据格式为 *.jpg 或 *.bmp 等格式。

表 2

典型地物核查记录表

序号	县级行政代码	经度(°E)	纬度(°N)	日期	海拔(m)	地貌类型	土地利用/覆被类型					相片编码	说明
							判读类型	全景景观类型	定点类型	类型代码	是否一致		
1	370113	116.7582	36.6239	2010-11-5	42	平原	其他林地	在平安办事处黄河东侧林地,北为老李村,西为高套村,南为老马店,东为后朱村,为防护林地	其他林地	24	是	M370113101105006P/ M370113101105006T	
2													
3													
…													
…													

表 3　　边界核查点记录表

序号	县级行政代码	经度(°E)	纬度(°N)	日期	海拔(m)	地貌类型	土地利用/覆被类型												相片编码	说明
							东侧类型			西侧类型			南侧类型			北侧类型				
							判读	覆被	正误	判读	覆被	正误	判读	覆被	正误	判读	覆被	正误		
1	370101	117.1912	36.681	2010-11-2	16	丘陵	—			—			工矿用地	工矿用地	正	有林地	有林地	正	M370101101102001B	历城区港沟镇凤凰岭山顶
2																				
3																				
…																				
…																				

4.3 生态系统评价方法

4.3.1 生态系统占地比重

生态系统占地比重是指某种生态系统类型的占地面积与区域土地总面积的百分比，用于描述生态系统类型的区域分布。其计算公式是：

$$D=\frac{S_b}{S}\times 100\% \tag{1}$$

式中：

D——某种生态系统类型的占地比重(%)；

S_b——该生态系统类型的占地面积(平方千米)；

S——区域土地总面积(平方千米)。

4.3.2 生态系统占地面积年平均变化率

生态系统占地面积年平均变化率用于描述某一时段内某种生态系统占地面积变化情况。其计算公式是：

$$K=\frac{U_b-U_a}{U_a}\times\frac{1}{T}\times 100\% \tag{2}$$

式中：

K——某种生态系统类型占地面积年均变化率(%)；

U_a、U_b——分别为时间段 a 与 b 之间的某种生态系统类型的面积(平方千米)；

T——时间段 $b\sim a$，单位：年。

4.3.3 生态系统占地面积变化强度指数

生态系统占地面积变化强度指数指某一时段内某种生态系统类型占地面积变化数量与区域土地总面积的百分比，其计算公式是：

$$L_{ab}=\frac{U_b-U_a}{S}\times 100\% \tag{3}$$

式中：

L_{ab}——时间段 a 与 b 之间的某种生态系统类型占地面积变化强度指数；

U_a、U_b——分别为时间段 a 与 b 之间的某种生态系统类型的面积(平方千米)；

S——区域土地总面积(平方千米)。

4.3.4 生态环境质量评价方法

参照 HJ/T 192 执行。

5 生物群落监测

5.1 生物群落监测指标体系

山东省生物群落监测指标体系分为陆地生物群落、水生生物群落和海洋生物群落3部分。详见表4。

表 4 山东省生物群落监测指标体系

<table>
<tr><th>生物群落</th><th>监测范围</th><th colspan="2">监测指标</th></tr>
<tr><td rowspan="3">陆地生物</td><td rowspan="3">陆地</td><td>受威胁物种</td><td rowspan="3">种类
数量</td></tr>
<tr><td>中国特有物种</td></tr>
<tr><td>外来入侵物种</td></tr>
<tr><td rowspan="11">水生生物</td><td rowspan="5">河流</td><td>总大肠菌群</td><td>数量</td></tr>
<tr><td>浮游植物</td><td rowspan="4">种类
数量</td></tr>
<tr><td>着生生物</td></tr>
<tr><td>底栖动物</td></tr>
<tr><td>鱼类</td></tr>
<tr><td rowspan="6">湖泊、水库</td><td>叶绿素 a</td><td rowspan="2">数量</td></tr>
<tr><td>总大肠菌群</td></tr>
<tr><td>浮游植物</td><td rowspan="4">种类
数量</td></tr>
<tr><td>浮游动物</td></tr>
<tr><td>底栖动物</td></tr>
<tr><td>鱼类</td></tr>
<tr><td rowspan="6">海洋生物</td><td rowspan="6">近岸海域</td><td>叶绿素 a</td><td rowspan="2">数量</td></tr>
<tr><td>粪大肠菌群</td></tr>
<tr><td>浮游植物</td><td rowspan="4">种类
数量</td></tr>
<tr><td>浮游动物</td></tr>
<tr><td>赤潮生物</td></tr>
<tr><td>底栖动物</td></tr>
</table>

5.2 生物群落监测方法

5.2.1 总则

生物群落监测方法详见表 5。

表5 山东省生物群落监测方法

<table>
<tr><th>生物群落</th><th>生物类型</th><th>监测方法</th><th>方法来源</th><th>频次</th></tr>
<tr><td rowspan="3">陆地生物</td><td>受威胁物种</td><td rowspan="3">样方法
样线法
访问调查法</td><td rowspan="3">—</td><td rowspan="3">1次/5年</td></tr>
<tr><td>中国特有物种</td></tr>
<tr><td>外来入侵物种</td></tr>
<tr><td rowspan="6">水生生物</td><td>叶绿素a</td><td>分光光度法</td><td rowspan="6">水和废水监测分析方法(第四版 增补版)</td><td rowspan="5">4次/年</td></tr>
<tr><td>总大肠菌群</td><td>多管发酵法</td></tr>
<tr><td>浮游植物</td><td rowspan="3">镜检法</td></tr>
<tr><td>着生生物</td></tr>
<tr><td>底栖动物</td></tr>
<tr><td>鱼类</td><td>捕捞法
访问调查法</td><td>1次/年</td></tr>
<tr><td rowspan="6">海洋生物</td><td>叶绿素a</td><td>分光光度法</td><td rowspan="6">水和废水监测分析方法(第四版 增补版)</td><td rowspan="6">4次/年</td></tr>
<tr><td>粪大肠菌群</td><td>多管发酵法</td></tr>
<tr><td>浮游植物</td><td rowspan="4">镜检法</td></tr>
<tr><td>浮游动物</td></tr>
<tr><td>赤潮生物</td></tr>
<tr><td>底栖动物</td></tr>
</table>

5.2.2 陆地生物群落监测方法

5.2.2.1 陆生植物的调查监测采用样方法,即在调查区域内设立一定数量的样方,对样方中的物种进行全面调查研究。

5.2.2.2 陆生动物和各类稀疏分散的植物调查监测采用样线法,即在调查区域中确定一定路线,记录路线左右一定范围内出现的物种。

5.2.2.3 访问调查法作为样方法和样线法的补充。根据设计好的调查表,对相关单位及科研人员进行访谈,以获取实地调查监测中可能遗漏的信息。

5.2.3 水生生物群落监测方法

5.2.3.1 浮游生物群落监测采用镜检法,定量样品采集使用有机玻璃采水器,定性样品采集使用浮游生物网。

5.2.3.2 着生生物群落监测采用镜检法,样品采集采用人工基质或天然基质采样法。

5.2.3.3 底栖动物监测采用镜检法,定性采样使用三角拖网,定量采样使用彼得逊采泥器或人工基质篮式采样器。

5.2.3.4 鱼类群落监测采用定制拉网法与访问相结合的调查方法。

5.2.3.5 叶绿素a的监测采用分光光度法,样品采集使用有机玻璃采水器。

5.2.3.6 总大肠菌群监测采用多管发酵法,样品采集使用无菌采样瓶。

5.2.4 海洋生物群落监测方法

参照5.2.3。

5.3 生物群落监测点位布设

5.3.1 陆地生物群落调查样方布设

5.3.1.1 在典型区域布设样地，样地大小为100 m×100 m，在样地内设置样方。

5.3.1.2 森林生态系统样方大小一般为30 m×30 m，2次重复。

5.3.1.3 灌丛和湿地生态系统样方大小一般为5 m×5 m，3次重复。

5.3.1.4 草地生态系统样方大小一般为1 m×1 m，9次重复。

5.3.1.5 样方大小可根据具体情况进行调整。

5.3.2 水生生物群落监测点位布设

布设须考虑以下因素：

a. 水生生物群落监测点位布设要有代表性，能够较好地代表区域生物群落状况；

b. 尽可能涵盖不同的生境类型；

c. 宜与地表水监测点位一致；

d. 需考虑采样的可行性和方便性。

5.3.3 海洋生物群落监测点位布设

布设须考虑以下因素：

a. 海洋生物群落监测点位要能较好地代表海域生物群落状况；

b. 尽可能涵盖不同的生境类型和典型海域；

c. 宜与近岸海域环境质量监测点位一致；

d. 需考虑采样的可行性和方便性。

5.4 生物群落监测评价方法

5.4.1 陆地生物群落评价方法

5.4.1.1 物种受威胁程度

物种受威胁程度用受威胁物种丰富度表示。其计算公式为：

$$E=\frac{1}{2}\left(\frac{N_{TV}}{S_V}+\frac{N_{TP}}{S_P}\right) \tag{4}$$

式中：

E——受威胁物种丰富度；

N_{TV}——区域内受威胁野生脊椎动物物种数；

N_{TP}——区域内受威胁野生维管束植物物种数；

S_V——区域内野生脊椎动物物种总数；

S_P——区域内野生维管束植物物种总数。

5.4.1.2 物种特有性

物种特有性是指区域内中国特有的野生脊椎动物和野生维管束植物的相对数量，用于表征物种的特殊价值。其计算公式为：

$$E_S=\frac{1}{2}(\frac{N_{EV}}{S_V}+\frac{N_{EP}}{S_P}) \quad (5)$$

式中：

E_S——物种特有性；

N_{EV}——区域内中国特有野生脊椎动物物种数；

N_{EP}——区域内中国特有野生维管束植物物种数；

S_V——区域内野生脊椎动物物种总数；

S_P——区域内野生维管束植物物种总数。

5.4.1.3 外来物种入侵度

外来物种入侵度是指区域内外来入侵物种数与区域内野生脊椎动物物种总数和野生维管束植物物种总数的和之比，用于表征生态系统受到外来物种干扰的程度。其计算公式为：

$$I=N_i/(S_V+S_P) \quad (6)$$

式中：

I——外来物种入侵度；

N_i——区域内外来入侵物种数；

S_V——区域内野生脊椎动物物种总数；

S_P——区域内野生维管束植物物种总数。

5.4.2 水生生物群落评价方法

5.4.2.1 Shannon-Weiner 多样性指数

本方法用于描述生物群落的结构状况，适用于藻类和底栖动物的多样性评价。其计算公式为：

$$H=-\sum_{i=1}^{S_n}P_i\ln P_i \quad (7)$$

式中：

H——Shannon-Weiner 多样性指数，多样性指数越大，生物群落结构越复杂，水环境状况越好，反之亦然；

P_i——第 i 种个体数 n_i 占总个体数 N 比例，即：$P_i=n_i/N$；

S_n——生物种类数。

5.4.2.2 Margalef 丰富度指数

本方法用于评价浮游生物的丰寡状况。其计算公式为：

$$d=(S_n-1)/\ln N \quad (8)$$

式中：

d——Margalef 丰富度指数，丰富度指数越大，生物种类越丰富，水环境状况越好，反之亦然；

S_n——生物种类数；

N——样品中生物的总个数。

5.4.2.3 Pielou 均匀度指数

本方法用于评价浮游生物个体数目在各种类间分配的均匀程度。其计算公式为：

$$J=H/\log_2 S_n \tag{9}$$

式中：

J——Pielou 均匀度指数，均匀度指数越大，物种个体数目差异越小，浮游生物种群的均匀程度越高，反之，亦然；

H——Shannon-Weiner 多样性指数；

S_n——生物种类数。

5.4.2.4 优势度指数

本方法用于评价少数耐污种类在浮游生物群落中的集中程度。其计算公式为：

$$D_s=(N_1+N_2)/N \tag{10}$$

式中：

D_s——优势度指数，优势度指数越大，说明耐污种类个体数量越集中，反之，亦然；

N_1——样品中第一优势种的个体数；

N_2——样品中第二优势种的个体数；

N——样品中生物的总个数。

5.4.3 海洋生物群落评价方法

参照 5.4.2。

6 污染生态监测

6.1 环境指示生物的选择原则

6.1.1 植物作为大气污染反应指示生物的选取原则

应遵循以下原则：

a. 叶片结构简单，有利于大气污染物的侵入；

b. 对大气污染物反应症状明显；

c. 区域分布广泛。

6.1.2 植物作为大气污染累积指示生物的选择原则

应遵循以下原则：

a. 对大气污染物具有足够的抵抗能力。植物叶片的结构不利于有害气体进入，即叶片较厚、革质，外表皮角质化或叶的表面有蜡层，叶片的气孔稀少或气腔内有腺毛等附属物以阻挡气孔口，叶背多毛的植物一般抗性都较强；

b. 对大气污染物具有较好的累积行为。植物对大气污染物具有较好的吸收累积能力，与大气中污染物的浓度具有较大的相关性；

c. 具有较大的生态效价。植物对大气环境污染耐受范围比较广，在环境污染比较严重的区域仍然能够顽强地生长，具有较强的生命力；

d. 分布比较广泛、容易找到和辨认。

6.1.3 鱼类作为水污染累积指示生物的选择原则

应遵循以下原则：

a. 具有较好的污染物累积能力；

b. 具有足够的抵抗污染物能力；

c. 分布广，容易采集到；

d. 个体大易观察，特征明显；

e. 群落波动小，食物链简单，污染物可能通过食物链向人类转移。

6.2 污染生态监测指标与方法

山东省环境指示生物的选择、适用范围、采样部位、监测分析方法及监测频率详见表6。

表6 山东省污染生态监测指标体系

<table>
<tr><th colspan="2">环境指示生物</th><th>适用范围</th><th>采样部位</th><th>监测方法</th><th>监测频率</th></tr>
<tr><td rowspan="3">反应指示生物</td><td>树生苔藓</td><td rowspan="3">大气 SO_2 污染</td><td rowspan="2">生物量</td><td rowspan="2">野外调查观测生物量的变化</td><td rowspan="3">1次/年</td></tr>
<tr><td>地衣</td></tr>
<tr><td>紫花苜蓿</td><td>受害叶片</td><td>野外调查观测叶片受害症状</td></tr>
<tr><td rowspan="5">累积指示生物</td><td>垂柳</td><td rowspan="2">大气 SO_2 污染</td><td rowspan="2">成熟叶片</td><td rowspan="2">化学分析法测定叶片 SO_2 含量</td><td rowspan="2">1次/年</td></tr>
<tr><td>加拿大杨</td></tr>
<tr><td>鲤鱼</td><td rowspan="3">水体重金属及有机污染物</td><td rowspan="3">肌肉</td><td rowspan="3">化学分析法测定鱼肉中重金属及有机污染物含量</td><td rowspan="3">1次/年</td></tr>
<tr><td>鲫鱼</td></tr>
<tr><td>鲢鱼</td></tr>
</table>

6.3 污染生态评价

6.3.1 生物伤害度指数法

生物伤害度指数用于反映植物体外部明显的伤害特征，可表征为阔叶叶片伤害面积或针叶伤害长度与阔叶叶片面积或针叶长度之比。用公式表示如下：

$$F=S_m/S_0 \tag{11}$$

式中：

F——生物伤害度指数；

S_m——阔叶叶片伤害面积(cm^2)或针叶伤害长度(cm)；

S_0——阔叶叶片面积(cm^2)或针叶长度(cm)。

6.3.2 生物污染指数法

生物污染指数反映生物体内污染物含量的变化状况，可表征为生物体内污染物的含量与生物体所能忍受的污染物的最大含量之比。其数学表达式为：

$$I_0=C_m/C_0 \tag{12}$$

式中：

I_0——生物污染指数；

C_m——生物体内污染物的含量(mg/kg)；

C_o——生物体所能忍受的污染物的最大含量(mg/kg)或官方确定的生物体内污染物的最大值(mg/kg)。

6.3.3 污染生态状况分类

依据生物伤害度指数和生物污染指数将污染生态状况划分为4类，其分类指标如表7所示。

表7 污染生态状况分类

污染状况类型	生物伤害度指数	生物污染指数	状态描述
Ⅰ无污染	0	0	生物体未受明显伤害，生物体内未检出污染物，环境未受到污染，环境质量最好
Ⅱ轻污染	0	0～0.5	生物体未受明显伤害，生物体内污染物含量不超过其最大忍受能力的一半，环境质量受到轻污染
Ⅲ中污染	0	0.5～1	生物体未受明显伤害，生物体内污染物含量超过其最大忍受能力的一半，尚未超过其最大忍受能力，环境受到污染
Ⅳ重污染	0～1	≥1	生物体受到明显伤害，生物体内污染物含量达到或超过其最大忍受能力，环境污染严重或非常严重

7 生态影响类建设项目竣工环保验收调查

7.1 生态影响类建设项目竣工环保验收调查指标

生态影响类建设项目竣工环保验收调查指标体系包括4类14项调查指标，具体调查指标见表8。

表 8　　生态影响类建设项目竣工环保验收调查指标

调查监测指标		调查监测项目
建设项目基本情况	建设项目工程状况	主要工程量、主要技术经济指标
	生态环境保护要求	环境影响报告书及其批复文件要求
生态环境影响	生物多样性减少	物种减少的种类与数量
	土地资源影响	土地资源消耗量、临时占地恢复利用率
	水资源影响	需水量、耗水量、排水量，水质状况
	清洁生产	单位产品能耗、物耗、水耗、废水排放量、污染物排放量
	生态危害	水土流失治理率，塌陷土地恢复利用率，“三废”排放及噪声达标率
	景观影响	生态格局与生态功能变化
社会环境影响	公众意见	公众意见满意率
	环境搬迁	环境搬迁赔偿状况
生态环境保护措施	环保措施落实状况	环保措施落实率
	环保措施有效性	环保措施达标率
	生态防护或补充措施	按照“避免—消减—补充”的顺序，提出生态保护或补充措施
	生态管理计划	提出工程验收后的生态环境管理计划与措施

7.2　生态影响类建设项目竣工环保验收调查方法

7.2.1　现场勘查

7.2.1.1　现场勘查的目的：收集建设项目工程设计、环评报告及其批复等资料，明确工程环保要求；获取建设项目区生态环境感性认识，明确主要生态环境问题，判定环境敏感目标。

7.2.1.2　现场勘查的区域与对象：覆盖范围80%以上，重点勘查可能产生重要生态影响的对象和区域、工程发生变动时环评未涉及的区域，以及工程设计、环评报告及其批复中提出的生态保护与恢复措施。

7.2.2　编制调查方案

7.2.2.1　工作程序

按以下程序编制调查方案：

a. 确定调查范围、因子、重点与主要保护目标；

b. 设置调查专题，确定专题调查方案；

c. 确定调查方法，提出方案组织实施措施；

d. 调查方案经审核后，报有关环境保护行政主管部门审定。

7.2.2.2 调查方案的内容

调查方案包含以下内容：

a.总则：包括项目由来、编制依据、调查目的、原则、方法、范围、调查重点与主要调查对象、评价标准；

b.项目概况与环境保护要求：工程位置、建设过程、主要技术经济指标、主要工程量、资源占用状况、环评报告及其批复的要求；

c.专题调查方案：依据不同类型建设项目的特点，确定专题调查设置的数量与重点，同一类型建设项目，按区域差异与实际建设状况，对专题设置进行调整；

d.方案的组织实施：包括组织分工、进度安排、提交成果、经费预算等。

7.2.3 现场生态调查

7.2.3.1 遥感调查法主要应用于项目区生态环境现状调查和景观现状调查，其具有宏观、综合、动态和快速的特点。

7.2.3.2 列表清单法是将要调查的有关指标列成一个表，与其他方法配合，完成有关指标的采集工作，其特点是方法简单、明了、全面。

7.2.3.3 文件资料核查法主要是调查核实工程占用耕地、林地、水利设施情况、征地拆迁赔偿及绿化建设情况，工程采取的生态保护与建设的措施与数量和建设项目环境管理情况。

7.2.3.4 摄影法主要用于生态恢复状况调查、景观影响调查及污染治理设施调查等，其特点是形象、直观。

7.2.4 环境监测

根据建设项目特点和环境监测技术规范，进行污水、废气、固体废物、噪声、生物、底泥和环境质量监测工作。

7.2.5 数据分析与评价

对生态环境影响调查数据和实验室分析数据进行统计分析，评价建设项目环境影响，判定其环境影响是否达到有关环境标准的要求。

7.2.6 编制调查报告

7.2.6.1 调查报告是建设项目能否通过环境保护竣工验收的主要依据。

7.2.6.2 调查报告主要内容是分析评价建设项目对生态环境的影响，评估环保措施的落实情况及其有效性，给出验收调查结论与建议。

7.2.6.3 调查报告经审核签发后，提交项目委托单位。

资料性附录

附表 1　　山东省 Landsat TM RGB432 假彩色影像生态系统分类提取标志

<table>
<tr><th colspan="2" rowspan="2">类型</th><th rowspan="2">代号</th><th rowspan="2">空间分布位置</th><th rowspan="2">作物植被</th><th colspan="3">影像特征</th></tr>
<tr><th>形态</th><th>色调</th><th>纹理</th></tr>
<tr><td rowspan="2">农田</td><td>水田</td><td>11</td><td>分布于洼地、河流两侧低阶地或水库附近。主要分布于沂沭河、南四湖周围和黄河滩区</td><td>水稻</td><td>明显的四边形规则排列，呈格状和条带状，灌溉方便，渠系成网</td><td>红色、深红色，鲜亮、深暗、色调饱和</td><td>平滑细腻</td></tr>
<tr><td>旱地</td><td>12</td><td>绝大部分分布于平原丘陵地带，界线较明显，有些分布于低山丘陵地区的宽阔河谷中，坡旱地主要分布于鲁东和鲁中地区</td><td>各种旱作物，包括粮、棉、油、蔬菜以及经济作物等</td><td>大块连片，明显的四边形、多边形，有引渠或无引渠的较规则状</td><td>色调多样，主要以红色、浅红为主，又有灰白、浅蓝等，鲜亮，饱和程度不一</td><td>平滑细腻</td></tr>
<tr><td rowspan="4">森林</td><td>有林地</td><td>21</td><td>大多分布于鲁东和鲁中地区其他天然林分布于常年有水的河流两岸（以阔叶林为主）</td><td>河谷平原林木主要是暖温带阔叶林，山地林主要是针阔混交林</td><td>呈不规则的条带状和片状</td><td>深红色及红色，深暗、灰暗</td><td>较粗糙，有立体感</td></tr>
<tr><td>灌木林地</td><td>22</td><td>中低山阳坡、平原及河谷地带广泛分布</td><td>山地及水分条件较好地带为各种灌木矮林</td><td>呈不规则的条带状和片状，外缘不很明显</td><td>深红色、暗红色</td><td>较粗糙，但立体感不强</td></tr>
<tr><td>疏林地</td><td>23</td><td>分布于水分条件较好的山地小阴坡、河谷、冲积扇、老河道等地区</td><td>植物种类同有林地</td><td>呈不规则的条带状和片状，外缘不很明显</td><td>深红色，浅暗与深灰</td><td>较粗糙，但立体感不强</td></tr>
<tr><td>其他林地</td><td>24</td><td>分布于农区中，特别在农村居民点周围，多果园</td><td>苗圃、果树</td><td>较明显的四边形和多边形，多有渠道相通</td><td>暗红色，浓暗，色调较饱和</td><td>粗糙有立体感</td></tr>
<tr><td>草地</td><td>高覆盖度草地</td><td>31</td><td>主要分布于山地及河谷附近，包括山地草甸、河谷沼泽化草甸等</td><td>各种中生、湿生草本</td><td>大小不一，无固定形状，大多呈片状、带状，一般连片分布</td><td>暗红或红色，明亮，色彩饱和</td><td>平滑细致，无立体感</td></tr>
</table>

续表

类型		代号	空间分布位置	作物植被	影像特征		
					形态	色调	纹理
草地	中覆盖度草地	32	山地、平原及河流沟谷边均有分布；山地中低部，水分条件稍好的平原沟谷等	中生、旱生草本	不规则的片状与条带状，连片分布，大小不一	红色及浅红色	平滑细致，略有立体感
	低覆盖度草地	33	分布较广，主要在低山、山前平原地区及山地边缘	旱生草本	不规则的连片分布	浅黄绿色、淡红色，较明亮	平滑中带有粗糙感
水域湿地	河渠	41	分布较广，主要指水面较宽的河流渠道，多为常年有水的线状水域		不规则条带状	深蓝色、蓝色，鲜亮	平滑细腻
	湖泊	42	分布较广，高低海拔均有，地势相对低洼		不规则的片状、面状，大小不一	浅蓝及深蓝色，鲜艳明亮，色调饱和	平滑细致
	水库/坑塘	43	一般分布于河流出山口、河流汇集处等		不规则的片状、面状，大小不一，水库下缘有规则平直的边形（水库大坝）	深蓝色和蓝色，鲜艳明亮，色调饱和	平滑细致
	沼泽	44	河流两侧湖边积水处及冲洪积扇下缘	以水生植物为主，如芦苇	不规则的片状、面状	深蓝、黑红色，暗淡，不明亮	絮状，较粗糙
	海涂	45	海洋周围		条带状、扇状	白色或灰白色	平滑、线絮状
	滩地	46	湖泊河流之边，并伴河两岸，低阶地的下部		条带状、扇状	浅蓝色、蓝色、暗红绿色	平滑、线絮状
	海域	47	沿海地区		形状规则，较为清晰，大小不一	灰白、蓝灰，明亮	细致

续表

<table>
<tr><th colspan="2" rowspan="2">类型</th><th rowspan="2">代号</th><th rowspan="2">空间分布位置</th><th rowspan="2">作物植被</th><th colspan="3">影像特征</th></tr>
<tr><th>形态</th><th>色调</th><th>纹理</th></tr>
<tr><td rowspan="3">城乡居民点工矿用地</td><td>城镇用地</td><td>51</td><td>基本分布于平原地区，地势开阔，交通线密集</td><td></td><td>属中大型人工建筑区，形状不定，多是面状、片状</td><td>蓝灰色、蓝黑色、暗红色，灰暗</td><td>较粗糙，斑点小格状</td></tr>
<tr><td>农村居民点用地</td><td>52</td><td>遍布平原、山区、交通沿线等地</td><td></td><td>较小的聚居区，面状、片状，相对较规则的形状</td><td>灰白、红色、暗红色，较明亮</td><td>较粗糙，网格状</td></tr>
<tr><td>工矿用地</td><td>53</td><td>盐场分布近海；机场地势开阔，跑道明显；油田钻井呈深色调点状密集成片，之间有辐射状道路相通</td><td></td><td>形状规则，较为清晰，大小不一</td><td>灰白、蓝灰、浅红，明亮</td><td>细致</td></tr>
<tr><td rowspan="5">未利用土地</td><td>沙地</td><td>61</td><td>主要分布在黄河以西地区和沿海地区</td><td>季节性风沙区，植被较好，多为固定沙丘</td><td>大片状、面状</td><td>土黄色、黄绿色、浅蓝色，明亮</td><td>坎坷不平，有立体感</td></tr>
<tr><td>盐碱地</td><td>62</td><td>地势低平，分布较广，大部分分布于冲洪积扇下部</td><td>夏季可种植作物，冬春返碱</td><td>条带状、面状、片状</td><td>白色、灰白色，明亮</td><td>絮状，较为平滑</td></tr>
<tr><td>裸土地</td><td>63</td><td>无</td><td></td><td></td><td></td><td></td></tr>
<tr><td>裸岩</td><td>64</td><td>多分布在山坡、山顶</td><td>几无植被</td><td>片状、条带状</td><td>青灰色、浅绿色，鲜亮</td><td>凹凸不平，立体感强</td></tr>
<tr><td>其他</td><td>65</td><td>主要分布在无人的海岛地区</td><td>植被稀少</td><td>片状、条带状</td><td>暗黄绿色，灰暗</td><td>平滑细致</td></tr>
</table>

主要参考文献

一、中文文献

中国环境监测总站. 中国生态环境质量评价研究[M]. 北京：中国环境科学出版社，2004.

王仁卿，周光裕. 山东植被[M]. 济南：山东科学技术出版社，2000.

王仁卿，张昭洁. 山东稀有濒危保护植物[M]. 济南：山东大学出版社，1993.

王献溥，刘玉凯. 生物多样性的理论与实践[M]. 北京：中国环境出版社，1994.

戈峰. 现代生态学[M]. 北京：科学出版社，2005.

中国科学院中国植物志编辑委员会. 中国植物志(1～80卷)[M]. 北京：科学出版社，2004.

中国科学院水生生物研究所. 中国淡水鱼类原色图集[M]. 上海：上海自然博物馆，1981.

中国科学院武汉植物研究所. 中国水生维管束植物图谱[M]. 武汉：湖北人民出版社，1983.

田贵全，刘强，宗雪梅，等. 山东省生物多样性保护战略与行动计划(2011～2030年)[M]. 济南：山东大学出版社，2016.

田贵全，宗雪梅，孟祥亮，等. 山东省淡水鱼类组成与分布//宋沿东，商博. 环境监测技术研究与应用[M]. 济南：山东省地图出版社，2012.

田贵全，孟祥亮，宗雪梅，等. 遥感与GIS技术在济南市生态系统动态变化分析中的应用[C]. 宋沿东，商博. 环境监测技术研究与应用[M]. 济南：山东省地图出版社，2012.

田贵全. 山东省生物群落监测技术研究//宋沿东，商博. 环境监测技术研究与应用[M]. 济南：山东省地图出版社，2012.

田家怡，等编著. 山东外来入侵有害生物与综合防治技术[M]. 北京：科学出版社，2004.

冯昭信. 鱼类学(第2版)[M]. 北京：中国农业出版社，2005.

庄平，王幼槐，李圣法，等. 长江口鱼类[M]. 上海：上海科学技术出版社，2006.

孙洪烈. 中国生态系统[M]. 北京：科学出版社，2004.

苏智先，王仁卿主编. 生态学概论[M]. 济南：山东大学出版社，1989.

李法曾,陈锡典.泰山植物检索表[M].济南:山东科学技术出版社,1987.

李法曾主编.山东植物精要[M].北京:科学出版社,2004.

李博,杨持,林鹏,等.生态学[M].北京:高等教育出版社,2000.

吴征镒.中国植被[M].北京:科学出版社,1980.

汪松,解焱.中国物种红色名录[M].北京:高等教育出版社,2004.

张华玲,王兆军,田贵全,等.山东省森林生态系统服务功能价值评估//陈斌.第十二次环境监测学术交流会论文集[M].北京:中国环境出版社,2015.

张金屯.植被数量生态学方法[M].北京:中国科学技术出版社,1995.

陈汉斌,郑亦津,李法曾.山东植物志(下卷)[M].青岛:青岛出版社,1997.

陈汉斌,郑亦津,李法曾.山东植物志(上卷)[M].青岛:青岛出版社,1992.

陈灵芝.中国的生物多样性——现状及其保护对策[M].北京:科学出版社,1993.

环境保护部等.中国生物多样性保护战略与行动计划[M].北京:中国环境科学出版社,2011.

郎慧卿,赵魁义,陈克林.中国湿地植被[M].北京:科学出版社,1999.

林育真.生态学[M].北京:科学出版社,2004.

国家环境保护总局.全国生态现状调查与评估·华东卷(上)[M].北京:中国环境科学出版社,2006.

宗雪梅,曹惠明,田贵全,等.山东省野生高等动、植物物种多样性调查//宋沿东,商博.环境监测技术研究与应用[M].济南:山东省地图出版社,2012.

房用,孟振农,朱宪珍.山东森林植物资源及应用[M].北京:中国国际广播出版社,2006.

赵遵田,曹同.山东苔藓植物志[M].济南:山东科学技术出版社,1998.

济宁市科学技术委员会.南四湖自然资源调查及开发利用研究[M].济南:山东科学技术出版社,1987.

徐海根,王建民,强胜,等主编.《生物多样性公约》热点研究:外来物种入侵、生物安全、遗传资源[M].北京:科学出版社,2004.

徐海根,强胜.中国外来入侵物种编目[M].北京:中国环境科学出版社,2004.

于泉洲,孙京姐,吕建树,等.山东省南四湖湿地植被及其生物量初步研究[J].山东国土资源,2011,27(4):21-25.

万本太,徐海根,等.生物多样性综合评估方法研究[J].生物多样性,2007,15(1):97-106.

马克平,钱迎倩,王晨.生物多样性研究的现状与发展趋势[J].科技导报,1995,(1):27-30.

马克平,钱迎倩.生物多样性保护及其研究进展[J].应用与环境生物学报,1998,4(1):95-99.

马克平.试论生物多样性的概念[J].生物多样性,1993,1(1):20-22.

马建章，戎可，程鲲. 中国生物多样性就地保护的研究与实践[J]. 生物多样性，2012，20(5)：551-558.

王士泉，贾泽峰，李法曾. 山东崂山植物区系研究[J]. 武汉植物学研究，2001，19(6)：467-474.

王丰年. 论生物多样性减少的原因[J]. 清华大学学报(哲学社会科学版)，2003，18(6)：49-52.

王太明，房用，蹇兆忠. 山东省湿地现状存在问题及研究趋势[J]. 山东林业科技，2001，137(6)：32-34.

王少萍，王仁卿，李力. 青岛耐冬山茶的多样性：Ⅰ分布与形态变异[J]. 生物多样性，1995，3(3)：139-142.

王仁卿，张治国，石竹，等. 青岛山茶的多样性研究：Ⅲ. 生态学分析[J]. 山东大学学报(自然科学版)，1999，34(1)：109-116.

王玉珍，刘永信，魏春兰. 黄河三角洲地区濒危植物种类及其保护措施[J]. 山东农业科学，2006，(4)：84-86.

王玉珍. 黄河三角洲湿地资源及生物多样性研究[J]. 安徽农业科学，2007，35(6)：1745-1746.

王玉涛，郭卫华，刘建，等. 昆嵛山自然保护区生态系统服务功能价值评估[J]. 生态学报，2009，29(1)：523-531.

王丽丽，李尚霞，王月福. 应用亲缘关系指数分析山东省不同年代主栽花生品种的遗传多样性[J]. 中国油料作物学报，2008，30(1)：46-50.

王秀玲. 泰山珍稀濒危植物资源及保护[J]. 国土与自然资源研究，2001，(1)：79-80.

王俊亮，赵杨. 山东鲁山自然保护区动物资源调查及保护初探[J]. 野生动物，2010，31(3)：141-144.

王勇，宗亚杰，陈猛. 用生物多样性指数法评价河流污染程度[J]. 辽宁城乡环境科技，2003，23(4)：22-24.

王家福，王森林，吴可，等. 山东蒙山植物区系分析[J]. 防护林科技，2007，(5)：103-105.

王森林，王家福，马爱民，等. 山东鲁山自然保护区植物区系分析[J]. 山东林业科技，2008，174(1)：40-41，34.

王森林，王家福，宋光新，等. 山东莱州大基山自然保护区植物区系分析[J]. 防护林科技，2008，84(3)：109-111.

王森林，刘幸红，阎理钦，等. 山东野生高等植物各区分布研究[J]. 山东林业科技，2006，165(4)：41-44.

王森林，陈景和，王家福，等. 山东昆嵛山自然保护区植被及赤松保护价值分析[J]. 防护林科技，2006，71(2)：44-46.

王智，蒋明康，秦卫华. 中国生物多样性重点保护区评估标准探讨[J]. 生态与农村环境学报,2007,23(3):93-96.

王雷,徐志坚,张会莲,等.山东招虎山自然环境与药用植物资源初步调查[J].亚太传统医药,2009,5(12):1-2.

王锡华,李京东.山东沂山种子植物区系研究[J].植物研究,2002,22(2):156-162.

孔祥安,李广海,郑锋先,等.青岛崂山主要植被类型及物种丰富度研究[J].中国农学通报,2009,25(10):241-245.

邓立斌,付福乔,刘德晶,等.山东南四湖自然保护区综合评价[J].西部林业科学,2006,35(4):123-126.

石磊.山东省南四湖水生维管植物研究[J].国土与自然资源研究,2002,(3):69-70.

田贵全,张明才.山东省生态环境遥感监测[J].国土资源遥感,2006,(4):63-67.

田贵全,曲凯.山东省农村居民点动态变化遥感分析[J].地域研究与开发,2008,27(1):103-104.

田贵全,曲凯.山东省城镇用地扩展遥感监测[J].中国人口资源与环境,2007,17(2)(专刊):76-78.

田贵全,曲凯.遥感和GIS支持下的山东省植被覆盖动态变化分析[J].水土保持研究,2008,15(1):75-78.

田贵全,宋沿东,刘强,等.山东省生物多样性试点评价[J].中国环境监测,2013,29(3):84-90.

田贵全,宋沿东,刘强,等.山东省濒危物种多样性调查与评价[J].生态环境学报,2012,21(1):27-32.

田贵全,张明才.遥感监测鲁北地区盐碱地现状及其动态变化[J].环境与可持续发展,2007,(3):27-28.

田贵全,宗雪梅,孟祥亮,等.山东省生物多样性县域分布[J].生态科学,2014,33(5):1012-1016.

田贵全,宗雪梅,孟祥亮,等.山东省自然保护区国家重点保护物种组成与分布[J].绿色发展与环境研究,2016,9(3):27-31.

田贵全,曹惠明.山东省生态环境质量动态变化研究[J].环境与可持续发展,2007,(5):44-46.

田贵全,臧一剑,张明才.山东省生物多样性保护进展[J].中国环境管理干部学院学报,2004,14(4):72-74.

田贵全.《山东省生物多样性保护战略与行动计划》的编制背景与核心内容[J].绿色发展与环境研究,2015,8(3):23-25.

田贵全.山东省湿地资源动态变化及其驱动力分析[J].环境与可持续发展,2008,(2):4-7.

田贵全.日照港附近海域海洋生物监测与评价[J].山东环境,2006,(2):17-19.

田贵全.气相色谱法测定鱼体中的PCB和有机氯农药[J].中国环境监测,1999,15

(2):31-32.

田贵全.环境质量评价的生物方法研究[J].中国环境监测,2008,24(2):59-61.

田家怡,于祥,申保忠,等.黄河三角洲外来入侵物种米草对滩涂鸟类的影响[J].中国环境管理干部学院学报,2008,18(3):87-90.

田家怡,吕传笑.入侵山东的外来有害生物种类与地理分布[J].滨州师专学报,2004,20(4):42-46.

田家怡,潘怀剑,张宽.青岛崂山动物多样性及其保护建议[J].资源可持续利用,2000(5):17-18.

田家怡.黄河三角洲鸟类多样性研究[J].滨州教育学院学报,1999,5(3):35-42.

田家怡.黄河三角洲湿地生物多样性与可持续利用[J].滨州学院学报,2005,21(3):38-44.

史作民,程瑞梅.区域生态系统多样性评估方法[J].农村生态环境,1999,26(2):26-29.

代玉华,刘宏美,刘丽娟,等.山东省部分地区蚊虫种类与分布的变化[J].寄生虫与医学昆虫学报,2012,19(2):84-88.

白文永,高德民,康怀兴.山东水生药用植物调查研究[J].亚热带植物科学,2008,37(2):61-63.

邢尚军,郗金标,张建锋,等.黄河三角洲植被基本特征及其主要类型[J].东北林业大学学报,2003,31(6):86-87.

成克武,臧润国.物种濒危状态等级评价概述[J].生物多样性,2004,12(5):534-540.

吕宝平,贾德旺,田文新,等.山东省湿地类型及湿地环境地质问题分析[J].山东国土资源,2008,24(4):44-47.

朱京海,刘伟玲,胡远满,等.辽宁沿海湿地生物多样性评价研究[J].气象与环境学报,2008,24(1):27-31.

刘纪远.中国资源环境遥感宏观调查与动态研究[J].北京:中国科学技术出版社,1996.

刘明,邓立斌.山东南四湖湿地生物多样性及保护措施[J].重庆科技学院学报(自然科学版),2010,12(1):74-76.

刘俊华.山东昆嵛山药用苔藓植物资源的研究[J].滨州学院学报,2009,25(6):57-60.

刘晓红,李校,等.生物多样性计算方法的探讨[J].河北林果研究,2008,23(2):166-168.

刘敏超,李迪强,温琰茂,等.基于 GIS 的三江源地区物种多样性保护优先性分析[J].干旱区资源与环境,2006,20(4):51-54.

刘德国,宋印刚,胡猛,等.南四湖湿地自然保护区建设与管理[J].湿地科学与管理,2007,3(4):41-42.

衣艳君,刘家尧,王文和,等.崂山苔藓植物分布规律及其生态群落[J].曲阜师范大学学报,1995,21(2):77-80.

衣艳君,刘家尧,郎奎昌.崂山苔藓植物的生活型[J].山东师大学报,1995,10(3):321-324.

衣艳君.山东省苔藓植物的生物多样性特征及保护[J].国土与自然资源研究,2001,(3):70-71.

衣艳君.山东省的野生花卉植物资源[J].国土与自然资源研究,2000(3):65-70.

江尧桦,徐延强,王波.山东蜻蜓目昆虫种类概述[J].山东林业科技,1996,107(6):28-29.

许崇梅,张颖颖,樊守金,等.山东艾山植物区系研究[J].西北植物学报,2004,24(10):2083-2088.

孙广友.中国湿地科学的进展与展望[J].地球科学进展,2000,15(6):666-672.

孙中昌,申磊.山东省湿地景观恢复研究[J].绿色科技,2010,(8):115-118.

孙立彦,赵遵田,刘振亮.沂山苔藓植物的区系研究[J].山东科学,2000,13(2):30-34,40.

苏延友,苏延峰.泰山药用真菌资源调查及开发利用报告[J].泰山医学院学报,2003,24(3):220-222.

杜宁,王琦,郭卫华,等.昆嵛山典型植物群落生态学特性[J].生态学杂志,2007,26(2):151-158.

杜宁,郭卫华,吴大千,等.昆嵛山典型林下灌草层植物种间关系研究[J].山东大学学报(理学版),2007,42(3):71-83.

杜宇燕,张萍,等.山东昆嵛山两栖动物的多样性[J].四川动物,2000,19(3):180-181.

杜远达,任强,赵遵田.山东药用被子植物区系研究[J].山东师范大学学报(自然科学版),2009,24(4):126-130.

杜恒勤,杜鸣,闫理钦.山东泰山哺乳动物调查[J].四川动物,1999,18(2):87.

李力,王仁卿,王中仁,等.青岛耐冬山茶的多样性(Ⅲ)——居群的遗传多样性分析[J].生物多样性,1996,4(1):1-6.

李广京,李建丰.生物多样性及其保护措施[J].安徽农学通报,2008,14(3):38-41.

李广海,冯宜冰,张明,等.崂山植物区系分析[J].山东林业科技,2007,169(2):54-56.

李广海,李敦芳,龚莉茜,等.崂山国家森林公园国家重点保护野生植物调查[J].山东林业科技,2008,179(6):61-63.

李占华,董永梅.山东省海河流域湿地现状及保护对策研究[J].海河水利,2009,(2):20-22.

李成业,阎理钦,韩同香.山东湿地植被组成规律的研究[J].山东林业科技,2007,

171(4):27-29,37.

李传印,李殿香.南四湖鱼类物种多样性衰减原因初步分析[J].水利渔业,2003,23(2):49-50.

李延梅,牛栋,张志强,等.国际生物多样性研究科学计划与热点述评[J].生态学报,2009,29(4):2115-2123.

李兴国,刘道辰.东平湖生态系统服务功能及其影响因子分析[J].聊城大学学报(自然科学版),2012,25(2):92-95.

李迪强,林英华,陆军.尤溪县生物多样性保护优先地区分析[J].生态学报,2002,22(8):1309-1316.

李京东,肖素荣,王锡华.山东省鲁山种子植物区系研究[J].山东科学,2004,17(3):22-28.

李宝华.青岛崂山地区山茶资源调查报告[J].青岛职业技术学院学报,2003,16(4):68-69.

李宝华.青岛崂山植被调查报告[J].防护林科技,2004,(5):138-140.

李政海,王海梅,刘书润,等.黄河三角洲生物多样性分析[J].生态环境,2006,15(3):577-582.

李彦连,王文兵,王鑫华,等.山东省南四湖湿地水生维管植物区系分析[J].济宁学院学报,2010,31(6):42-43,48.

李彦连.山东省南四湖药用维管植物研究[J].济宁师专学报,2000,21(6):32-33.

李洪敬,李占鹏,李继佩,等.山东省森林病虫害发生防治现状与对策[J].山东林业科技,2003,144(1):25-27.

李峰,谢永宏,陈心胜,等.黄河三角洲湿地水生植物组成及生态位[J].生态学报,2009,29(11):6257-6265.

李磊,刘全兰,张宁宁.青岛崂山植物区系分区及分布特点研究[J].科学技术与工程,2009,9(7):1685-1701.

杨月伟.山东省湿地水鸟资源现状与保护[J].国土与自然资源研究,2007,(3):86-87.

杨占涛,苏瑞,刘超,等.山东昆嵛山药用真菌的初步调查研究[J].安徽农业科学,2008,36(13):5475-5477.

杨青,周才武,王金星.山东省鲤科鱼类的组成特点和地理分布[J].动物学研究,1994,15(增刊):68-73.

杨金凤,王玉宽.生物多样性价值评估研究进展[J].安徽农业科学,2008,36(26):11491-11493.

肖金学,王文强,等.中国生物多样性研究现状分析[J].安徽农业科学,2007,35(34):11172-11174.

吴彤,李俊祥,戴洁,等.山东省外来植物的区系特征及空间分布[J].生态学杂志,

2007,26(4):489-494.

吴彤,孟陈,戴洁,等.山东外来植物的危害及生态特征[J].山东师范大学学报(自然科学版),2006,21(4):105-109.

宋葆华,李法曾.山东昆嵛山植物区系研究[J].武汉植物学研究,1999,17(3):220-226.

宋楠,宋亚团,刘建,等.山东省林业生物入侵现状分析及对策建议[J].山东林业科技,2005,160(5):72-74.

张伟,赵善伦.山东维管植物特有种的生物多样性及其保护[J].山东师大学报(自然科学版),2000,15(4):409-412.

张伟,赵善伦.山东植物区系分区研究[J].广西植物,2002,22(1):29-34.

张庆,牛建明,等.生物多样性与生态系统功能关系研究进展[J].生物学通报,2009,44(1):15-17.

张建锋,宋玉民,史少军,等.山东省野生花卉资源[J].河北林果研究,2003(18):287-291.

张春林.中国淡水鱼类的分布[J].地理学报,1959,20(3):279-284.

张峥,朱琳,等.我国湿地生态质量评估方法的研究[J].中国环境科学,2000,20(增刊):55-58.

张宪强,张治国,张淑萍,等.山东昆嵛山植物区系初步研究[J].植物研究,2003,(4):109-116.

张高生,王仁卿.现代黄河三角洲植物群落数量分类研究[J].北京林业大学学报,2008,30(3):31-36.

张萍,王长科,马爱芳.泰山野生植物资源研究[J].资源开发与市场,1999,15(2):77-78.

张绪良,叶思源,印萍,等.黄河三角洲滨海湿地的维管束植物区系特征[J].生态环境学报,2009,18(2):600-607.

陈冲,思培峰.昆嵛山珍稀濒危植物资源及保护[J].陕西师范大学学报(自然科学版),2004,(S2):166-170.

陈灵芝,钱迎倩.生物多样性科学前沿[J].生态学报,1997,17(6):565-572.

邵秋玲,解小丁,李法曾.黄河三角洲国家级自然保护区植物区系研究[J].西北植物学报,2002,22(4):947-951.

范江竹,张学仁,王兴顺,等.山东牙山、艾山、大泽山、长岛中药资源调查及开发利用研究[J].基层中药杂志,2002,16(3):35-38.

林立,赵宏,潘林山,等.山东濒危野生花卉的迁地保护及潜力分析[J].安徽农业科学,2008,36(29):12673-12674.

林金兰,陈彬,黄浩,等.海洋生物多样性保护优先区域的确定[J].生物多样性,2013,21(1):38-46.

林育真，许士国，宋开成，等. 山东省陆栖兽类多样性评价及保护建议[J]. 山东林业科技，1997，111(4)：30-33.

林育真，滕兆乾，辛金先. 山东省鸟类资源评价及保护建议[J]. 山东林业科技，2000，131(6)：33-37.

罗建馨，张艳敏，陈学森. 崂山苔藓植物初报[J]. 山东农业大学学报，1991，22(1)：63-70.

周才武，蔡德霖，李镇钦，等. 山东南四湖鱼类研究[J]. 山东大学学报(生物版)，1959，(4)：12-40.

周凤琴，李建秀，张照荣. 山东珍稀濒危野生药用植物的调查研究[J]. 中草药，1998，29(1)：46-49.

周汝伦，杨震，魏建功，等. 长门岩岛植物群落中的山茶现状和恢复措施[J]. 青岛海洋大学学报，1994，24(1)：71-78.

郑纪庆，陈彤彤，刘颖，等. 山东徂徕山植物区系的研究[J]. 武汉植物学研究，2006，24(1)：27-30.

单玉秀，孙希华，牛振国. 山东省湿地面积变化及其生态价值分析[J]. 山东师范大学学报(自然科学版)，2011，26(1)：86-89.

赵东芹，宁新甜，付荣恕. 青岛崂山半翅目昆虫区系分析[J]. 山东师范大学学报(自然科学版)，2010，25(2)：119-122.

赵海军，纪力强 . 大尺度生物多样性评估[J]. 生物多样性，2003，11(1)：78-85.

赵遵田，于富强. 山东昆嵛山大型真菌调查研究[J]. 山东科学，2002，15(2)：23-26.

赵遵田，王锡华，李京东，等，山东省蒙山种子植物区系研究[J]. 山东科学，2005，18(4)：42-46.

赵遵田，李振华，邱军，等. 沂山苔藓植物研究[J]. 山东师范大学学报(自然科学版)，1995，10(1)：70-74.

赵遵田，张恩然，任强. 山东苔藓植物区系[J]. 山东科学，2004，17(1)：17-20.

赵遵田，张恩然，黄玉茜. 山东泰山苔藓植物区系研究[J]. 山东科学，2003，16(3)：18-23.

赵遵田，鲁艳芹. 山东鲁山苔藓植物的研究[J] . 山东科学，1998，11(2)：43-50.

祝丽香，邢广萍，刘勇，等. 泰山药用植物资源[J]. 山东林业科技，2005，161(6)：31-33.

姚佳，许大为，蒙宽宏，等. 我国生物多样性保护的研究现状和发展趋势[J]. 安徽农学通报，2008，14(3)：41-42.

秦朝玉，刘加英. 五莲山杜鹃花的生物学特性观察研究[J]. 安徽农学通报，2007，13(13)：104.

袁兴中，刘红，李瑞波. 山东省生物多样性及其保护与开发利用[J]. 资源开发与市场，1996，11(4)：162-164.

袁兴中,刘红.山东省湿地现状及保护对策[J].山东环境,1999,94(6):14-15.

钱迎倩,马克平.生物多样性研究的几个国际热点[J].广西植物,1996,16(4):295-299.

钱迎倩.生物多样性的几个问题[J].植物学通报,1998,15(5):1-15.

徐凌川,张华,李自发,等.山东省大型真菌生物多样性及资源保护与可持续利用[J].中国食用菌,2006,25(2):12-16.

高德民,樊守金.山东崂山植被研究[J].山东科学,2002,15(1):23-27.

曹志平,钟晓东.全球生物多样性监测及其进展[J].生物多样性,1997,5(2):157-159.

崔保山,刘兴土.黄河三角洲湿地生态特征及可持续性管理对策[J].地理科学,2001,21(3):250-256.

阎理钦,王森林,郭英姿,等.山东渤海湾滨海湿地植被组成优势种分析[J].山东林业科技,2006,165(4):45-46.

阎理钦,张英,郭英姿,等.山东湿地鸟类群落多样性分析[J].山东林业科技,2006,163(2):40-41.

阎理钦,张英,郭英姿,等.山东湿地植被类型和演替规律的研究[J].湿地科学与管理,2007,3(1):15-18.

阎理钦,姜广源,韩云池,等.山东湿地类型生物多样生及其保护[J].山东林业科技,1998,114(1):27-30.

梁玉,刘月良,房用,等.黄河三角洲湿地两岸植被特征分析[J].东北林业大学学报,2009,37(10):16-18.

彭芹,戴双,郭骞欢,等.1950年以来山东省主推小麦品种的遗传多样性演变[J].分子植物育种,2012,10(2):228-237.

葛秀丽,王仁卿,刘建,等.山东湿地高等植物研究[J].山东林业科技,2002,142(5):3-6.

蒋志刚,樊恩源.关于物种濒危等级标准之探讨——对IUCN物种濒危等级的思考[J].生物多样性,2003,11(5):383-392.

韩笑然,孙从姗,张海云,等.崂山高等植物多样性调查研究[J].医学动物防制,2009,25(4):279-280.

曾志新,罗军,等.生物多样性的评估指标和评估标准[J].湖南林业科技,1999,26(2):26-29.

王献溥,张春静.山东青岛沿海岛屿耐冬山茶濒临灭绝的原因及其就地保护问题[J].广西植物,1992,12(3):272-278.

甄天民,胡玉祥,樊天宝.山东省不同地形区的蚊类分布[J].中国寄生虫病防治杂志.1990(4):319-321.

解焱,汪松.国际濒危物种等级评价标准[J].生物多样件,1995,3(4):214-239.

褚栋，刘开昌，张正，等. 山东省生物入侵的现状及其防控对策——由入侵物种美国白蛾大暴发引发的思考[J]. 山东农业科学，2009(1)：121-124.

臧得奎，李健，于东明. 山东特有野生花卉的初步研究[J]. 烟台师范学院学报(自然科学版)，1999，15(3)：221-224.

臧得奎，赵兰勇，杨美玲，等. 山东省野生花卉资源的分布与开发利用[J]. 山东林业科技，1999，120(1)：34-38.

樊金会. 山东野生杜鹃花群落特性的调查[J]. 山东林业科技，2000，127(2)：25-27.

樊宝敏，马玉增，张军. 泰山植被的保护、改造、利用建议[J]. 环境保护，1996，(9)：25-27.

薛健，展长德. 山东省蠓科区系分布报告(双翅目)[J]. 中国媒介生物学及控制杂志，2007，(4)：315-317.

霍新北，孔繁吉. 山东省花蝇(双翅目：花蝇科)区系研究[J]. 医学动物防制，2000，(8)：410-412.

穆从如，杨林生，王景华，等. 黄河三角洲湿地生态系统的形成及其保护[J]. 应用生态学报，2000，11(1)：123-126.

魏彦昌，吴炳方，张喜旺. 生物多样性遥感研究进展[J]. 地球科学进展，2008，23(9)：924-931.

二、外文文献

Allaby M. *A dictionary of ecology* [M] . 2nd ed. Oxford: Oxford University Press, 1998.

Klein, R. & M. Paulus, *Umweltproben fuer die Schadstoffanalytik im Biomonitoring*[M]. Gustav Fischer Verlag, 1995.

McNeely J A, Miller K R, Reid W V, et al. *Conserving the world's biological diversity*[M]. The world Bank. WRI, IUCN, 1990.

Ministry of Agriculture and Forestry, Finland. *Criteria and indicators for sustainable forest management in Finland* [M]. Helsinki: Ministry of Agriculture and Forestry. 1997.

Schubert R. *Bioindikation in terrestrischen Oeosystemen*[M]. Gustav Fischer Verlag, Jena, 1991.

Anita K Smyth, Craig D James. Characteristics of Australia's rangelands and the key design issues for monitoring biodiversity[J] . *Austral Ecology*, 2004, 29(1):3-15.

Arndt, U W Nobel & B Schweizer. Bioindikatoren: Moelichkeiten, Grenzen and neue Erkenntnisse[J]. *Ulmer Verlag Stuttgart*, 1987.

Bernet D, Schmidt-Posthaus H, Wahli T, Burkhardt-Holm P. Evaluation of two monitoring approaches to assess effects of waste water disposal on histological alterations in fish[J]. *Hydrobiologia*, 2004, 24(5):53-56.

Broadbent E N, Asner G P, Pena-Claros M, et a1. Spatial partitioning of biomass and diversity in a lowland Bolivian forest: Linking field and remote sensing measurements[J]. *Forest Ecology and Management*, 2008, 255(7): 2502-2612.

Caughlan L, Oakley K L. Cost considerations for long-term ecological monitoring [J]. *Ecological Indicators*, 2001, (1): 123-34.

Dale VH, Beyeler S C. Challenges in the development and use of ecological indicators[J]. *Ecological Indicators*, 2001, (1): 3-10.

Ferris R, Humphrey J W. A review of potential biodiversity indicators for application in British forests[J]. *Forestry Land*, 1999, 72(4): 313-328.

Fisher R A, Steven Corbet A, Williams Source C B, et al. The relation between the number of species and number of individuals in random sample of an animal population [J]. *J Anim Ecol*,1943,12:42-58.

Fridriksson S B, Magnusson. Development of the ecosystem on surtsey with references to anak krakatan[J]. *GeoJoumal*,1992,28:287-291.

Gregory R D, van Strien A, Vorisek P, et a1. Developing indicators for European birds[J]. *Philosophical Transactions of the Royal Society B*. 2005, 360(1454): 229-241.

International Union for Conservation of Nature. Red List of Threatened Species [EB/OL]. Switzerland: International Union for Conservation of Nature, 2010[2010-05-01]. http:www. iucn. org/themes/ssc/redlists/rlcategories2000. html.

John R, Chen J, Lu N, et a1. Predicting plant diversity based on remote sensing products in the semi-arid region of Inner Mongolia[J]. *Remote Sensing of Environment*, 2008, 112(5): 2018-2032.

Landsberg J, Crowley G. Monitoring rangeland biodiversity: plants as indicators [J]. *Austral Ecology*, 2004, 29(3): 59-77.

McFarland V A Inou,Inouye L S, Lutz C H, Jarvis A S,Clarke J U, McCant D D. Biomarkers of oxidative stress and genotoxicity in liver of field-collected brown bullhead, A meiurus nubulosu[J]. *Arch. Environ. Contam. Toxicol*, 1999, 37: 236-241.

Muchoney D M. Earth observation for terrestrial biodiversity and ecosystems[J]. *Remote Sensing of Environment*, 2008, 112(5): 1909-1911.

Noss R F. Indicators for monitoring biodiversity: A hierarchical approach[J]. *Conservation Biology*, 1990, (4):355-364.

Scholes R J & Biggs R A biodiversity intactness index[J]. *Nature*, 2005, 434 (7029): 45-49.

Smyth A K, James C D. Characteristics of Austrilia's rangeland and the key design issues for monitoring biodiversity[J]. *Austral Ecology*, 2010, 29(1): 3-15.

Teder T, Moora M, Roosaluste E, et al. Monitoring of biological diversity: A commonground approach[J]. *Conservation Biology*, 2007, 21(2): 313-317.

Turner W, Spector S, Gardiner N, et al. Remote sensing for biodiversity science and conservation[J]. *Trends in Ecology and Evolution*, 2003, 18(6): 306-314.

Whittaker R H, Levin S A, Root R B. On the reasons for distinguishing "niche, habitat, and ecotope"[J]. *Amtrican Naturalist*. 1975, 109(968): 427-435.

Weber D, Hintermann U, Zangger A. Scale and trends in species richness: considerations for monitoring biological diversity for political purposes[J]. *Global Ecology and Biogeography*, 2004, 13: 97-104.

Whittker R H. Evolution and measurement of species diversity[J]. *Taxon*, 1972, 21(213):213-251.

Williams B L, Marcot B G. Use of biodiversity indicators for analyzing and managing forest landscapes[R]. *Transactions of the 56th north American wildlife and natural resources conference*, 1991.